KB133987

중고등 수학 고득점의 비밀

꿀빠는 수학

따라 해봐, 수학 고민 꿀이야!

중고등 수학
고득점의 비밀

꿀빠는 수학

| 저자 이병우 |

굿모닝미디어

고등수학 시험점수를 받아들면 학생이든 학부모든 누구나 수학 성적으로 걱정이 많다. 초등 때는 혼자서도 잘했다. 중등 때도 공부한 만큼 성적이 괜찮았다. 그런데 왜 갑자기 고등 때는 수학 성적이 떨어질까? 항상 비슷한 수학 점수, 달라지려면 어떻게 해야 할까?

고등수학은 중등수학과 많이 달라 수학 학습량과 성적이 절대 비례하지 않는다. 왜 그럴까? 각자의 수학 공부 방법에 문제가 있기 때문이다. 수학 공부는 형식이 아니라 내용 공부법이 중요하다.

'예습과 복습을 해야 한다.', '문제를 많이 풀어야 한다.', '오답 노트를 써야 한다.', '선행학습을 많이 한다.', '수학을 계통별로 학습해야 한다.' 등등의 공부법은 모두 형식적인 학습법이다. 이 책에서는 이런 것을 말하려는 것이 아니다.

틀린 문제를 여러 번 풀다 보니 그 문제를 풀 수 있게 되었다. 그런데 그 문제와 같은 수학 개념으로 만들어진 다른 문제는 왜 풀지 못할까? 이 책은 그 이유를 알게 하고 수학 공부의 눈을 갖게 하자는 데에 목적을 두고 있다.

우등생의 수학 공부법을 따라서 한다고 성적이 좋아질까? 아니다. 자신에게 맞는 수학 공부법을 스스로 찾을 때, 자신의 수학 성적 문제가 해결된다. 우선 이 책은 수학 문제에서 틀리고 또 틀리는 다양한 원인과 그 해결책을 제시하고 있다. 또한, 다양한 수학 개념과 공식을 어떻게 공부해야 문제를 풀 때 적용할 수 있는지를 상세히 설명하고 있다.

중·고등 통합용 공부법이지만, 중학생도 이해할 수 있게 예제를 골고루 사용했다. 수학 공부의 눈을 갖기 위해서는 어떤 것을 알아야 하는가를 일러 주기 위한 것이다. 동시에 상위권 점수를 위한 고난도 문제도 다루고 있다. 특히 단순암기가 아닌 이해암기의 공부법을 배울 수 있게 하였고, 공식을 거꾸로 해석해 적용하는 새로운 공부법도 제시하였다. 이를 통해 공식의 숨은 원리와 문제를 파악하는 눈이 생기면 현재 학년의 수학 공부가 수월해질 것이다. 중상위권 도약은 물론이거니와 상위권 학생을 위해 실수와 오류를 없애는 공부법도 함께 제시하고 있다.

마지막 5장은 함수 공부법이다. 중1부터 고2까지의 모든 함수를 원리로 이해할 수 있게 하였다. 대다수 학생이 함수를 어려워하는데, 더는 함수가 두렵지 않을 것이다.

수학 머리가 뛰어나지 않아도 수학 리터러시를 갖출 수 있는 수학 공부법을 제시하고자 힘썼다. 각자 자신의 수학적 단점을 알게 되면 수학 점수의 한계도 뛰어넘을 수 있다. 이 책을 통해 원하던 수학 성적을 받아 들고 학부모도 학생도 활짝 웃기를 기원한다.

1장 고득점의 길 1단계 - 개념 잡기

2장 고득점의 길 2단계 - 공식의 숨은 원리 찾기

3장 고득점의 길 3단계 – 문제를 파악하는 눈

 4장 고득점의 길 4단계 – 풀이와 계산 실수 줄이기

중·고등 함수 길잡이의 눈

1장

고득점의 길 1단계
- 개념 잡기

MATH

왜 개념 이해가
중요할까?

"수학은 어려워!" "성적이 안 올라 답답해!" 이런 학생들이 가장 많이 던지는 질문은? "도대체 어떻게 개념을 잡죠?" 샘들도 귀가 따갑게 말한다. "수학을 잘하려면 먼저 개념을 잘 잡아야 해." 어떤 비결이 있나 싶어 수능 만점자 학생들의 인터뷰 기사를 보면, 기대와 달리 이런 말이 많다.

"교과서 중심으로 개념 중심으로 공부했거든요."

그럼, 지금 학생이 알고 있다는 수학 개념은?

"음... 수학 공식이요! 증명인가?"
"수학 원리나 정의가 개념 아닌가요?"

틀린 말 아니다. 하지만 정확한 답이라 하기엔 뭔가 부족하다. 잠깐! 국어사전에서 '개념'의 뜻을 살펴보자.

개념의 뜻

(1) 어떤 사물이나 현상에 대한 일반적인 지식.

(2) 사회과학 분야에서, 구체적인 사회적 사실들에서 귀납하여 일반화한 추상적인 사람들의 생각.

(3) 여러 관념 속에서 공통된 요소를 뽑아내 종합하여 얻은 하나의 보편적인 관념.

이 중 어느 것이 수학에서 말하는 개념의 뜻과 가까운가? 아마도 대부분이 (1)번 뜻에 빗대어 '수학에 대한 일반적인 지식'이 수학 개념이라고 답할 것이다. 물론 이런 생각도 틀린 건 아니다. 하지만 정확한 뜻은 아니다. '수학 개념'은 약간 다른 의미이다. '수학 개념'은 '정의와 정리'들을 말한다.

"정의, 정리… 음! 들어본 거 같은데요."

맞다. 중2 과정에서 배웠다. '이등변삼각형의 정의'와 '이등변삼각형의 정리'라는 말이 생각날 것이다.

이등변삼각형, 중1

이등변삼각형의 정의 : 두 변의 길이가 같은 삼각형.

이등변삼각형의 정리 : (1) 두 밑각의 크기는 서로 같다.

(2) 꼭지각의 이등분선은 밑변을 수직이등분한다.

'정의'란 각각의 수학 용어가 가지고 있는 의미를 말한다. 단어의 기본 뜻이다. 수학 개념을 공부한다는 것은 각 단원에 나오는 개념들의 정의를 먼저 이해하고, 그 정의로부터 만들어지는 수학의 성질, 법칙, 공식, 정리 등을 증명해내는 일이다.

'정리'는 정의를 이용하여 증명한 어떤 사실(명제)를 말한다. '정리'라는 말은 배웠어도 확실하게 알지 못할 수 있다. 여기서 잠깐! 누구나 배웠던 예제로 더 쉽게 '정리'의 뜻을 알아보자.

정리 : 이등변삼각형의 꼭지각의 이등분선은 밑변을 수직이등분한다.

위 문장은 '이등변삼각형의 정리' 혹은 '이등변삼각형의 성질'이라고 한다. '정리' 혹은 '성질'은 정의를 이용하여 증명된다고 앞서 말했다. 아는 학생도 있겠지만, 증명해 보자.

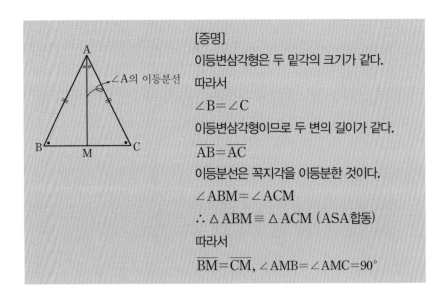

[증명]
이등변삼각형은 두 밑각의 크기가 같다.
따라서
$\angle B = \angle C$
이등변삼각형이므로 두 변의 길이가 같다.
$\overline{AB} = \overline{AC}$
이등분선은 꼭지각을 이등분한 것이다.
$\angle ABM = \angle ACM$
$\therefore \triangle ABM \equiv \triangle ACM$ (ASA합동)
따라서
$\overline{BM} = \overline{CM}, \angle AMB = \angle AMC = 90°$

합동조건 ASA는 중1에서 배웠다. A는 각을 뜻한다. S는 변을 말한다. 그래서 ASA는 삼각형의 한 변의 길이가 서로 같고 $(S: \overline{AB} = \overline{AC})$ 양 끝각이 같으면 (A: 그림에서 동그라미와 점을 뜻함) 두 삼각형은 ASA합동이라고 배웠다.

이등변삼각형의 각과 관련된 문제가 있다. 그럼 위 증명을 해야 할까? 만약 증명을 매번 한다면 너무 힘들 것이다. 그래서 이등변삼각형의 정리를 외워 두고 문제를 풀 때 이용해야 한다.

이등변삼각형의 꼭지각을 반반 나누는 선(이등분선)에 의해 밑변이 반반 나누어진다. 이 선은 밑변과 수직이 된다.

'수학 개념'은 '정의와 정리'를 뜻한다고 했다. 그럼 교환법칙, 결합법칙. 이런 것은 뭘까?

"글쎄요. 그건 뭐죠? 피타고라스 공식이나 근의 공식, 이런 것도 있잖아요?"

'법칙'이나 '공식'이란 말이 붙은 것들은 모두 '정리'에 해당한다. 피타고라스 공식도 증명 과정을 거쳐 만들어진 '피타고라스 정리'이다.
잠깐! '정의'라는 말을 '단어의 뜻'으로만 알면 안 된다. 중2 때 배운 '지수' 단원에서 '정의'의 다른 의미를 이해해 보자.

'거듭제곱'의 정의 : 같은 수나 같은 문자를 여러 번 반복하여 곱하는 표현.
'지수'의 정의 : 어떤 수나 문자가 거듭제곱으로 반복된 횟수.

$2 \times 2 \times 2 \times 2 \times 2 = 2^5$ (2^5에서 2는 '밑', 5는 '지수'라고 한다.)

$x \times x \times x = x^3$ (x^3에서 x는 밑, 3은 지수이다.)

위의 설명은 거듭제곱 표현을 밑과 지수라는 용어로 나타낸 것이다. 위와 같은 표현도 수학에서 정의에 해당한다. 정의를 이용하여 증명한 사실을 '정리'라고 했다. 지수법칙도 정의를 이용하여 증명된다. 따라서 지수법칙도 '정리'라고 할 수 있다.

공식 : 지수법칙, 중2

(1) $a^m \times a^n = a^{m+n}$ (2) $(a^m)^n = a^{mn}$

위의 지수법칙은 거듭제곱을 밑과 지수로 표현한다는 정의를 이용해 증명이 가능하다. 아래의 예)를 통해 지수법칙도 '정리'에 해당하는 '수학 개념'이란 것을 이해하자.

"샘! 위의 지수법칙은 공식 아닌가요? 아~ 헷갈리네요."

'공식'이라고 해도 된다. '공식'이란 어떤 것을 계산하는 원리나 방법을 문자나 식으로 표현한 모든 것을 말한다. 따라서 위의 지수법칙은 공식이다.

예

$$5^2 \times 5^4 = 5^{2+4} = 5^6$$

해설 5^2이란 $5 \times 5 = 5^2$으로 숫자 5를 곱한 횟수 2라는 뜻이다.

5^4은 $5 \times 5 \times 5 \times 5$로 숫자 5를 4번 곱한 것이다.

$5^2 \times 5^4$은 $(5 \times 5) \times (5 \times 5 \times 5 \times 5)$이므로 '5를 2번 곱한 수'에 '5를 4번 곱한 수'가 곱하여진다는 뜻이다. 결국 $2+4=6$으로, 즉 5가 6번 곱해진다.

위의 해설은 '거듭제곱 표현'이라는 정의를 이용한 것이다. 마찬가지로 아래 공식도 지수 표현이라는 정의를 이용해 증명할 수 있다.

$$a^m \times a^n = a^{m+n}$$

$$\downarrow$$

$$(\underbrace{a \times a \times \cdots \times a}_{m번}) \times (\underbrace{a \times \cdots \times a}_{n번})$$

$$= \underbrace{a \times a \times \cdots \times a}_{m+n번}$$

공식은 하늘에서 뚝 떨어진 것이 아니다. 어떤 것은 기초적인 정의로 만들어진다. 또 어떤 것은 복잡한 풀이 과정을 통해 만들어지기도 한다. 그래서 아무리 복잡한 공식이라 해도 그 공식이 만들어진 개념과 원리를 반드시 이해해야 한다. 어려운 것은 거저 얻어지지 않는다.

공식 $(a^m)^n = a^{mn}$을 예제를 통해 이해하여 보자.
$(2^3)^2$은 $(2^3)^2 = 2^{3 \times 2} = 2^6$이다. 거듭제곱 정의를 적용하면 $(2^3)^2$은 '2^3을 2번 곱한다'라는 거듭제곱 정의 표현이다. 따라서 $(2^3)^2$은 $2^3 \times 2^3$이다. 그리고 $2^{3+3} = 2^{3 \times 2}$이 된다.
$(2^3)^2 = 2^3 \times 2^3 = 2^{3+3} = 2^{3 \times 2}$이다. 즉 $(2^3)^2 = 2^{3 \times 2}$이다.

"OK, 이해 완료. 그럼 개념은 어디서 찾아 공부해요?"

개념이 나와 있는 위치는 교과서와 시중의 교재에서 다르다. 교과서에서는 개념들이 각 단원 전체에 골고루 나뉘어 있다. 하지만 시중의 수학교재에는 단원 시작 첫 페이지에 있다. 〈수학의 정석〉이든 〈개념원리〉 책이든 자신이 갖고 있는 책을 펼쳐 보라. 어떤 단원이든 맨 처음 부분을 보면, 문제에 앞서 어떤 설명들이 나온다. 대개 1~3페이지 정도의 분량으로 단원의 내용이 정리돼 있다. 여기에 정리된 내용들이 그 단원에서 배우게 될 '개념 정의'와 '개념 정리'들이다. 그것들 모두가 수학 개념인 것이다. 이것을 정확히 이해한 다음에 문제로 넘어가야 풀린다.

"저는 거기는 잘 안 보는데요. 그냥 예제 보고 유제 풀고 그러는데요."

개념 공부부터 착실히 하지 않고 바로 문제에 도전한다면? 당연히 한 문제도 풀 수 없을 것이다.

"샘이 예제로 개념 설명도 같이 해줘서 문제를 풀 수 있거든요. 하하."

맞다. 어떤 문제 앞에서 샘이 개념 설명도 하지 않고 문제만 풀이하지는 않는다. 샘들은 어떤 문제를 풀기 전에 그 문제와 관련된 정의나 정리를 반드시 먼저 설명한다. 그 문제와 관련된 개념에 대해 먼저 설명하고 나서 예제 문제를 풀이한다.

"맞아요. 그래서 예제는 알겠는데, 유제를 풀라고 하면 못 풀겠어요. 왜 그렇죠?"

여기엔 여러 이유가 있다. 가장 큰 이유는 매번 처음 배우는 개념을 정확히 이해하지 않아서 그렇다. 그런 상태에서 유제 문제를 풀려고 하니 풀리지 않는 것이다. 그럴 때엔 예제를 다시 살펴보라. 한 번 설명을 들었다고 해서 그 개념을 제대로 아는 건 아니다.

'1시간 배운 것을 자신의 지식으로 만들려면 3시간의 복습이 필요하다.'

집에서 오늘 배운 내용의 숙제를 하려는데 잘 풀리지 않는다. 그럼 어떻게 하지? 관련 단원의 앞부분을 살펴볼 것이다. 개념이 확실하게 잡히지 않았기 때문이다. 이럴 때엔 예제를 풀기보다 개념 정리 부분을 다시 공부해야 한다. 예제는 개념을 익히기 위한 것이다. 전체적인 개념을 다시 공부하라. 그런 후 다시 예제를 푼다면 이해가 빠를 것이다.

개념을 잡는 일이 수학에선 가장 중요하다. 그런데도 대부분이 수학은 문제를 푸는 거라 생각하고 개념 공부를 소홀히 한다. 왜 단원 앞부분의 개념 공부를 제대로 안 할까? '귀찮아서'라는 생각 때문이다. 아는 것을 실천하기란 매우 어려운 일이다.

만약 단원 앞부분에 나오는 개념을 공부한 후 문제를 푸는데도 잘 안 된다면? 문제와 관련된 개념 부분을 다시 찾아 꼭 정리해 보자. 잘 모르는 것이 있을 때마다 다시 찾아보고 확인하는 습관은 무엇보다 중요하다.

공부 잘한 이의 조언을 많이 듣고, 수능 만점자의 공부법을 유튜브로 여러 번 보았다 한들 복습이 없으면 헛일이다.

지금부터 다시 시작이다. 자신이 갖고 있는 수학 공부의 문제점을 찾고, 그것을 고치려는 습관도 함께 갖기 바란다.

02

개념 공부
어떻게 하죠?

골치 아픈 문제가 없던 초딩 시절! 그때로 돌아가면 쉽다. 개념 설명이 있던 네모칸 문제를 떠올려 보자. 그래도 문제가 술술 풀리던 시절이었다. 혹시 그 시절 초등수학에서 짜증나는 부분은 없었는가?

"아! 쉬운 건데, 뭘 써야 할지… 빈칸 채우기 같은 이상한 문제도 있었네요."
"저요. 계산을 두 가지 방법으로 쓰시오. 이거 진짜 짜증났어요."

누구나 겪었지만, 그땐 그닥 대수롭지 않게 여겼을 것이다. 아래와 같은 문제들이 바로 개념을 얼마나 잘 알고 있는가를 측정하는 것들이다.

$2 \div 3$을 분수로 쓰고 정사각형 두 개를 이용해 그림으로 표현하시오.

"$\dfrac{2}{3}$가 답입니다. 네모 그림은 모르겠네요. 이상한 질문은 하지 말아 주세요 ㅠ."

그래도 한 번 생각해 보기 바란다. 중학교 수학을 생각해 보자. 이때부터는 나홀로 문제 풀기가 어려웠을 것이다. 약간의 설명을 듣고 문제를 보면 쉬운 문제 정도는 풀렸을 것이다. 하지만 초등 문제와 달리 설명을 들어도 이따금 어려운 문제들이 있었을 것이다.

혹시 중등수학부터 어려웠는가? 그랬다면 수학시간에 설명을 듣는 것조차 싫었을 것이다.

고등학생이 되면 개념 설명에 대해 듣는 시간이 더 많아진다. 그런데 잘 이해되지 않는다. 그러니 설명을 듣고 문제를 풀어도 풀리지 않는다. 어떤 것은 설명조차 도무지 이해가 안 된다. 그래서 수학이 확실히 싫어지는 때는 고등학생이 되면서부터다.

누구는 수학이 싫지 않을 수도 있다. 열심히 하려고는 한다. 하지만 좀처럼 성적이 오르지 않는다. 왜 그럴까?

수학은 학년이 올라갈수록 수학 문제의 특성이 달라진다.

이게 무슨 말인가? 초등시절에는 대부분의 문제가 단순해서 숫자와 몇 개의 글자 뜻만 알아도 계산이 가능했다. 단순 계산 문제가 많았기 때문이다.

초등수학은 숫자나 네모칸뿐이었다. 중학교 문제들은 어떤가? 중1 때부터는 문자를 다루는 새로운 계산 기술을 배워야 했다. 만약 문자를 이용한 계산 원리가 이해되지 않으면 중학수학부터 어려워진다. 다행히 문자들을 이용한 계산 법칙을 잘 터득하면 중학수학 계산도 엄청 어렵지는 않다.

그럼 계산 원리만 알면 중학교 수학은 쉽던가?

"아뇨. 어려워요. 문제를 읽어도 뭘 해야 할지 모르는 것들이 있었어요."

그렇다. 중학교 수학부터는 어떤 계산을 하라는 건지 알쏭달쏭한 문제들이 많이 나타난다. 계산 방법이나 식을 알려 주면 계산은 된다. 또 선생님 설명을 들으면 이해는 된다. 하지만 혼자서 문제를 풀려고 할 때 잘 풀리지 않는다. 왜 이런 일이 생기는 걸까? 그 단원의 수학 개념을 정확하게 알지 못하기 때문이다. 앞에서 보았던 초등 문제를 다시 생각해 보자.

$2 \div 3 = \dfrac{2}{3}$를 그림으로 표시해 보자.

위 식을 고치면 $2 \times 1 \div 3 = 2 \times (1 \div 3) = 2 \times \dfrac{1}{3}$이다.
즉 $\dfrac{1}{3}$이 2개이다.

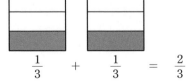

$$\frac{1}{3} \quad + \quad \frac{1}{3} \quad = \quad \frac{2}{3}$$

그닥 중요하지 않다고 생각하는가? 혹시 답만 맞추면 그만이지 답을 구하는 과정은 중요하지 않다고 생각하는가? 바로 이런 자세가 개념 공부를 소홀하게 만드는 것이다. 단지 문제의 답을 알았다고 하여 그 단원의 개념을 잘 아는 것은 아니다.

"너, 그 문제 왜 그렇게 풀었니?"
"이렇게 풀어야 답이 나와서요. 앞에서도 이렇게 풀던데요?"

풀이 과정이 왜 그렇게 되는가를 고민한 적 있는가? 책에 써진 정의나 풀이 과정을 그대로 외우는 것은 개념 공부가 아니다. 개념 공부는 그 내용이 갖고 있는 원리를 이해하는 것이다.

학년이 올라갈수록 수학이 어려워지는 이유는 문제의 특성이 점점 달라져 가기 때문이다. 중학교 수학도 처음 부분은 쉽다. 단순한 문자 계산 과정을 익히는 문제가 많아서 그렇다. 하지만 학년이 올라갈수록 단순한 계산 문제가 아니다. 뭔가 생각하여 풀어야 하는 문제들이 많아진다. 그래서 수학이 점점 어렵다고 느껴지는 것이다.

많은 학생들이 계산을 할 줄 알면 수학을 좀 하는 것이라고 착각한다. 단순한 계산 문제 중심으로 많이 풀었기 때문이다.

학교 시험을 보았는데 80점을 맞았다. 틀린 문제를 살펴보자. 어떤 문제를 틀렸는가? 틀린 문제의 대부분은 어떻게 풀어야 할지 몰라서 틀린 것이다. 이것이 개념 공부가 부족하다는 증거다.

문제 유형만 달라지는 것이 아니다. 학년이 올라갈수록 새로운 수학 개념들이 나타나 누적되어 간다. 그래서 수학이 더 어려워진다.

"자! 이거 생각나지? 중학교 2학년 책에 나오는데."

"생각나지 않아요! 고딩인데 중학교 때 내용을 어떻게 기억해요?"

학년이 높아지면 샘한테 그런 말을 들을 때가 있다. 어느 경우엔 초등 때 배운 거라고 일깨워 준다. 하지만 대부분이 기억나지 않는다. 이미 배운 거라며 자세히 설명해 주지 않는 샘도 있다. 그래서 중1 이후에 배운 개념들은 자주 반복해서 공부해야 한다. 시험에서 틀린 문제들은 모두 개념 이해가 부족하여 틀린 것이기 때문이다. 물론 개념을 처음 배울 때엔 단순하게 수학 공식이나 문제 풀이 방법만 외울 것이 아니라 이해하려고 노력해야 한다.

"그럼 개념 공부를 어떻게 하죠?"

첫째, 설명을 잘 듣기 바란다. 모든 샘들은 개념 설명을 한다. 그 순간을 놓치지 말고 설명을 잘 들어야 한다. 그런데 다른 행동을 하는 경우가 많다. 왜 그럴까? 샘이 칠판을 보는 순간은 다른 행동을 할 수 있는 절호의 찬스다. 고개 숙여 낙서하거나 친구에게 말을 건넨다. 물론 샘의 말소리가 들리지 않으면 고개를 들어야 한다. 그때가 앞을 보는 순간이다.

"하하... 어떻게 아셨어요. ^.^"

설명을 듣지 않는 순간이 그 단원의 개념을 놓치는 순간이다. 설명이 끝나고 문제 풀 시간이 온다. 당연히 문제가 안 풀린다. 문제를 풀기 위해 샘이 설명했던 부분을 뒤늦게 찾아본다. "허걱! 이거 뭔 소리야!" 도무지 알 수가 없다. 저학년 수학은 혼자 공부하여 개념을 이해할 수도 있다. 문제도 풀 수가 있다. 하지만 고학년이 될수록 혼자서 이해하기란 매우 어렵다. 그러니 제발 설명 시간만큼은 놓치지 않기 바란다.

···· 꿀 빠는 수학

둘째, 스스로 개념 부분을 반복해서 공부하기 바란다. 수업시간에는 샘의 설명을 듣고 문제가 풀렸다 하자. 그런데 며칠 지나 비슷한 문제를 풀려고 하는데 모르겠다면? 전에 풀었던 문제를 다시 살펴보라. 그 사이 개념을 잊었기 때문이다. 단원 앞쪽으로 돌아가 그 문제와 관련된 개념을 다시 찾아 이해해야 한다. 이것이 개념 공부인 것이다.

인간 뇌의 중심부에는 해마라는 뇌조직이 있다. 해마는 뇌에 들어오는 정보를 관장한다. 또한 뇌에 들어오는 정보라는 자극에 반응한다. 그리고 그것은 기억으로 바뀐다. 그런데 기억력은 사람마다 다르다. 따라서 잊어버렸다면 다시 공부해야 한다. 다시 뇌에 정보를 보내 해마라는 기관을 자극해야 한다. 기억하도록 해줘야 하는 것이다.

초등 때 구구단을 수없이 반복했을 것이다. 해마를 엄청 자극했다. 그래서 뇌가 장기기억을 하는 것이다. 어떤 공식을 잘 알고 있다면 반복 학습을 해서 그런 것이다. 처음 한 번 배운 개념을 계속 기억할 수는 없다. 반복적인 공부가 꼭 필요한 것이다.

지난 일 중에 기억나는 사건이 있는가? 그 사건은 단 한 번 일어났을 뿐인데, 왜 기억이 날까? 그것은 뇌에 전달되는 자극의 크기가 크기 때문이다. 강한 자극이 기억력을 증가시킨 것이다. 만약 집중력을 갖고 반복해서 공부한다면 기억력은 더 증가할 것이다.

예를 들어 보자. 졸리고 몸이 피곤한 상태다. 이때 샘의 설명을 들었다. 아마도 기억나는 것이 매우 적을 것이다. 집중력이 없는 상태에서 들었기 때문이다. 개념을 공부할 때는 특히 집중이 필요하다. 개념을 정확히 알면 알수록 그 단원 문제를 풀 때 괴롭지 않을 것이다.

이해암기가
문제풀이에 주는 영향

수학 공부를 어떻게 하고 있는가? 혹시 개념이나 문제 풀이를 외우는 방식으로 공부하고 있는가? 수학을 단순암기 방식으로 공부하면 변형된 문제는 결코 풀 수 없다. 이런 친구들이 흔히 하는 말이 있다.

"응용문제에 약해요. 진짜 어려워요."
"공식은 아는데 어떻게 적용해야 할지... 도통 모르겠어요."

삼각형 넓이 공식을 말해 보라. 이 공식을 이용하여 단순암기와 이해암기의 차이를 알아보자. 혹시 삼각형 공식을 아래 문장으로 생각했는가?

"밑변 곱하기 높이 나누기 2입니다."

참고로 말한다. 수학에서 지나치게 자기 고집을 부리지 말자. 중1 이후 삼각형 넓이 공식은 "이분의 일 밑변 곱하기 높이"라고 기억하는 것이 좋다.
만약 초등 방식으로 기억하고 있다면, 이 책을 좀 더 열심히 읽기 바란다.

문제 : 중1

삼각형의 넓이가 $10\,\text{cm}^3$이고 높이는 $5\,\text{cm}$일 때, 밑변의 길이를 구하여라.

[방법1] 넓이 공식 사용하기 : $\frac{1}{2} \times$밑변$\times$높이$=$삼각형의 넓이

$$\frac{1}{2} \times x \times 5 = 10$$

$$5x = 20, \therefore x = 4$$

[방법2] 삼각형 넓이를 2배한 후 높이로 나눈다.

$$10 \times 2 \div 5 = 4$$

위의 두 방법 중 어느 방법이 먼저 생각나는가? 보통은 **[방법1]**로 문제를 풀 것이다. 하지만 초등학교 때는 **[방법2]**로 계산하는 경우가 많다. 초등학생은 일차방정식을 배우지 않았다. 그래서 원리를 이용해 문제를 푸는 것이다.

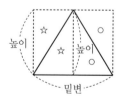

밑변과 높이를 곱하면 직사각형의 넓이다. 이것은 삼각형 넓이의 2배이
다. 삼각형 넓이를 2배하여 밑변으로 나누면 높이가 된다. 아주 쉬운 공식
도 그냥 외우는 것과 그것을 이해하여 적용하는 것은 이렇게 다르다.

"샘! [방법1]이나 [방법2] 둘 다 외워야 풀 수 있는 거 아닌가요?"

빙고! 수학책에 써진 정의, 공식, 법칙, 성질 같은 것들은 모두 외워야 한다. 다만 무턱대고 외우기만 하면 안 된다. 그것이 만들어진 원리 혹은 이유를 이해하면서 외워야 한다.

"수학은 증명이 중요합니다."
"알죠? 많이 들어본 말 아닌가요? 그럼 왜 증명이 중요할까요?"

그것은 증명하는 과정의 일부가 문제를 푸는 데에 필요한 원리로 숨어 있기 때문이다. 무슨 말인지 알아보자.

잠깐! 증명이란 단어를 보면 무슨 생각이 드는가?
아마도 중1, 2는 삼각형의 합동 증명이 생각날 것이다. 중3은 피타고라스 정리 증명이 생각날 듯하다. 고등학생은 여러 가지 공식의 증명이 생각날 것이다. 결국 증명이란 이름으로 배운 내용만 생각날 것이다. 그 과정이 어땠는가?

"아! 증명 싫어요. 너무 길고요. 일단 머리가 아파요."

피타고라스 증명 같은 것만 증명이 아니다. 아주 단순한 식이나 법칙이나 성질들 모두가 증명의 대상인 것이다. 증명을 너무 거창하게 생각하지 말자. 예를 들어 보자.

지수법칙 : $a^m \div a^n = a^{m-n}$

단순암기는 위 공식을 그대로 적용할 줄만 아는 요령에 불과하다. 즉 응용력은 제로 상태가 된다. 그래서 아래와 같은 질문을 하게 된다.

　"$3^2 \div 3^5$은 3^{-3} 이거 맞나요? 이상한데요."

중2 학생이라면 이상하다고 질문하는 게 맞다. 정확한 지수법칙 공식을 보자.

지수법칙 공식

　지수법칙, 중2 : (1) $a^m \div a^n = a^{m-n}$ (단 $m > n$일 때)

　　　　　　　　(2) $a^m \div a^n = \dfrac{1}{a^{m-n}}$ (단 $m < n$일 때)

　지수법칙, 고2 : $a^m \div a^n = a^{m-n}$ (단 $a^{-n} = \dfrac{1}{a^n}$이라 정의)

중2는 지수가 음수일 때의 정의를 배우지 않았다. 고2에서는 3^{-3}처럼 지수가 음수이면 $3^{-3} = \dfrac{1}{3^3}$로 고칠 수 있다는 정의를 배운다. 정의는 약속이다. 그리고 이 정의들이 수학 문제 해결에 필요한 계산을 할 수 있게 해준다.

(1) $3^5 \div 3^2 = 3^{5-2} = 3^3 = 27$ 즉 $5 > 2$이면 위 공식(1)로 계산한다.

(2) $3^2 \div 3^5 = \dfrac{1}{3^{5-2}}$, $\dfrac{1}{3^3} = \dfrac{1}{27}$ 즉 $2 < 5$로 $\div$기호 뒤의 지수가 크면 위 공식(2)를 적용한다. 따라서 분수가 답이 된다.

지금까지의 설명은 대부분이 알 것이다. 그런데 만약 이것만 알고 있다면 수학을 단순암기로 공부해온 것이다. 질문해 보자. 위의 공식(2)번은 왜 분수로 만들어 썼는가?

"공식이니까요. 공식이라서 공식대로 했는데 어쩌라고요."

그러므로 아주 단순한 공식도 거기에 어떤 원리가 숨어 있는가를 꼭 생각해 보기 바란다. 공식이 만들어진 이유를 알게 될 때 공식을 '이해암기'할 수 있다. 이해암기를 할 때, 문제를 해석하고 공식을 적용하는 능력이 생긴다는 것을 꼭 기억하자.

$a \div b$는 분수로 $\dfrac{a}{b}$라는 것을 초등 때 배웠다. a^m은 a를 m번 곱한 것이다. 이 두 가지 사실은 모두 안다. 아래 식의 변화를 살펴보자.

$$3^2 \div 3^5 = \frac{3^2}{3^5} = \frac{\cancel{3} \times \cancel{3}}{3 \times 3 \times 3 \times \cancel{3} \times \cancel{3}} = \frac{1}{3 \times 3 \times 3} = \frac{1}{3^3}$$

위 풀이를 보면 분모에 있는 5개의 3 중에서 분자에 있는 2개의 3이 약분된다. 그리고 3이 5−2개가 분모에 남는다. 이 설명으로 위의 공식이 왜 지수끼리 뺄셈으로 만들어졌는가를 이해할 것이다.

이것이 '이해암기'인 것이다. 그리고 이것 또한 '증명'인 것이다. 증명을 하는 데 사용되는 다양한 원리들을 알아야 수학의 기본이 튼튼해진다. 그리고 이 다양한 원리 이해력이 응용문제에 대처할 풀이 능력도 키워주는 것이다. 아래 문제를 잠깐 생각해 보자.

세 수 a, b, c에 대하여 $a \times c = 5$, $a \times (b+c) = 6$일 때, $a \times b$의 값은?

풀이

문제에 어떤 문자가 있다고 하여 각 문자의 값을 알아야만
답을 구할 수 있는 것은 아니다.

위 문제에서 a, b, c라는 각 문자의 값은 알 수 없다.

따라서 주어진 문자식이 어떤 특징을 갖고 있는가를 생각해 봐야 한다.

질문 식은 $a \times b$이고 제시된 것은 $a \times c$와 $a \times (b+c)$이다.

식 $a \times (b+c) = 6$의 모양에서 괄호를 풀어 보자.

즉 분배법칙으로 전개하면 $a \times b + a \times c = 6$이다. 이 식에는
문제에서 제시한 $a \times c = 5$에 있는 $a \times c$라는 문자 표현이 있다.

아래가 풀이 과정이다.

$a \times (b+c) = 6$

$a \times b + a \times c = 6$

$a \times b + 5 = 6$

$\therefore a \times b = 1$

개념을 알면 문제 풀이의 방향을 쉽게 잡을 수 있다. 위 식에서 문자의 개수는 3개이고 주어진 식은 2개이다. 이런 경우에는 각 문자의 값을 구할 수 없다. 따라서 다른 방법을 찾아야 한다. 주어진 식 $a \times (b+c)$에서 괄호를 풀어내는 분배법칙이 생각날 것이다. 이런 생각은 방정식과 문자의 개수 관계를 알아야 가능하다.

중등학생들은 수학이 어렵다고 할 것이다. 하지만 고등학생 입장에서 중학교 수학은 아무것도 아니라고 말할 것이다. 물론 중학생들도 초등수학은 엄청 쉬운 거라고 말할 것이다. 이런 이유는 하나의 문제에서 사용되

는 수학 개념의 개수 차이 때문이다. 또한 개념 내용의 난이도 차이 때문이기도 하다. 학년이 올라갈수록 한 문제에서 사용되는 수학 개념의 수가 많아지고 난이도가 높아진다.

고등수학을 배우고 있는가? 고등수학도 앞의 중등수학 풀이에서처럼 아주 간단한 내용부터 개념을 많이 알려고 노력하라. 개념이나 공식을 절대로 단순암기하지 말라. 문제집에 나오는 유형 문제를 많이 풀어서 풀이 방법을 좀 아는가? 혹시 단지 풀이 방법을 외운 것은 아닌지 의심해 보라.

시험을 치르면 성적이 원하는 만큼 나오지 않는가? 그렇다면 현재 개념 공부가 부족한 것이다. 공식을 문제에 잘 적용하지 못하는가? 그렇다면 공식을 단순암기하였기 때문이다. 자신이 외우려는 모든 수학 내용을 이해하여 암기하라.

"수학은 암기 아닌가요?"

암기는 매우 중요하다. 암기하지 말라는 말이 아니다. 이해를 하여 암기하라는 것이다. 아무리 이해를 잘해도 기억하지 않으면 헛일이 된다. 이해한 것은 반드시 암기해야 한다. 그래야 문제를 풀 때 빠르게 적용할 수 있다.

수업시간에 설명을 듣고 잘 풀었던 문제를 다음 수업시간에 풀지 못하는 것은 이해가 부족해서가 아니다. 이해한 것을 반복하여 기억하지 않았기 때문이다. 지금 나는, 개념 공부를 어떻게 하고 있는가를 점검해 보기 바란다.

··· 꿀 빠는 수학

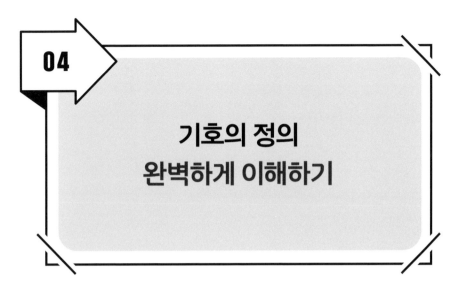

중·고등 수학에 나오는 수학 개념들은 아래 용어들에 해당한다.

> 정의 : 용어 혹은 기호에 의미를 부여하는 것
> 정리 : 공리나 정의를 바탕으로 증명된 사실
> 법칙 : 연산 또는 계산의 규칙
> 공식 : 계산 법칙 따위를 문자와 기호로 나타낸 식
> 성질 : 어떤 용어가 갖고 있는 고유한 특성

앞 글에서 정의에 대해 설명했다. 보통은 정의를 용어의 뜻이라고 생각한다. 하지만 더 중요한 의미가 있다. 바로 '기호의 정의'이다. 기호의 정의를 모르면 그 문제를 전혀 파악할 수 없다. 이런 현상은 특히 고등수학에서 심하다.

절댓값의 정의 : 수직선에서 0을 나타낸 점과 어떤 수 사이의 거리를
절댓값이라 한다.

절댓값 기호의 정의 : 절댓값 정의는 기호 | |를 이용하여 표현한다.

기호 표현 $|-3|$의 의미 : 수직선의 0에서 -3까지의 거리로 3이다.
즉 $|-3|=3$ (절댓값 -3의 값은 3이다.)
계산 : $|-3|+2=3+2=5$

절댓값의 성질

① 양수, 음수의 절댓값은 그 수의 부호 +, ―를 떼어낸 수와 같다.
② 0의 절댓값은 0이다.
③ 절댓값은 거리이므로 항상 0 또는 양수이다.

용어가 갖고 있는 성질은 문제를 해석하거나 식을 계산하는 핵심 열쇠
이다. 이것을 외우지 않고 문제를 풀 수는 없다. 이것을 모르는 상태에서
문제를 풀려고 한다면?

"그래서인지 문제를 풀려고 할 때 무엇부터 해야 할지 모르겠어요."

당연하다. 이런 경우, 그 문제에 제시된 조건의 의미나 문제의 내용에서
용어의 성질을 모르기 때문이다. 고등수학이 어려운 이유는 이런 조건이
나 성질들이 매우 많다는 것이다. 한 문제를 푸는 데에 5~6개의 성질이
사용되기도 한다.

고1이다. 수열 문제를 모르겠다면? 그것은 수열의 정의와 수열의 성질을 모르기 때문이다. 고2다. 시그마를 잘 모르겠다면? 당연히 시그마의 정의와 시그마의 성질을 모르기 때문이다. 그러므로 단원을 공부할 때에는 정의, 정리, 법칙, 공식, 성질 등을 모두 외워야 한다.

"저도 정의나 성질 정도는 다 외워서 안다고요!"

하지만 아는데도 적용을 못한다면? 앞에서 말했다. 단순암기는 아무 의미가 없다고. 이해를 바탕으로 암기를 해야 한다. 이 말을 자꾸 강조하는 것은 각각의 용어의 성질을 증명하거나 그 성질이 만들어진 원리를 알아야 한다는 것이다.

수학 문제는 정의가 갖는 약속의 의미 혹은 성질의 원리나 특성을 이용하여 만들어진다. 따라서 공식만 단순암기하는 것은 무의미하다.

기호의 정의를 정확하게 이해하는 것이 '정의' 학습이다.

수학은 기호로 이루어진 언어와도 같다. 영어를 우리말로 해석하듯 수학 기호로 표현된 것도 우리말로 해석해 말할 수 있다. 물론 수학 기호에 대한 정의를 정확히 이해할 때에 가능하다.

저학년을 위해 중3 과정을 예로 살펴보자. 고1 수열이나 고2 시그마나 극한 그리고 미분과 적분 단원에서도 기호에 대한 정의를 정확하게 이해해야만 그 단원의 문제를 파악할 수 있다. 고등학생인데도 절댓값 기호에 약한 학생들이 많다. 아래 정의를 보자.

$$(1)\ |x|=\begin{cases} x & (x\geq 0) \\ -x & (x<0) \end{cases} \qquad (2)\ \sqrt{x^2}=\begin{cases} x & (x\geq 0) \\ -x & (x<0) \end{cases}$$

따라서 $|x|=\sqrt{x^2}$

해설

$|x|$는 절댓값 기호가 없어지면서 x 또는 $-x$ 중 하나로 바뀐다. 이 말은 무슨 뜻일까? 절댓값 개념을 숫자에서 부호만 떼어 내면 된다고 알고 있는가? 그렇다면 위 공식을 이해하는 것이 어려울 것이다.

(1) $x \geq 0$이면 $|x|=x$의 뜻

　　$x \geq 0$는 x에 0이나 양수만 대입하겠다는 약속이다.

　　절댓값은 0에서 그 숫자까지의 거리이다.

　　그런데 절댓값 안의 수가 양수라면 절댓값 기호가 없는 것과

　　같은 수가 된다. 즉 $|0|=0$, $|2|=2$, $|3|=3$, …과 같다.

　　따라서 $|x|=x$라고 쓴다.

　　예 $x \geq 0$일 때, $|x|-2x$는 $x-2x=-x$라고 할 수 있다.

(2) $x < 0$이면 $|x|=-x$의 뜻

　　조건 $x < 0$라는 말은 x에 $|-1|$, $|-2|$, $|-3|$, …처럼 음수만

　　대입하겠다는 말이다. $|x|$의 값은 '거리'를 뜻하므로 양수이어야 한다.

　　그리고 식은 등호('=')가 성립하면 식의 모양을 바꿀 수 있다.

　　$|x|=x$의 x에 음수 -2를 대입하면 $|-2|=-2$이다.

　　절댓값의 값이 양수라는 뜻에 맞지 않는다.

　　그런데 $-x$의 x에 -2를 대입하면 $-x=-(-2)=2$로 양수이다.

　　즉 $|x|=-x$에 대입하면 $|-2|=-(-2)$, $|-2|=2$이다.

따라서 x의 조건이 $x < 0$이면 $|x| = -x$라고 써야 절댓값의 정의가 지켜진다.

예 $x < 0$일 때, 식 $2|x| + 5x$는 $2(-x) + 5x = -2x + 5x = 3x$가 된다.

개념 페이지에는 정의나 공식 혹은 그 정의에 대한 성질이 나온다. 그리고 그 아래나 다음 페이지에는 이것의 이해를 돕는 설명이 있다. [보충설명] 같은 내용이 나온다. '보충설명'이란 말 대신에 '증명', '참고', '예', '설명', '해설'이라 쓰기도 한다.

이 '보충설명' 부분은 공식이나 성질을 이해할 수 있도록 자세하게 설명돼 있다. 이 부분을 꼭 공부해야 한다. 수학 문제를 해석하는데 사용되는 원리가 숨어 있다. 혹은 문제를 풀어 갈 수 있는 힌트가 숨어 있기 때문이다.

고등수학은 기호에 대한 정의가 많다. 그것은 초·중 수학에는 없는 수열, 로그, 지수, 시그마, 삼각함수, 미분, 적분 같이 **기호를 이용하여 정의하고, 기호를 이용하여 계산해야** 하는 것들 때문이다. 그러니 기호에 대한 정의를 완벽하게 공부해야 한다. 만약 지금 고등수학에서 이런 단원이 어렵다고 생각되면 기호에 대한 정의를 다시 공부하라.

용어의 정의와 성질

중1 단원 : 방정식   정의 : 방정식이란? 성질 : 등식의 성질
중2 단원 : 부등식   정의 : 부등식이란? 성질 : 부등식의 성질
중3 단원 : 제곱근과 무리수 정의 : 제곱근이란? 성질 : 제곱근의 성질

위와 같이 중학교 과정의 개념 설명에서는 '성질'이라는 용어가 나온다. 앞에서 살펴본 절댓값의 성질은 절댓값이라는 기호에 의해 생기는 여러 가지 특성이다.

아래의 '성질'을 보자. 아래의 식은 등식(등호 '='이 들어 있는 식)이 갖는 특성이다. 그런데 이 특성은 방정식을 계산하는 원리가 된다. 이처럼 '성질'은 어떤 계산을 하는 원리를 말하기도 한다. 이 원리를 잘 이해해 사용하지 못하면 그 단원을 이해하기 어렵다.

등식의 성질

① 등식의 양변에 같은 수를 더해도 등식은 성립한다.

$a=b$일 때 $a+c=b+c$

② 등식의 양변에서 같은 수를 빼도 등식은 성립한다.

$a=b$일 때 $a-c=b-c$

③ 등식의 양변에 같은 수를 곱해도 등식은 성립한다.

$a=b$일 때 $ac=bc$

④ 등식의 양변을 0이 아닌 같은 수로 나누어도 등식은 성립한다.

$a=b$일 때 $\dfrac{a}{c}=\dfrac{b}{c}$

예제

$\dfrac{5}{2}x-1=4$의 해를 구하시오.

 해설 (1) 성질③ − 등호의 양변에 2를 곱한다.

$2\left(\dfrac{5}{2}x-1\right)=2\times4$이고 $5x-2=8$이다.

(2) 성질① - 등호의 양변에 2를 더한다.

$5x-2+2=8+2$ 이고 $5x=10$이다.

(3) 성질④ - 등호의 양변을 5로 나눈다.

$\dfrac{5x}{5}=\dfrac{10}{5}$ 이며 $x=2$

일차방정식은 대부분 '이항'이라는 방법으로 계산한다. 그런데 '이항'이라는 원리의 출발은 '등식의 성질'이다. 이것이 일차방정식의 해를 계산하는데 필요한 계산법이다. 따라서 '성질'을 정확하게 공부해야 일차방정식의 해를 구하는 방법도 알게 된다.

Σ(시그마)의 성질, 고2

(1) $\displaystyle\sum_{k=1}^{n}(a_k+b_k)=\sum_{k=1}^{n}a_k+\sum_{k=1}^{n}b_k$ (2) $\displaystyle\sum_{k=1}^{n}(a_k-b_k)=\sum_{k=1}^{n}a_k-\sum_{k=1}^{n}b_k$

(3) $\displaystyle\sum_{k=1}^{n}ca_k=c\sum_{k=1}^{n}a_k$ (4) $\displaystyle\sum_{k=1}^{n}c=cn$

위의 공식은 고2 때 배우는 시그마의 성질이다. 이것은 시그마를 계산하는데 필요한 성질들이다. 고2 교과를 보면 위 성질이 갖고 있는 계산 원리가 '증명' 혹은 '보충학습' 같은 이름 아래 해설되어 있다. 이것을 반드시 제대로 공부해야 한다.

고등수학에서 처음 배우는 내용이 어려운 이유는 '정의'을 정확하게 이해하지 못해서다. 정의만 외웠다고 해서 아는 것이 아니다. 반드시 정의가 갖고 있는 특성을 알아야 한다. 기호의 정의를 안다는 것은 무엇일까? 단순히 공식이나 뜻만 외워 아는 것은 제대로 아는 것이 아니다. 그 정의에 포함된 기호나 문자들 하나하나의 의미를 모두 알아야 하는 것이다.

지금 고등학생인가? 정의와 기호에 집중하여 공부하라. 고등학생들이 수학을 어려워하는 이유는 중학교 과정에선 본 적이 없는 처음 배우는 수학 개념들 때문이다. 그럼 처음 배워서 어려운 걸까? 아니다. 학생들이 어려워하는 단원을 짚어 보면 그 단원에서 용어의 뜻과 기호의 정의를 바르게 이해하고 있지 않다는 걸 알 수 있다. 단순암기만 하였기 때문이다. 이해암기를 하도록 하라. 이해하는 과정 속에 문제를 푸는 중요한 열쇠가 숨어 있다. 이것을 모르기에 공식은 알아도 문제를 풀 수 없는 것이다.

수업을 듣기만 하지 말라. 개념은 스스로 공부해야 정리가 된다.

학교 수업만 듣고 문제집을 푼다. 학원 수업을 듣고 문제를 푼다. 과외 수업을 하고 문제를 푼다. 이런 수학 공부의 특징이 무엇일까? 누군가가 개념을 설명해 준다는 것이다. 중요한 거 하나 더 있다. 샘이 개념 설명을 할 때는 지루해 졸립다. 그러면 귀기울이지 않게 된다. 개념 설명을 듣지 않는 순간이 개념을 놓치는 순간이다.

학교 수업을 보자. 교과서 그대로 수업한다. 교과서에 나오는 개념은 단원 전체에 조금씩 골고루 정리되어 있다. 단원이 끝나면 모든 개념 공부가 끝난다. 그렇다고 해서 샘이 개념을 다시 정리해 주지는 않는다. 샘들 중에는 교과서의 일부 내용만 편집하여 프린트물로 수업하는 경우도 흔하다. 즉 빠진 내용이 있을 수 있다는 것이다.

학원 수업을 생각해 보자. 샘이 개념 설명을 해준다. 단원 시작 부분에 모여 있는 모든 개념에 대해 설명을 듣는다. 새로운 것을 한꺼번에 들었다. 모든 내용을 머릿속에서 하나씩 정리하기가 쉽지 않다. 샘이 예제 문제로 문제에 담겨 있는 개념을 다시 설명해 준다. 그렇다고 하여 수업 교재에 있는 모든 내용을 다시 설명해 주지는 않는다.

··· 꿀 빠는 수학

"여기, 보충설명 부분을 꼭 공부하세요. 증명해 준 거 모두 알겠죠?"

샘들은 수업 진도 때문에 자세한 설명을 생략하기도 한다. 샘이 증명을 해주었다고 해서 기억나는 게 아니다.

학교든 학원이든 과외든, 샘들은 쉽게 이해되지 않는 정의나 기호를 모두 풀어서 설명해 주었을까? 한 번 설명을 들은 것만으로 개념 공부가 충분히 되었을까? 누구나 그렇지 않다는걸 알 것이다.

개념 공부를 가장 잘하는 학생은 혼자 정리하는 학생이다. 스스로 공부하는 학생은 모든 수학 설명에 의문을 품는다. 어떤 식으로든 그것을 해결하려고 한다. 하지만 수업을 듣기만 하는 학생은 의심 없이 누군가의 설명만 믿는다. 그리고 아는 것이 되었다고 생각한다.

공부를 어떤 방법으로 하느냐보다 스스로 얼마만큼 개념 공부를 하느냐가 중요하다. 단원의 개념을 복습해보니 많은 의문이 생긴다. 그렇다면 개념 정리가 안 되었다는 것이다. 어떻게 할까?

수학 교과서에서 개념 설명 부분을 찾아 다시 공부하라. 교과서의 장점은 개념을 쉬운 말로 풀어 놓았다는 것이다. 예제와 문제도 개념 이해를 위해 만들어진 것이다. 응용문제들이 아니다. 그래도 모르겠다면? 의문이 생긴 부분을 메모하여 반드시 질문하라. 샘이든 친구이든 누구에게든 부끄러워 말라. 질문의 힘은 위대하다. 유튜브나 인터넷도 이용하라. 어떤 방식을 쓰든 개념을 아는 것으로 만들어야 한다. 그렇게 의문을 해결할 때 자신의 힘으로 개념이 정리되는 것이다.

공부법 차이가
대학수능 점수의 차이

"수학 과목은 필요없다. 미래에는 수학과 관련 없는 일을 할 것이다. 그래서 수학을 거부한다." 혹시 이런 생각을 가지고 있는가? 수학을 배워야 하는 이유는 무엇일까? 답은 어떤 문제를 해결하는 논리력, 사고력 등을 키우기 위해서다.

그럼 대학입학시험의 목적은 무엇일까? 점수가 높은 학생을 선발하려는 게 아니다. 대학과정에서 학습 능력을 갖춘 학생을 선발하려는 것이다. 대학에서 배우는 내용은 모두 처음 배우는 것이기 때문이다. 중·고등과정보다 더 어려운 내용들이다. 따라서 대학과정을 수학할 능력이 있는가를 알아보기 위한 시험이 대학입학시험이다.

"대학수학능력시험이란 말에서 '수학'이 수학 과목인가요?"

설마 이런 질문을? 여기서 수학(修學)이란 '학문을 닦는다'는 뜻이다. 쉬운 말로 '공부'라는 의미다. 바꿔 말해 '대학수학능력시험'은 '대학공부능력시험'이다. 시험의 목적이 대학의 교육과정을 얼마나 잘 배울 수 있는지, 그럴 공부 능력을 평가하는 것이다.

다시 생각해 보면 수능시험과 수학을 배우는 목적은 같다. 즉 문제 해결 능력과 사고력을 측정하는 시험인 것이다. 따라서 수학 공부도 같은 목적으로 공부해야 한다. 그럼 여기에 맞게 공부한다는 것이 무엇인지 생각해 보자.

새학기가 시작된 후 3주가 지났다. 선생님들이 시험 날짜와 시험범위를 말해 주는 시점이다.

"중간고사 시험범위는 89페이지까지다…"

이렇듯 국·영·수는 시험범위가 넓다. 그래서 시험 준비에 많은 시간이 필요하다. 각 과목의 일정 범위를 공부한다. 범위 안의 문제를 반복해서 많이 풀어 본다. 그러면 어느 순간에는 문제만 딱 봐도 푸는 방법이 떠오른다. 이쯤되면 시험 대비가 완벽하다. 가끔 이런 질문을 던지는 학생이 있다.

"수능에선 수학 시험범위가 어떻게 되죠?"

수능 수학 과목은 보통 책 3권이라고 말해 준다. 학생들로선 황당하다. "시험범위가 책 3권이면 준비를 어떻게 하냐고요." 당연히 중간고사나 기말고사를 준비하던 때와 같은 방법으로 수능시험을 대비할 수는 없다. 수능시험 대비는 정말 가능하기나 할까?

과목(영역)	과목
수학 (고2, 고3 과정)	공통과목 : 수학1, 수학2
	선택과목 : 확률과 통계, 미적분, 기하와 벡터 중 택1

참고 : 대학에서 과학과 관계 없는 학과를 가는 학생은 공통과목 2개와 확률과 통계를 본다. 과학과 관계된 학과를 가려는 학생은 공통과목 2개와 미적분이나 기하와 벡터 중 1개를 선택하여 시험을 본다.

"오! 고1 때 배우는 수학은 시험범위가 아니네요. 그건 좀 다행이네요."

미안하고 안타깝다. 고1 과정은 확실히 시험범위가 아니다. 하지만 고1 과정을 모르면 고2 수학 문제 대부분을 풀 수 없다. 구구단은 초3 과정이지만 초6 문제는 초3의 구구단을 알아야 풀 수 있는 것과 같은 원리이다.

수능시험 수학 문제는 학교에서 치르는 중간고사나 기말고사 때의 문제와 다르다. 수능 문제의 대부분은 공식만 바로 적용해서 풀 수 있는 문제가 아니다. 문제를 읽었을 때, 그 문제에 숨어 있는 수학의 성질과 원리들을 찾아낼 수 있어야 한다. 수능 수학 문제는 이것들을 이용하여 만들어지기 때문이다. 물론 계산 과정에서 공식도 사용된다.

그렇다고 학교 시험문제는 개념을 이용한 문제가 아니라는 뜻이 아니다. 학교 시험문제도 당연히 그 단원의 개념을 적용해야만 풀 수 있다. 다만 학교 시험문제는 수업시간에 배운 문제들과 비슷한 유형이 많이 출제된다는 것이다.

학교 시험 준비는 대부분이 정해진 시험범위를 여러번 반복해서 공부하는 것으로 해결할 수 있다. 그러다 보면 시험범위에 있는 문제의 유형을 외우게 된다. 개념이 부족해도 반복 학습으로 풀이 방법을 외울 수 있는

···· 꿀 빠는 수학

것이다. 이런 식으로 문제를 많이 풀다 보면 학교 시험에서는 원하는 점수를 얻을 수도 있다. 그래서 학교 수학 점수가 좋은 학생 중 이런 말을 하는 학생이 있다.

"학교 시험보다 모의고사가 등급이 너무 낮아요. 저는 수시로 대학 가려고요."

고등학생이라면 이해되는 말이다. 중학생은 전국모의고사를 치르지 않는다. 혹시 중등 때 기초학력진단평가를 치른 적 있는가? 아주 쉬웠을 것이다. 문제의 난이도가 고등 때의 모의고사와는 전혀 다르기 때문이다. 하지만 고1이 되어 첫 전국연합고사를 보면 수학이 너무 어렵다는 생각이 들 것이다. 왜 고등수학은 많이 어렵다고 느껴질까? 그 이유를 알아보자.

다음 문제를 살펴보자. 중3 때 원주각을 배우지 않은 학생도 잘 읽어 보기 바란다. 단지 중등 수학으로 고2 문제도 풀 수 있다는 점을 알 수 있을 것이다. 그리고 중3 과정의 삼각비나 원에 관한 내용을 배울 때 열심히 공부해야 한다는 것도 알 수 있을 것이다.

선분 $\overline{BC}$의 길이는 5이고, ∠BAC=30°인 삼각형 ABC의 외접원의 반지름을 구하여라.

① 3   ② $\dfrac{7}{2}$ ③ 4   ④ $\dfrac{9}{2}$ ⑤ 5

고2 → 삼각함수 → 외접원 반지름 : 여기서 연상되는 것은?

고2 학생이 이 문제를 풀려고 한다면

삼각함수의 싸인법칙이 생각날 것이다.

물론 문제를 읽으면서 아래처럼 그림도 그릴 것이다.

삼각형의 외접원은 삼각형의 세 꼭짓점을 지나는 원이다.

문제는 이 원의 반지름을 구하는 것이다.

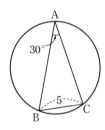

모의고사나 수능에선 단원의 핵심 개념을 묻는 문제들이 제시된다.

위 문제에서 삼각함수 그리고 외접원의 반지름이 등장하는 공식이

있다. 바로 싸인법칙이다.

$$\frac{\overline{BC}}{\sin A} = 2R$$

(R은 외접원의 반지름, $\overline{BC}$는 각 $\sin A$와 마주 보는 변(대변))

공식 이해암기 : 싸인법칙으로 풀기

$$\frac{5}{\sin 30°}=2R,\ R=\frac{5}{2\times\dfrac{1}{2}},\ \therefore\ R=5$$

이 공식이 생각나면 문제가 풀릴 것이다. 공식이 생각나지 않으면 당연히 풀수 없다. 그런데 쉬는 시간에 학생에게 물어 보니 저 공식을 안다고 말한다.

그럼 왜 문제를 풀 때는 생각을 못했을까? 이유는 공식만 외워서 그렇다. 공식을 단순암기했기 때문이다. 공식을 이해암기하는 자세한 방법은 앞장에서 설명했으니 살펴보기 바란다.

싸인법칙 원리로 풀기

호와 원주각의 성질 : 한 호에 대한 원주각의 크기는 같다.
따라서 문제에 있는 호 BC로 만들어진 모든 원주각의 크기는 같다.
반지름을 구해야 한다. 따라서 호 BC의 원주각 중 원의 중심을 지나는
각 A′를 만든다.
위의 성질로 $\angle A = \angle A'$이다.

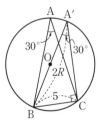

$$\sin(각도)=\frac{직각삼각형의\ 높이}{직각삼각형의\ 빗변의\ 길이}$$

싸인(sin) 값은 직각삼각형에서 (빗변의 길이) 분의 (높이)이다.

$$\sin 30°=\frac{5}{2R},\ \frac{1}{2}\times 2R=5,\ R=5\ \left(\sin 30°=\frac{1}{2}\right)$$

중3에서 원주각을 배웠다면 위 설명을 이해할 수 있을 것이다. 그런데

더 중요한 것이 있다. 중3 학생도 이해할 수 있는 이 설명이 싸인법칙을 만든 원리다. 공식을 이해암기한다는 것은 공식이 만들어지는 과정, 즉 증명을 이해한다는 것이다.

풀이3

중3 과정의 다른 개념 이용

원주각과 중심각의 성질 이용 : 원주각 크기의 2배가 중심각의 크기이다.
삼각비의 성질(직각삼각형에서 변의 길이비의 값)과 특수각의 성질을 사용한다.

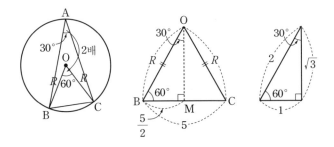

△OBC는 두 변이 반지름이다. 즉 이등변삼각형이다. 이등변삼각형의 꼭짓점에서 밑변에 수선을 그으면 밑변이 수직이등분된다. △OBM은 특수각인 $30°, 60°, 90°$로 이루어진 삼각형이다. 위 그림에서 이 각으로 이루어진 삼각형의 길이비를 보자. 이것을 이용하여 $\sin 30° = \dfrac{1}{2}$의 값을 구할 수도 있다. 이것을 이용하면

$$\sin 30° = \frac{\frac{5}{2}}{R}, \ \frac{1}{2} = \frac{\frac{5}{2}}{R}, \ \frac{R}{2} = \frac{5}{2}, \ \therefore R = 5$$

그리고 아래 계산처럼 특수각의 길이 관계를 이용하여 비례식을 세울 수도 있다. 내항의 곱과 외항의 곱은 같다는 원리로 해를 구한다.

$$R : \frac{5}{2} = 2 : 1, \ R \times 1 = \frac{5}{2} \times 2, \ R = 5$$

··· 꿀 빠는 수학

초·중 수학 문제에는 한 문제에 한 두 개의 개념이 들어 있다. 이런 개념 문제는 단순암기 방식으로 학습이 가능하다. 학교시험만 보는 초·중 학생들은 대개 빠른 시간에 단순암기라는 빠른 방법으로 수학 공부를 한다. 그리고 원하는 점수를 받는다. 하지만 그때 그런 식으로 공부한 개념은 빠른 시간에 잊혀진다.

"맞아요. 시험공부할 때는 알았는데, 나중에는 안 풀리더라구요."

이렇듯 초·중 학생들의 상당수는 짧은 기간의 학습만으로 원하는 성적을 얻는 공부법에 익숙하다. 그리고 수학 개념을 증명하고 확인하는 과정을 싫어한다. 왜 그럴까? 확인하고 증명하는 과정은 시간이 오래 걸려서다. 특히 이해하는 과정은 짜증나게 만든다. 그래서 문제를 맞추기만 하면 되지 개념 공부가 중요하다고는 생각하지 않는다. 중간고사나 기말시험 범위가 주어지면, 그때부터 2~3주 동안에 문제 풀이 방법을 외운다. 고등수학처럼 개념이 복잡하지 않으니 원하는 점수가 나온다. 이 기간 동안 공부하는 모습을 부모님께 보여줬으니 착한 학생이 된다. 부모님도 만족해한다. 저학년 때 이런 현상이 지속되면 기초적인 수학 개념 학습을 망치게 된다.

대학수능 문제는 개념 문제의 완성판이다.

고등수학은 중등수학과 다르다. 고등수학 때 배우는 하나의 공식은 저학년에서 배운 여러 개의 개념을 이용해 만들어진 것들이다. 즉 하나의 공식을 이해하려면 중등과정에서 배운 여러 개의 수학 개념을 가져와 적용해야만 한다.

따라서 고등수학 문제를 풀 때, 어떤 공식을 단순암기로 외웠다면 그 공식을 문제에 적용하는 일이 쉽지 않다. 왜 그런가? 고등수학은 문제에 담겨 있는 다양한 개념을 모두 이해해야 하기 때문이다. 그래야 그 개념들을 정리하여 만든, 문제풀이에 필요한 수학공식을 생각해낼 수 있다. 결국 공식만 외웠을 뿐 그 공식에 담긴 의미를 모른다면 고등수학 문제는 풀 수 없게 된다.

　고등학교의 중간·기말고사도 그렇게 쉽지는 않다. 전국연합모의고사나 대학수능시험에서 출제되는 하나의 수학 문제 속에는 고등수학에서 배운 3~5개의 수학공식이 동시에 사용되기도 한다. 그러므로 저학년 수학 개념에 약하면 하나의 고등수학 공식도 이해하기 어렵다. 그리고 여러 개의 공식이 묶여 만들어진 대학수능에서 한 문제조차 풀기 어렵다.

　앞의 풀이를 다시 생각해 보자. 고2의 싸인법칙 공식을 적용한 것이 가장 간단한 풀이다. 즉 시간이 가장 적게 걸린다. 하지만 이 고등수학 공식 속에는 중3 때의 수학 개념이 3~5개 정도 포함돼 있다. 앞의 문제 풀이에서 **<중3 과정의 다른 개념 이용>**을 보면 알 수 있다. 원주각의 성질, 원주각과 중심각의 관계, 이등변삼각형의 성질(중2 내용), 삼각비, 싸인값 개념 등이 문제 해설에 사용되었다. 고등수학을 앞에 놓고 보면, 수학 개념의 이해가 얼마나 중요한지를 충분히 이해했을 것이다.

　대학수능의 수학 문제는 초·중·고 9년을 포함해 12년간 배운 수학 개념의 완성판이다. 아직 고3은 아닌가? 그렇다면 지금부터라도 개념 공부를 열심히 하기 바란다. 학교의 중간·기말고사 기간에는 암기 학습을 해도 된다. 원하는 수학점수를 얻는 것도 중요하다. 그러나 이 점수에 만족하여 개념 공부를 소홀히 한다면 수능시험에서는 원하는 점수를 못 받을 것이다. 지금 고등학생이라면 이 말에 끄덕일 것이다.

그럼 개념 학습은 언제 충실히 할 수 있는가? 방학기간이나 시험기간이 아닌 때다. 이 기간에 수학 공부를 할 때엔 공식이든 법칙이든 성질이든 증명하고, 확인하고, 이해하는 수학 공부를 하라. 지금 읽는 내용이 이해될 것이다. 하지만 절실하게 느껴지지는 않을 수 있다. 하지만 고3 학생이라면 누구나 인정할 것이다. 고3이 되었을 때는 너무 많은 시간이 지난 상황이다. 아직 고3이 아니라면 지금부터라도 수학 개념 공부에 신경쓰자. 그리고 이 책을 끝까지 읽고 개념 학습의 틀을 잡기 바란다.

시험문제 분석으로
성적 올리기

학교 시험문제는 지역마다 학교마다 난이도에서 차이가 있다. 그래서 다른 학교 친구와 자신의 수학 성적을 단순 비교하는 것은 적절하지 않다. 만약 다른 학교 친구와 자신의 성적을 비교하고 싶다면 두 학교의 시험문제가 각각 어떤 난이도를 갖고 있는지 살펴봐야 한다.

중학교 시험 성적도 학교 내신으로 성적표에 기록된다. 그리고 이 성적이 고등학교 진학에 사용된다. 하지만 대부분의 도시 지역은 평준화 배정 원칙이 적용된다. 평준화 배정 방법은 어떻게 되는가? 일단 고입지원서에 중학교 내신과 희망하는 9개의 일반고등학교 이름을 받는다. 그리고 그 지역 일반고등학교 정원에 맞게 합격을 시킨다. 현재는 학생수가 적어 인문계 고등학교를 희망하는 모든 학생이 합격된다. 이렇게 합격되면 희망학교 9개 중 추첨 방식으로 학교를 배정받는다. 즉 성적은 중요하지가 않다.

만약 외국어고등학교나 과학고등학교 같은 특수목적고등학교에 진학하고자 한다면 중학교 내신성적은 매우 중요하다. 이런 학생은 학교별 시험 난이도를 비교하여 공부하는 것도 중요하다.

일반고등학교 진학에서는 성적이 중요하지 않다. 그래서 중학교 수학 시험은 많이 어렵지 않다. 수학이 정말 어렵게 출제되는 것은 고등학교 시험이다. 고등학교 시험은 반드시 어렵게 출제된다. 그 이유를 알아보자.

고등학교 내신성적은 등수에 따라 내신등급이라는 등급을 정한다. 이 내신등급은 수시입학 서류를 제출할 때 사용된다. 따라서 학교 내신등급은 아주 중요하다. 그럼 고등학교 내신등급은 어떻게 계산하는가?

내신등급만 알면 꽝! 백분율도 반드시 알아야 한다.

고등학교는 각 학생의 모든 과목별 성적에 등급을 표시한다. 그것을 내신등급이라고 한다. 내신등급에 대해 알아보자. 내신등급은 현재 9등급으로 나뉜다. 교육부 정책에 따라 달라질 수도 있다. 이것이 바뀌었나 알고 싶다면 교육부 사이트를 이용해보기 바란다.

내 성적 백분율 $= \dfrac{\text{자신의 과목 등수}}{\text{학년 인원수}} \times 100$	
석차 등급	석차누적비율
1등급	0% 초과 ~ 4% 이하
2등급	4% 초과 ~ 11% 이하
3등급	11% 초과 ~ 23% 이하
4등급	23% 초과 ~ 40% 이하
5등급	40% 초과 ~ 60% 이하
6등급	60% 초과 ~ 77% 이하
7등급	77% 초과 ~ 89% 이하
8등급	89% 초과 ~ 96% 이하
9등급	96% 초과 ~ 100% 이하

고1학년 전교생이 300명이다. 중간고사 수학 성적이 전교 60등이다. 그럼 몇 등급일까?

$$\frac{60}{300} \times 100 = 20\%,\ 3등급\ \ 11\% \sim 23\%$$

3등급은 11% ~ 23%로 정해져 있다. 수학 60등을 한 학생의 백분율은 20%다. 거의 23%에 가깝다. 따라서 이 학생은 3등급 하위권에 속한다. 만약 11.4%가 나왔다고 해보자. 그래도 3등급이다. 하지만 조금만 노력하면 11% 이하 그룹인 2등급에 들어갈 수 있다. 혹시 고등학생인데 자신의 등급만 알고 그 과목의 백분율값은 모르고 있지 않은가? 그렇다면 성적표로 백분율 계산을 해보기 바란다.

자신의 성적이 등급 안에서 어느 위치에 있는가를 알아야 한다. 그래야 한 등급을 올리려면 얼마나 더 노력해야 하는지도 알 수 있기 때문이다. 또한 어느 과목에 집중하느냐에 따라 국·영·수·사·과 중에서 과목의 등급을 더 쉽게 올릴 수 있는지도 알 수 있다. 자신에 대한 정보를 정확히 알면 더 효과적인 공부가 될 것이다.

등급 블랭크 현상 때문에 고등수학 시험의 문제 난이도가 높다.

내신등급에는 '등급 블랭크'라는 것이 있다. 이런 현상은 대학수학능력시험에서도 몇 번 발생한 적이 있다. 예를 통해 쉽게 알아보자.

나의 등급 백분율 계산하기

학생이 300명이다. 중간·기말고사 모두 100점을 받은 학생이 18명이다. 백분율을 구해 보자.

$$18\text{명 학생의 백분율} : \frac{18}{300} \times 100 = 6\%$$

1등급은 전체 인원의 백분율이 0 ~ 4% 이하까지만 가능하다.
그런데 만점자가 4%를 넘는다. 이런 경우에는 1등급이 없게 된다.
그리고 0 ~ 4%와 4% ~ 11%를 합쳐서 0 ~ 11%의 학생이 2등급이
된다.
100점이지만 이 학생들의 성적표에는 2등급이라고 써진다.
이것처럼 한 등급이 사라지는 현상을 '등급 블랭크' 현상이라고 한다.

"와~ 100점인데도 1등급이 아니라니! 너무하네요."

만약 시험문제가 너무 쉬워서 100점을 받은 학생이 전체 인원의 4%를
넘기면 1등급이 없어진다. 얼핏 생각에 시험문제가 쉬우면 좋아할 수 있
다. 하지만 1등급이 없다. 시험문제가 너무 쉬우면 학생들에게는 오히려
손해가 발생한다. 고등학교는 이런 문제를 해결하기 위해 학교시험 문제
를 출제할 때 핵심적인 2가지 장치를 한다.

첫 번째는 시험을 치렀을 때 동점자가 많이 생기지 않도록 한다. 방법은
각 문제의 배점을 소수점으로 주는 것이다. 시험을 보았을 때, 다섯 문제
를 틀린 학생은 많을 것이다. 여기서 각 문제가 모두 4점짜리라면 동점자
가 많이 발생한다. 이것을 막기 위해 4.1점, 4.3점, 5.1점, ...처럼 각 문제
의 배점을 서로 다르게 하여 동점자가 발생하지 않도록 한다. 그러면 각
학생들의 등수를 다르게 만들 수 있기 때문이다.

두 번째는 만점자가 최소로 발생하도록 시험지를 만드는 것이다. 어떻
게 하면 100점 맞는 학생을 가장 적게 만들 수 있을까? 생각해 보라. 아마

도 친구가 생각한 것이 맞을 것이다. 바로 시험문제를 어렵게 출제하는 것이다. 고등학교 시험에서는 시험 성적으로 등수를 구분하는 것이 중요하다. 등수로 내신등급을 계산하기 때문이다.

고등학교 중간고사 수학 시험을 치렀다.

"샘! 수학 70점이라고... 엄마한테 엄청 혼났어요. 어떻게 하죠?"

그럼 내신등급의 원리를 설명해 드리기 바란다. 고등학교 시험 점수는 대체로 중학교보다 낮게 나온다. 이제는 몇 점이라는 점수 자체가 중요하지 않다는 걸 알았을 것이다. 90점을 맞아도 1등급일 수 있고 아닐 수도 있다. 그것은 그 학교, 그 학년의 시험지 난이도와 학생들의 수준에 따라 다르게 나오기 때문이다.

가끔 중간고사 시험지가 쉬울 때도 있다. 그래서 100점 맞은 학생이 4%를 넘었다고 하자. 이것은 선생님이 신입생들의 실력을 몰랐거나 출제 난이도 조절에 실패해서다. 이런 경우에는 기말고사가 어려워진다. 내신등급은 중간고사와 기말고사를 합하여 한 학기 등급으로 처리된다. 따라서 중간고사가 쉬웠다면 기말고사는 반드시 어려워진다는 것을 알고 공부해야 한다. 이럴 경우엔 기말고사 준비를 할 때 난이도가 높은 문제도 많이 공부해야 한다.

학교 시험지에서 어려운 문제는 전국모의고사 문제들이다.

이제 고등학교 시험이 어렵게 출제되는 이유를 알았다. 그런데 이것은 수학만이 아니라 모든 과목에 적용된다. 각 과목별로 등급을 계산하기 때문이다.

그렇다고 학교 시험지의 모든 문제가 어려운 건 아니다. 어렵게만 출제한다면 학생들이 공부를 포기할 것이다. 현재 자기반의 친구들을 생각해 보라. 공부를 전혀 하지 않는 친구도 있을 것이다. 조금 공부하는 친구도 있을 것이다. 물론 얄밉게 공부를 잘하는 친구도 있을 것이다. 그래서 시험문제는 이 모든 학생들을 어느 정도 만족시키는 문제로 출제된다.

학교 시험지의 출제 경향

(1) 기본 성적은 나오도록 시험을 출제한다.

수학 교과서에 예제와 문제가 있다. 이런 문제 중에도 쉬운
개념 문제들이 있다. 이런 것이 시험에 출제된다. 따라서 교과서의
쉬운 문제는 무조건 알아야 한다. 이것을 모두 맞추면 몇 점일까?
그것은 각 고등학교마다 다르다. 아마 10점 근처에 해당할 것이다.
교과서의 단원 연습문제에서 '기초'라고 써진 문제들이다.

(2) 기본 문제와 기본 변형 문제로 중간 성적의 학생들을 구분한다.

수학 교과서라고 하여 모두 쉬운 문제만 있는 건 아니다. 대체로
교과서의 중단원 평가와 대단원 평가 문제의 70% 정도는
기본 문제와 기본 변형 문제들이다. 주로 이 문제들이 학교시험에서
출제된다.
이 문제들은 교과서 연습문제에서 아주 어려운 1~3개를 제외한
문제들이다.

(3) 중위권과 상위권을 구분하기 위한 문제를 반드시 출제한다.

교과서 시험범위 문제를 모두 풀 줄 안다고 하자. 참고서의 유형별
문제도 잘 푼다.

그런데 시험을 치르는 중에 모르는 문제가 세 개 있었다면?

바로 이런 문제가 상위권을 구분하는 문제다.

즉 1등급 학생이 4%를 넘지 않도록 만드는 문제다.

학교에서는 교과서 외에 보조 교재를 선택해 수업하기도 한다. 이런 경우에는 보조 교재 공부도 열심히 해야 한다. 선생님들은 수업용으로 만드는 프린트 자료에서 시험문제를 출제하기도 한다. 그런 프린트 자료에는 교과서에 없는 어려운 문제들이 있을 수 있다. 그렇다면 반드시 여러 번 공부해 둬야 한다. 모든 과목에서 선생님이 제공하는 자료는 열심히 익혀야 한다. 수업 시간에 선생님이 강조하면서 설명하는 내용도 잘 공부해 둬야 한다. 그것이 시험에 출제될 수 있기 때문이다.

아주 어려운 문제들은 전국모의고사나 수능에 출제되었던 기출문제인 경우가 많다. 물론 선생님이 준 프린트 자료에도 그런 문제들이 있다. 결정적인 것은 그런 자료를 받은 적도 없는데 학교시험에서 모의고사 문제와 비슷한 문제가 출제되는 경우도 많다는 것이다.

고등학교에서 어떤 과목의 시험문제가 너무 어려웠다면, 그 문제는 모의고사 혹은 수능문제였을 가능성이 높다. 그래서 보통은 기출문제 수준의 문제가 몇 문항이나 있는가로 시험지의 난이도를 평가한다.

고등수학에서 상위권, 즉 1등급 학생이 되고 싶은가? 그렇다면 수학 개념을 충실히 공부하라. 1등급 학생을 구분하는 문제는 모의고사나 수능문제 수준의 문제이다. 이런 문제들 역시 개념을 철저하게 공부했을 때 풀이가 가능하다는 점을 명심하자.

고득점의 길 2단계
- 공식의 숨은 원리 찾기

MATH

01

수학 기호의 약속을
정확히 알자

누구나 국어는 어려워하지 않는다. 수학도 읽으면서 이해될 때 어려움을 떨쳐낼 수 있다. 아래 문제를 보자. 기호가 읽히고 그 의미도 떠오르는가?

문제 : $\oint f(x)\,dx$를 읽어라.

고3이라면 적분 기호가 아닐까 생각할 것이다. 맞다. $\oint$은 '서큘라 인티그럴', 위 식은 "서큘라 인티그럴 에프엑스 디엑스"라고 읽는다. 대학수학에서 나오는 폐곡선 적분 기호다. 읽을 수도 없다면 무슨 의미인지는 더욱 모를 수밖에.

GCM $(10,\ 4)$ + LCM $(3,\ 4)$의 값은?

위 식은 읽을 수 있을 것이다. 하지만 무엇을 하라는 것인지 모른다면, 기호가 갖고 있는 의미를 모르기 때문이다. 사실 위 식은 초6에서 이미 배운 내용이다. 다만 저런 기호로 표현하는 것을 몰랐을 뿐이다. GCM은 'greatest common measure'로 최대공약수이다. LCM은 'Least(Lowest) Common Multiple'라는 최소공배수이다. '10과 4의 최대공약수'를 글로 쓰지 않고 기호로 표현한 것이다.

GCM(10, 4)=2(10과 4의 최대공약수),
LCM(3, 4)=12(3과 4의 최소공배수)
GCM(10, 4)+LCM(3, 4)=2+12=14이다.

기호란 어떤 뜻을 나타내기 위한 부호, 문자, 표지 따위를 말한다. 그리고 각각의 기호는 모두 의미를 갖고 있다. 수학은 바로 이런 기호들로 이루어진 문장들이다. 따라서 수학 기호로 써진 문장을 읽고 이해하려면 각각의 기호의 의미를 정확히 알아야 한다. 수학은 기호로 이루어진 언어이기 때문이다.

수학 문제에 나오는 모든 것이 수학 기호이다.

중학생이 되고부터 수학이 어렵다고 느껴지면, 그 이유는 다양한 기호들 때문이다. 중학생 이후의 수학은 용어의 정의, 기호의 정의, 기호가 갖는 성질, 정의가 갖는 성질, 계산을 위한 공식들로 이루어진다. 이것들의 의미를 기억하고, 이해하고, 외우지 않는다면 중등수학 이후의 수학은 알 수 없는 기호들의 나열로 보일 뿐이다.

"이소오 꾸라꾸라 보도! 비나땅 뿌리에 빠깔루아라노 하떼노? 불라이!"

위 한글 문장의 뜻을 알겠는가? 2009년 7월 21일부터 자신들의 말을 한글로 기록하는 소수민족이 있다. 물론 한글 표기로 책을 만들어 수업도 한다. 바로 인도네시아의 소수민족인 찌아찌아족이다.

찌아찌아족은 그들의 고유 언어인 '찌아찌아어'를 갖고 있다. 하지만 그 언어를 기록할 문자가 없었다. 이들 민족은 자신들의 생각을 글로 전달하지 못했다. 오직 입으로 말하여 전달해왔다.

그래서 소리글자인 한글이라는 기호로 자신들의 언어를 표기하기로 결정했다. 위 문장을 찌아찌아족은 읽을 수도 있고 그 뜻도 안다. 이렇게 기호는 의미와 함께 사용된다. 이 두 가지를 모두 알아야 기호를 진짜 아는 것이다.

수학 기호에는 어떤 것들이 있는가? 수학 문제에 쓰여진 한글도 수학 문제의 뜻을 전달하기 위한 기호이다. 따라서 한글 문장의 각 단어들의 의미도 정확하게 파악해야 한다.

"수학에서 한글 기호는 일단 압니다. 하하하…"

물론 잘 알 것이다. 그런데 수학 문제를 읽을 때 한글 부분을 쉽게 생각하여 용어에 해당하는 단어를 빼먹고 읽는다면? 수학 문제에서 한글 부분을 바르게 읽지 않는 습관은 문제 풀기를 포기하는 거와 같다. 글자 하나라도 빼먹지 않고 읽기 바란다. 또 읽으면서 문장 속 한글의 의미도 잘 생각하라. 수학 문제에서 '양수', '거리', '차', … 등등 매우 중요한 단어들이 많다. 이들 단어들은 식을 세울 때나 값을 정할 때 중요한 역할을 하기 때문이다. 이런 중요한 의미를 아래 문제에서 확인해 보자.

문제 : 중1

'두 수 a와 b의 차'를 식으로 써라.

풀이

$a-b$라고 쓰면 틀린 답이다.
두 수 중 어느 수가 큰 수인가를 현재 알 수 없다. 위와 같이 쓰면
$a=7$, $b=3$이면 $7-3$은 차가 4이다. 하지만 $a=3$, $b=7$이면
$3-7=-4$로 차가 음수가 된다.
"빨간공이 3개, 파란공이 7개구나, 4개의 차가 생기네"
차는 양수값이다. 그래서 이때는 절댓값 기호를 사용한다.
즉 위 문제의 답은 $|a-b|$이다.

수학 문제의 식은 문자로 쓰여 있다. 물론 가장 많이 나타나는 문자는
x이다. 이 문자 외에 다른 문자들도 있다. 문제를 읽을 때는 반드시 각 문
자들이 무엇을 나타내는지를 생각해야 한다.

기본 수학 기호에 대한 유래

'+', '−' : 독일의 수학자 비트만이 1489년에 저술한 산술책에서 처음 사
용. '+'는 많다는 의미, '−'는 부족하다는 의미로 사용.

'+', '−' : 1514년 네덜란드의 수학자 호이케가 덧셈, 뺄셈 의미의 기호로
사용.

등호('=') : 영국의 수학자 레코드가 저서 〈지혜의 숫돌〉 (1557년)에서 최
초 사용.

부등호('<', '>') : 1631년 영국의 수학자 해리엇이 자신의 책에서 부등
호 기호를 처음 소개.

곱하기 '×' : 1631년 영국의 수학자 오트레드가 교회의 십자가 모양에
서 힌트를 얻어 만듦.

나눗셈 '÷' : 1659년 취리히에서 출판된 대수학 책 〈게르만의 대수〉에서 처음 등장.

"이런 수학자들만 없었어도 수학 때문에 개고생하진 않을텐데"라는 유치한 생각은 하지 말자. 이 같은 기호들이 만들어진 것은 불과 500년도 되지 않는다. 그리고 이런 기호들이 본격적으로 사용되기 시작한 것은 17세기(1800년대)부터이다. 고대 이집트 시대부터 시작된 삼각형에 대한 연구 내용이 오늘날의 sin(싸인), cos(코싸인), tan(탄젠트)라는 기호로 바뀐 것도 18세기 오일러라는 수학자가 처음 사용하면서부터이다. 물론 방정식이나 함수 등의 다양한 기호들도 17~18세기에 만들어진 것들이다.

수학 기호를 만든 사람과 그 기호가 사용된 시기는 다르다. 그런데도 시간이 지나 이 기호들은 현재 하나의 수학책에서 모두 사용되고 있다. 전 세계가 같은 수학 기호를 사용한다. 전 세계의 수학책도 같은 내용이다. 전 세계는 수학이라는 동일한 언어를 사용하고 있는 것이다.

기호는 어떤 뜻을 나타내기 위해 사용되는 도구다. 수학이 어렵다면 기호들이 나타내는 의미를 모르기 때문이다.

"어! $3^2 = 6$ 아닌가? 뭐지?"

우리가 배우는 수학 기호는 이미 약속된 뜻과 원리로 정해져 있다. 우리는 이것을 배워 사용하는 것이다. 위 학생은 왜 틀렸는가? 기호가 갖고 있는 정해진 약속을 생각하지 않은 것이다. 중학교 수학을 배울 때 계산에서 많이 틀리는 경우는 기호로 정한 약속을 지키지 않아서다.

거듭제곱 표현 : 같은 수나 문자를 여러 번 곱한 것에 대한 표현 a를 n 번 곱하면 $a \times a \times a \times \cdots \times a = a^n$이며 a는 밑, n은 지수이다.

위의 내용은 거듭제곱을 밑과 지수를 이용하여 정의한 것이다. 3^2을 위의 정의로 해석해야 한다. 즉 3^2(삼의 제곱)은 '삼을 두 번 곱한다'는 뜻이다. 따라서 $3^2 = 9$이다.

"너무하시네요. 저도 그 정도는 다 알아요."

물론 알 것이다. 위의 내용은 '기호의 약속' 의미를 간단히 예로 든 것이다. 중요한 것은 배우고 있는 내용이 무엇이든 기호들의 약속을 이용하여 문제를 풀어야 한다는 것이다. 수학에 있는 모든 내용은 이미 정해진 약속이다. 수학 공부의 출발은 정해진 많은 약속을 이해하여 외우는 것이다. 정해진 규칙을 모르고 어떻게 수학 문제를 풀 수 있겠는가.

TV에서 가끔 수화통역사의 어떤 동작을 볼 때가 있다. 수화(손짓과 몸짓, 표정 등 시각적인 방법으로 의미를 전달하는 의사소통 방식)를 배우지 않은 사람은 무슨 뜻인지 전혀 모를 것이다. '수화 동작'을 봐도 각각의 동작이 갖는 기호의 의미를 알아야 무슨 말인지 이해할 수 있듯이 말이다.

수학 기호를 어떻게 공부해야 할까? 방법은 하나다. 기호의 의미를 정확하게 이해하고 그것을 암기하는 것이다. 한 번 듣고, 한 번 책에서 보았다고 누구든 전부를 기억할 수는 없다. 영어 단어 하나를 20~30번씩 써서 외워도 시간이 지나면 잊어버리기도 한다. 그럼 또 다시 외운다. 수학 또한 많은 시간을 들여 기억으로 축적해야만 한다. 문제만 많이 풀 것이 아니라 문제 속 개념인 기호, 용어, 공식을 정확히 이해하고 기억해야 하는 것이다.

끝으로 고등수학은 중등수학보다 더 어렵다. 다양한 기호나 공식 혹은 수학의 성질 등이 중학교 때보다 10배나 많기 때문이다. 그럼 그 많은 '정의'나 '성질' 혹은 공식은 어떻게 공부하는 것이 좋을까? 이제부터는 좀 더 구체적으로 설명해 보겠다.

02

공식에서 문자는
하나의 틀 상자

문제 풀이 과정에서 수학 공식을 잘못 적용하는 학생이 많다. 가장 큰 원인은 공식에 있는 문자의 의미를 정확히 모르기 때문이다. 수학 공식에서 문자를 하나의 틀 상자로 보자. 그 문자 자리에는 다른 어떤 것이든 대입이 가능하다.

쉽게 말하겠다. 수학 공식에 있는 문자는 초등수학에서 보았던 네모상자(□)와 똑같은 기능을 한다. 다음 식을 보자.

곱셈공식, 중2

$$(a+b)^2 = a^2 + 2ab + b^2$$
$$(\square + \bigcirc)^2 = \square^2 + 2 \times \square \times \bigcirc + \bigcirc^2$$

위 공식을 설명할 때, 가끔씩 (앞＋뒤)²＝앞²＋2앞뒤＋뒤²이라고 학생들에게 말할 때가 있다. 위 공식을 암기는 했는데 $(2x-3)^2$을 전개하지 못하는 학생들이 있어서다. 위 공식에서 a는 '+'의 '앞에 있는 것'이라는 뜻이고, b는 '+'의 '뒤에 있는 것'이라는 뜻이다.

 $(2x-3)^2$을 위의 공식 틀로 바꾸면 $(\boxed{2x}+\boxed{-3})^2$이다.
여기서 $2x$가 a, -3이 b로 아래 공식을 사용할 수 있다.

공식 : $(a+b)^2 = a^2 + 2ab + b^2$
공식 활용 : $((2x)+(-3))^2 = (2x)^2 + 2 \times 2x \times (-3) + (-3)^2$
$$= (앞)^2 + 2 \times (앞) \times (뒤) + (뒤)^2$$

위에서 본 예는 누구나 안다. 그럼 아래에서 다른 예를 보자.

문제 : 고1, 고2

아래 물음에 답하시오.
(1) $f(x) = 2x + 3$일 때, $f(2x-1)$을 구하시오.
(2) $a_n = 2n^2 + 1$일 때, a_{2n-1}을 구하여라.

"와우! 갑자기 어려운 질문을 하면 어떻게 합니까?"

(1)번 같은 표현은 고1 함수 단원을 배울 때 나타나는 식의 모양이다. (2)번 같은 것은 고2 때, '수학1' 수열 단원에 나오는 식이다. 하지만 수학 공식에서 문자는 다른 것으로 대체 가능하다는 기본 원리로 위 물음에 답할 수 있다.

(1) $f(x)=2x+3$일 때, $f(2x-1)$을 구하시오.

$f(x)=2x+3$은 $f(\square)=2\times\square+3$이라는 뜻이다.

그럼 $f(2x-1)$에서 $2x-1$은 네모 $\square$에 해당한다.

따라서 이것을 기본 틀에 대입하면

$f(\boxed{2x-1})=2\times\boxed{2x-1}+3$이다.

정리하면 $f(2x-1)=4x-2+3$이며 $f(2x-1)=4x+1$이다.

(2) $a_n=2n^2+1$일 때, a_{2n-1}을 구하여라.

a_n에서 n을 $\square$라고 하면 $a_n=2n^2+1$은 $a_{\square}=2\times\square^2+1$이다.

a_{2n-1}의 $2n-1$이 앞 식의 $\square$이다. 이 네모에 $2n-1$을 대입한다.

즉 $a_{\square}=2\times\square^2+1$은 $a_{\boxed{2n-1}}=2\boxed{2n-1}^2+1$이다.

네모를 괄호로 바꾼다.

즉 $a_{2n-1}=2(2n-1)^2+1$이다.

$\qquad =2(4n^2-4n+1)+1$

$\qquad =8n^2-8n+3$

참고

$a_{n+1}=2n+1$에서 a_n을 만들어 보겠다.

$n+1=n'$라 하면 $n=n'-1$이다.

n에 $n'-1$을 대입하면

$a_{n+1}=2n+1$은 $a_{n'-1+1}=2(n'-1)+1$, $a_{n'}=2n'-1$이다.

그리고 n'를 n으로 바꾸면 $a_n=2n-1$이다.

고등학교 수학에서 기본적으로 가장 많이 사용되는 방정식은 이차방정식이다. 이차함수도 많이 사용된다. 고2에서 배우는 삼차함수나 사차함수 혹은 지수함수나 로그함수 등의 문제를 푸는 과정에서도 이차방정식이나 이차함수 개념이 많이 사용된다. 아직 이차방정식이나 이차함수를 배우지 않았다면 이것을 배울 때 개념을 충실하게 공부하기 바란다.

지수법칙, 중2 : $(ab)^n = a^n b^n$

고등수학에 나오는 공식으로 설명하지 않아 미안하다. 여기서는 단지 공식을 보는 눈을 갖자는 의도이다. 만약 고등학생이라면 이번 설명을 편하게 읽자. 그리고 고등수학 공식에 잘 적용하자.

중2 이상이면 위의 지수법칙 공식도 알 것이다. 하지만 공식을 적용할 때 많은 학생이 실수를 한다. 바로 숫자가 문자의 계수로 붙어 있을 때다. 아래의 예를 보자.

문제 : 중1

다음 식을 간단히 하시오.

$$5 \times (3x^2)^3$$

풀이
5와 3은 곱할 수 없다. 괄호로 묶인 $3x^2$의 지수 3을 먼저 계산해야 한다. 괄호로 묶인 것은 반드시 괄호 계산을 먼저 해야 한다.
예를 들어 $(xy^3)^2$에 위의 공식 $(ab)^n = a^n b^n$을 적용해 보자.

$$(xy^3)^2은 \ (x^1 y^3)^2 = x^{1 \times 2} y^{3 \times 2} = x^2 y^6$$

이상한 일이다. 위의 의미를 누구나 안다. 하지만 $(3x^2)^3$을 $3x^6$이라고 잘못 쓰는 경우가 발생한다. 왜 이런 일이 일어날까?
그것은 공식 $(ab)^n = a^n b^n$의 a와 b가 문자이기에 문자에만 지수를 곱한다는 착각이 발생하기 때문이다.

수학 공식에 있는 문자는 하나의 틀이다. 공식에 있는 문자는 그 문자 자리에 어떤 다른 값이나 식으로도 대체가 가능하다는 뜻에서 하나의 틀을 의미한다.

위 공식을 처음 배우던 중2 때 착각하여 잘못 계산한 경험이 있는가? 이런 착각은 고등수학을 공부할 때에도 일어날 수 있다. 수학 공식의 원리는 학년에 상관없이 모두 똑같이 적용된다. 공식에 있는 문자는 하나의 틀로 생각하라. 이 틀 속에는 하나의 문자, 하나의 숫자, 어떤 긴 식도 대입이 가능하다.

 풀이 물론 위의 식 $5 \times (3x^2)^3 = 5 \times 3^3 \times x^{2 \times 3} = 135x^6$이다.

개념을 정확히 잡지 않을 경우, 가끔 착각하는 일이 발생한다. 고1 학생이라고 하자. 고1 1학기 과정의 문제집을 2권이나 풀었다. 충분히 배웠다. 그런데도 실수가 나온다.

다음 이차방정식이 중근을 가질 때, k의 값을 구하여라. (단 $k>0$)
$$x^2-2(k-1)x+4=0$$
① -2 ② 3 ③ 4 ④ 1 ⑤ -1

이차방정식 $ax^2+bx+c=0$은 $b^2-4ac=0$일 때 중근을 갖는다.
이차방정식과 근에 대한 자세한 설명은 뒷 장에서 할 것이다.

식 : $x^2-2(k-1)x+4=0$
x^2의 앞에는 숫자 1이 생략되어 있다. 즉 $a=1$
x의 계수는 $-2(k-1)$이다. 즉 $b=-2(k-1)$
이차방정식에서 문자 x가 없는 상수항은 즉 $c=4$이다.

$b^2-4ac=0$을 쓰면 $\{-2(k-1)\}^2-4\cdot1\cdot4=0$
$$(-2)^2(k-1)^2-16=0$$
$$4(k-1)^2-16=0$$
$$k^2-2k-3=0$$
$$(k-3)(k+1)=0$$
$$\therefore\ k=3,\ k=-1$$

위의 문제에서 $k>0$를 읽었는가? 문제 끝부분의 '조건'을 읽지 않고 빼먹는 학생들이 의외로 많다. 이런 습관이 있다면 무조건 고치기 바란다. 문제의 정답으로는 양수를 구해야 한다. 따라서 **정답은 ②번이다.**

다시 강조한다. 수학 공식에 쓰인 문자는 하나의 틀이다. 이 틀 속에는 문자나 숫자나 어떤 긴 식도 대입할 수 있다. 단 수학 공식의 각 문자는 어떤 조건을 갖고 있을 수 있다. 수학 공식의 문자가 조건을 갖는다면 반드시 함께 기억해야 한다. 다음 장에서 보충설명하겠다.

공식에서
문자가 갖는 의미를 기억하라

수학 공식의 모든 문자는 의미를 갖고 있다. 이 문자의 의미를 알아야 공식을 이해암기할 수 있다. 공식의 문자만을 단순암기하는 것은 헛수고나 마찬가지다.

더욱 중요한 것은 공식의 문자에 어떤 조건이 붙어 있다면 반드시 함께 기억해야 한다. 만약 문자의 조건을 버리고 공식만 외우면 공식의 반만 아는 것이다.

중1, 중2, 중3, 고1의 1학기 첫 단원에는 '수의 체계'에 대한 언급이 있다. 별로 중요하다고 생각하지 않을 수 있다.

하지만 '수의 체계'는 수학 문제가 요구하는 답을 찾는 과정에서 매우 중요한 역할을 한다.

$$복소수 \begin{cases} 실수 \begin{cases} 유리수 \begin{cases} 정수인 유리수 \begin{cases} 양의정수 (자연수) \\ 0 \\ 음의정수 \end{cases} \\ 정수가 아닌 유리수 \end{cases} \\ 무리수 \end{cases} \\ 허수 \end{cases}$$

해설

(1) 유리수 − 분수로 표현이 가능한 모든 숫자

(단 분모와 분자의 공약수가 1밖에 없는 서로소인 관계의 분수)

(2) 무리수 − 순환하지 않는 무한소수로, 분수로 표현이 불가능

루트 안의 값이 양수이며 루트 기호를 제거할 수 없는 수

($\sqrt{4}=\sqrt{2^2}=2$로 $\sqrt{4}$는 유리수이다.)

(3) 허수 − 루트 안의 값이 음수인 수

($\sqrt{-1}=i$라 정의, $\sqrt{-3}=\sqrt{3}\,i$, $\sqrt{-4}=\sqrt{4}\,i=2i$)

(4) 복소수 − 고등과정까지 아는 모든 수를 복소수라 한다.

수학 공식에서 문자는 어떤 위치의 값 또는 어떤 이름을 대신한다.

중등수학 공식에 있는 문자는 주로 어떤 위치에 있는 값이나 어떤 이름을 대신하는 것들이 많다.

분배법칙 공식 : $a \times (b+c) = a \times b + a \times c$

위의 공식에 있는 문자는 단순하게 위치를 표현하고 있다. 그리고 각 위치에 있는 문자값은 공식의 오른쪽 식 모양에서 알 수 있듯 왼쪽 괄호를 먼저 풀어서 전개할 수 있다는 표현이다.

삼각형의 밑변의 길이를 a, 높이를 b, 넓이를 S라고 하자.

$$S=\frac{1}{2}ab$$

위의 공식은 도형에서 변의 이름과 넓이값을 문자로 바꾸어 표현한 공식이다. 이 공식에서 a와 b는 길이고 S는 넓이다. 이 문자들의 값은 양수만 가능하다. 아주 당연하다고 모두 인정할 것이다.

그럼 질문하겠다. 열심히 외운 공식에서 각각의 문자가 무엇을 의미하는지 알고 있는가? 또는 각 문자의 조건을 모두 알고 있는가? 수학 공식에서 문자의 의미와 조건을 확실하게 이해하여 보자.

문제 : 중2

> 함수 $y=x(ax-5)+bx+c$가 일차함수가 되기 위한 조건을 구하라.

풀이 1

$$y=ax^2-5x+bx+c$$
$$=ax^2+(-5+b)x+c$$

x^2은 이차식이다. 이차식이 없어야 일차함수가 된다.
정답은 $a=0$이다.

위의 풀이가 맞는가? 위 문제의 정답율은 50%다 아래의 표현은 어떤 값을 계산하기 위한 수학 공식이 아니다. 단지 일차함수를 나타내는 일반 표현이다. 이런 일반 표현을 외울 때에도 항상 문자의 조건을 함께 살펴야 한다.

일차함수 표준형 : $y = ax + b$ (단 $a \neq 0$)

 일차함수는 함수의 최고차 식이 일차식이다. 그리고
일차식의 계수, 위 식의 x의 계수 a(직선의 기울기)가 존재해야 한다.
즉 위 문제에서 $-5 + b$가 일차함수 표준형의 x의 계수 자리인 a이다.
(단 $a \neq 0$)라는 조건을 적용하면 $-5 + b \neq 0$, $b \neq 5$가 되어야 한다.
따라서 위 문제의 답은 $a = 0$, $b \neq 5$이다.

참고

일차식이 없이 $y = b$ 꼴인 함수를 상수함수라고 한다. (고1)
식 $ax + by + c = 0$ 꼴을 일차함수의 일반형이라고 한다.

위의 문제는 중2 문제집에 나오는 것이다. 하지만 이 같은 '일차함수가 되기 위한 조건' 문제는 크게 신경쓰지 않았을 것이다. 아마도 수학 공부는 시험 대비용이라는 생각 때문이었을 것이다. 그리고 위 문제는 왠지 계산 문제가 아니라는 생각도 있었을 것이다.

수학에서 계산은 어떤 개념이 맞는가를 증명하기 위한 과정이다. 중요한 것은 개념이다. 개념을 잘 이해하고 사용할 때 고등수학에서 원하는 성적을 얻을 수 있다.

수학 공식에서 문자가 갖고 있는 '진짜 의미'를 함께 기억해야 한다.

피타고라스 정리를 말해 보라고 하면 많은 학생들이 '$a^2+b^2=c^2$'이라고 답한다. 하지만 이 답변은 틀린 말이다. 도형과 관련된 수학 공식의 문자는 대부분 '변의 길이'를 뜻한다. 이때의 문자는 도형에서의 위치와 길이 값을 나타낸다. 피타고라스 정리는 "직각삼각형의 밑변과 높이를 제곱하여 더한 값은 빗변의 제곱과 같다"이다.

공식 $a^2+b^2=c^2$: 문자 a 혹은 b는 밑변 혹은 높이, 문자 c는 반드시 빗변

피타고라스 정리 : $(밑변)^2+(높이)^2=(빗변)^2$

$\qquad\qquad$ (빗변 − 직각삼각형의 한 각 $90°$와 마주보는 대변)

피타고라스 공식의 문자는 직각삼각형의 세 변의 위치와 길이를 나타낸다. 따라서 이 공식의 알파벳 문자만 외우는 것은 의미가 없다. 우리말로 풀어서 표현한 공식처럼 문자의 위치를 알고 있어야 한다.

수학 공식에 있는 문자의 조건을 정확하게 공부하라.

이차방정식 $ax^2+bx+c=0$이라는 표현에서 각 문자의 의미를 다시 생각해 보자.

위 식에서 a, b, c는 아래의 근의 공식에 사용되는 문자와 같다. 이 문자는 단지 어떤 위치에 있는 값을 가리키는 문자이다. a는 x^2의 계수라는 뜻, b는 x의 계수라는 뜻, c는 x가 붙어 있지 않은 상수를 뜻한다.

(1) $-x^2+2x-3=0$ ⇨ $a=-1$, $b=2$, $c=-3$

(2) $(k-1)x^2+3x-k+1=0$ ⇨ $a=k-1$, $b=3$, $c=-k+1$

(3) $y=-ax^2+bx-c+3$ ⇨ $a=-a$, $b=b$, $c=-c+3$

근의 공식, 중3

이차방정식 $ax^2+bx+c=0$ (단, $a\neq0$)의 해(근)은

(1) 근의 공식 : $x=\dfrac{-b\pm\sqrt{b^2-4ac}}{2a}$ (단, $b^2-4ac\geq0$)

(2) 일차항의 계수가 짝수일 때 사용하는 근의 공식

$b'=\dfrac{b}{2}$, $x=\dfrac{-b'\pm\sqrt{b'^2-ac}}{a}$ (단, $b'^2-ac\geq0$)

근의 공식을 안다고 하자. 하지만 $a\neq0$와 $b^2-4ac\geq0$라는 조건이 근의 공식에 함께 있다는 것을 생각하지 못한다면? 그렇다면 이제부터라도 공식을 공부하는 습관을 바꾸기 바란다. 만약 누군가에게 근의 공식을 설명한다면 위의 두 조건도 반드시 말해 줘야 한다. 물론 조건이 생긴 이유도 함께 말해 줘야 한다. 여기서 이 조건들은 문제를 풀 때 중요한 역할을 하기 때문이다.

이차방정식 $kx^2 - 2kx + 1 = 0$이 중근을 갖기 위한 k의 값은?

① 1, 0 ② -2 ③ 1 ④ $-1, 0$ ⑤ 3

풀이

근의 판별식 $b^2 - 4ac = 0$이면 중근을 갖는다.

위 식은 x의 계수가 짝수이다.

이럴 때는 짝수 판별식을 써도 좋다.

$b' = \dfrac{b}{2}$이고 판별식은 $(b')^2 - ac = 0$이다.

① $b^2 - 4ac = 0$ 사용

$(-2k)^2 - 4 \cdot k \cdot 1 = 0$

$4k^2 - 4k = 0$

$k(k - 1) = 0$

$\therefore\ k = 0,\ k = 1$

② $b'^2 - ac = 0$

$(-k)^2 - k \cdot 1 = 0$

$k^2 - k = 0$

$k(k - 1) = 0$

$\therefore\ k = 0,\ k = 1$

"에! 그럼 정답은 ①번이군요."

객관식 문제를 풀 때 답의 번호를 너무 빨리 정하는 습관은 좋지 않다. 선택해야 할 번호들의 다른 내용도 살펴보는 것이 좋다. 위 문제의 답은 ③이다.

$kx^2 - 2kx + 1 = 0$은 이차방정식이다. 이 식의 x^2의 계수가 k이다.

$k = 0$이면 식은 이차방정식이 되지 않는다.

즉 이차방정식 표현에 있는 $a \neq 0$라는 조건에 맞지 않다.

따라서 계산한 값 $k = 0$과 $k = 1$ 중 $k = 0$은 버려야 한다.

앞의 근의 공식에는 조건 $b^2 - 4ac \geq 0$가 있다. 이 조건은 왜 있는 것일 까? 이것을 알아야 근의 공식을 제대로 아는 것이다. 단순암기로 공식만 외우는 것은 문제 풀이에 아무런 도움도 되지 않기 때문이다.

근의 공식, 중3

$$x = \frac{-b \pm \sqrt{b^2 - 4ac}}{2a}$$

$b^2 - 4ac$는 무리수의 조건과 관계가 있다. 이 식은 루트 안에 있는 식이 다. 그리고 무리수는 루트 안의 값이 0 이상이어야 한다.
즉 루트 안의 값 ≥ 0이다. 루트 안의 값이 음수이면 허수가 되기 때문이다.

중3에서 이차방정식의 근은 실근을 전제로 한다. 그러나 고1에서 허수 를 배운 이후에는 이차방정식 문제 표현에 '실근'이라는 단어가 반드시 들 어 있다. 왜냐면 이차방정식의 근이 허근일 수도 있기 때문이다.

이차방정식의 근의 공식에 붙어 있는 조건 식 $b^2 - 4ac \geq 0$는 이차방정 식이 실근을 갖기 위한 조건인 것이다.

참고 판별식 $b^2 - 4ac$의 용도

(1) 실근과 허근을 판정
(2) 이차방정식의 근의 개수를 판정할 때
(3) 이차함수와 x축과의 교점의 개수를 판정할 때
　　이차함수와 직선이 만나는 교점의 개수를 판정할 때
(4) 이차부등식의 해를 구할 때

이 책의 함수 파트에는 이차방정식과 이차부등식 그리고 이차함수에 대한 설명이 있다. 이 파트에서 판별식의 용도를 잘 이해하기 바란다. 이차함수는 매우 중요하다. 이차함수를 잘 알면 모든 함수를 이해할 수 있기 때문이다.

지금 고등학생인데 고2 과정의 함수가 많이 어렵다고 느껴진다면? 일차함수(중2)와 이차함수(중3, 고1)를 다시 공부하기 바란다. 일단 이 책에서 함수 파트의 설명 부분을 잘 공부하길 권한다. 함수 그래프에 자신감이 생길 것이다.

04

하나의 공식에 숨어 있는 여러 원리 이용하기

대학수학능력시험이 끝나면 출제를 주관하는 한국교육과정평가원은 으레 "올해의 수학 영역 난이도는 보통 수준"이라고 발표한다. 거기에 덧붙여 교과 수학을 열심히 공부한 학생이라면 누구나 문제에 접근이 가능한 수준이라고 밝힌다. 하지만 문제를 푸는 학생들은 그렇게 생각하지 않는다.

"완전 처음 보는 문제가 많아 당황했어요."

수능에서 출제되는 문제들은 학교에서 풀었던 문제들과 유형에서 조금씩 차이가 난다. 그래서 처음 풀어 보는 문제라거나 어렵다고 생각할 수 있다. 학교 시험은 앞서 공부한 문제들과 대체로 비슷하다. 각자 기대한 점수에서 차이도 크지 않다. 만약 처음 보는 문제 유형에 대해 아무 생각도 없다면, 개념이 부족하다는 것을 알아채지 못하는 셈이다.

처음 보는 유형의 문제들이 어렵게 느껴지는 것은 공식이 만들어지는 과정을 이용한 문제들이기 때문이다. 그 과정 속에는 여러 수학 개념들이 숨어 있다. 그래서 진짜 수학 실력은 수학을 응용할 줄 아는 능력이다. 그런 능력은 수학의 다양한 원리를 이해하고 적용할 줄 아는 것에서 비롯된다. 수학의 원리는 공식 안에 숨어 있다는 점을 명심하자.

제곱근의 원리

$x^2=4$일 때, x의 값은?

$2^2=4$, $(-2)^2=4$이다. $x^2=4$의 해(근)는 $x=2$, $x=-2$

혹은 $x=\pm 2$이다.

$x^2=3$일 때, x의 값은? 자연수 중에는 x값이 없다.

그래서 수학자가 루트($\sqrt{}$)를 만들고 다음과 같은 약속을 '정의'했다.

$\sqrt{3} \times \sqrt{3}=(\sqrt{3})^2=3$이며 $(-\sqrt{3}) \times (-\sqrt{3})=(-\sqrt{3})^2=3$이다.

따라서 $x^2=3$이 되는 x값은 $x=\pm\sqrt{3}$이다.

제곱근의 정의

정의 : $a>0$일 때, a의 제곱근 : 제곱하여 a가 되는 수

제곱근 표현 : a의 제곱근을 x라고 하면 $x^2=a$이며

$x=\sqrt{a}$, $x=-\sqrt{a}$ ($x=\pm\sqrt{a}$)이다.

제곱근을 중2 함수와 근의 개념으로 이해하기

두 함수 $y=2x-2$와 $y=-2x+10$ 교점의 x좌표 구하기.

두 그래프가 만나는 교점에서 y좌표 값은 서로 같다. 따라서

$2x - 2 = -2x + 10$

$4x = 12$ $\therefore x = 3$

$x = 3$을 식 $y = 2x - 2$에 대입하면 $y = 2 \cdot 3 - 2 = 4$로 교점은 $(3, 4)$이다.

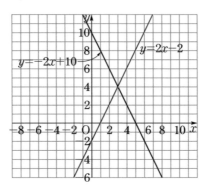

$x^2 = a$의 해(근)인 $x = \sqrt{a}$, $x = -\sqrt{a}$의 의미.

위의 근은 두 그래프 $y = x^2$과 $y = a$가 만나는 교점의 x좌표이다.

예 $y = x^2$과 $y = 2$가 만나는 교점은 $x^2 = 2$이다.

즉 $x = \sqrt{2}$, $x = -\sqrt{2}$이다.

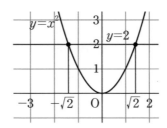

함수와 방정식의 근의 관계는 매우 중요하다. 고등수학에 나오는 많은 수학 개념을 공부하는데 꼭 필요한 내용이기 때문이다. 중2 과정에서 배운 두 일차함수의 교점의 의미를 꼭 이해하도록 하자.

수학 공식 하나라도 제대로 공부하자. 그럼 그 공식에 숨겨진 또 다른 수학 원리를 알게 된다. 이차방정식의 근의 공식은 일단 위의 제곱근의 원리가 사용된다. 또한 완전제곱식의 원리도 사용된다. 즉 근의 공식을 제대로 공부한다는 것은 이 두 가지 원리를 정확하게 이해한다는 것이다.

완전제곱식의 원리

$(a+b)^2$, $(a-b)^2$을 **완전제곱식**이라 한다. 아래의 공식은 중2에서 배운 곱셈공식의 좌변과 우변의 위치를 바꾸어 쓴 공식이다. 이 공식을 인수분해 공식이라 한다.

인수분해란 $x^2+2x=x(x+2)$처럼 덧셈이나 **뺄셈**으로 써진 식을 곱셈의 형태로 고치는 것을 말한다.

$$a^2+2ab+b^2=(a+b)^2,\ a^2-2ab+b^2=(a-b)^2$$

근의 공식 이해암기

이차방정식 $ax^2+bx+c=0\ (a\neq0)$의 해는 완전제곱식 원리를 적용하여 만든 근의 공식으로 구한다.

$ax^2+bx+c=0$ (양변을 a로 나누고 상수항을 우변으로 이항)

$x^2+\dfrac{b}{a}x=-\dfrac{c}{a}$ (x의 계수를 2로 나눈 수의 제곱을 더하고 뺀다.)

$x^2+\dfrac{b}{a}x+\left(\dfrac{b}{2a}\right)^2-\left(\dfrac{b}{2a}\right)^2=-\dfrac{c}{a}$ ($-\left(\dfrac{b}{2a}\right)^2$을 이항한다.)

$(x)^2+2\cdot x\cdot\dfrac{b}{2a}+\left(\dfrac{b}{2a}\right)^2=\left(\dfrac{b}{2a}\right)^2-\dfrac{c}{a}$

      ($\square^2+2\cdot\square\cdot\triangle+\triangle^2=(\square+\triangle)^2$ 적용)

$\left(x+\dfrac{b}{2a}\right)^2=\dfrac{b^2}{4a^2}-\dfrac{4ac}{4a^2}$ (완전제곱식으로 고친다. 우변 $\dfrac{c\times4a}{a\times4a}$로 통분한다.)

$\left(x+\dfrac{b}{2a}\right)^2=\dfrac{b^2-4ac}{4a^2}$ (제곱근의 원리를 적용한다.)

$$x + \frac{b}{2a} = \pm\sqrt{\frac{b^2 - 4ac}{4a^2}}$$

$$\left(-\frac{b}{2a}\text{를 우변으로 이항하여 계산한다.}\right)$$

$$x = \frac{-b \pm \sqrt{b^2 - 4ac}}{2a}$$

수학 공식 하나를 완벽하게 터득하면 하나 이상를 알게 된다. 고등수학에서 배우는 하나의 수학 공식은 여러 개의 수학 원리나 다른 수학 공식을 함께 이용하여 만들어진다.

따라서 하나의 수학 공식을 정확하게 이해하면 그 공식에서 사용되는 다른 많은 수학 원리도 알게 되는 것이다. 이것이 수학 개념 공부다. 그리고 대학수능시험의 문제들은 하나의 공식 안에 숨어 있는 여러 개념들의 원리를 이용할 줄 알아야 풀 수 있다. 공식을 단순암기하는 습관을 고쳐야 할 이유가 여기에 있다.

공식은 용도를
알고 외워라

수학 공식은 엄청 열심히, 반드시 외워야 한다. 그런데 공식을 외우지 않는 학생들이 의외로 많다. 어떤 문제는 공식을 외우지 않아도 원리로 풀 수 있어서 그러는 것 같다. 그래도 공식을 외우는 편이 훨씬 낫다.

"샘! 공식을 외우기 싫은데, 그냥 전개하면 안 되나요?"

중2 때 곱셈 공식을 배운다. 이때 공식을 외워서 사용하지 않고 식을 전개하는 방법으로 계산하는 학생들이 있다. 공식은 계산을 빠르게 하는 편리한 도구다.

$(2x+3)^2$을 전개하여라.

곱셈 공식 : $(a+b)^2 = a^2 + 2ab + b^2$

공식 적용 전개 : $(2x+3)^2 = (2x)^2 + 2 \cdot 2x \cdot 3 + 3^2$
$$= 4x^2 + 12x + 9$$

대부분의 학생들은 위의 $(2x)^2 + 2 \cdot 2x \cdot 3 + 3^2$ 풀이 과정 없이 $4x^2 + 12x + 9$라고 암산하여 바로 쓴다. 물론 중2 때는 처음 배우는 공식이라 곱셈 공식 사용이 쉽지는 않다. 하지만 중3, 고1 때는 많은 문제를 곱셈 공식을 써서 풀게 된다. 물론 그러다 보면 자연스럽게 암기도 된다. 그럼 공식을 외우지 않아도 되는 걸까?

그렇지 않다. 꼭 외워야 한다. 영어 단어 외우는 것보다 조금만 더 노력하면 수학 공식도 외울 수 있다. 공식을 얼마나 외우려 노력했는지 생각해 보라. 중학교 때는 수학 공식이 거의 없다. 그러다 보니 공식을 공부해야 한다는 생각을 하지 못한다. 하지만 고등학교 때는 다르다. 지금 고등학생인가? 공식을 얼마나 많이 반복해서 공부하고 있는가?

고등수학은 내용이 어려운데다 외워야 할 공식도 매우 많다. 중학교 때의 습관으로 수학을 공부하면 수학은 따라잡기 힘든 과목이 된다. 고등수학은 무조건 어려울 거라고 지레 겁먹었는가? 그러면 고등수학 공식은 외울 생각조차 하지 않을 것이다. 고1 수학을 생각해 보자.

보통 곱셈 공식은 잘 기억한다. 하지만 인수분해 공식은 잘 기억하지 못한다. 곱셈 공식은 많이 외웠지만 인수분해 공식은 그러지 않았기 때문이다.

(1) $(a+b)^3=a^3+3a^2b+3ab^2+b^3$

(2) $(a-b)^3=a^3-3a^2b+3ab^2-b^3$

(3) $(a+b+c)^2=a^2+b^2+c^2+2ab+2bc+2ca$

물론 위의 곱셈 공식도 식을 전개하는 방식으로 계산할 수 있다. 하지만 위 공식을 외우지 않고 식을 전개하는 고등학생은 거의 없다. 식을 외우는 것이 훨씬 간편한 방법이라는 걸 알기 때문이다. 그래서 외워 사용한다.

지금 중학생이라면 수학 교과에서 외워야 할 내용은 꼭 외우기 바란다. 고등학교 수학은 중학교 수학 내용에서 더욱 추가되는 과정이다. 지금 중등수학을 기억해 내지 못하면 고등수학은 배우기조차 어려워진다.

(1) $a^3+b^3=(a+b)(a^2-ab+b^2)$

(2) $a^3-b^3=(a-b)(a^2+ab+b^2)$

(3) $a^2+b^2+c^2+2ab+2bc+2ca=(a+b+c)^2$

위의 고1 인수분해 공식은 반드시 외워야 한다. 물론 대부분의 학생이 잘 외운다. 누구나 뭔가를 처음 시작할 때엔 열심히 하려는 결심을 한다. 위 공식은 고1 첫 단원에서 나온다. 그래서 고1 신입생들은 열심히 외운다. 하지만 딱 거기까지다. 그 이후부터 외워야 할 공식이 늘어나니 때 맞춰 암기하지 못한 공식이 쌓여간다. 이런 상황이 오기 전에 공식은 미리미리 외워 두자.

곱셈 공식 전개하기

$$(a+b)^3=(a+b)(a+b)(a+b)$$
$$=(a^2+2ab+b^2)(a+b)$$
$$=a^3+3a^2b+3ab^2+b^3$$

곱셈 공식은 외우지 않아도 전개하여 사용할 수 있다. 하지만 외운다. 전개하는 것이 더 귀찮기 때문이다. 하지만 아래 인수분해 공식은 반드시 외워야 한다. 외우지 않으면 문제를 풀 수가 없기 때문이다.

인수분해 공식, 고1

$$a^3-b^3=(a-b)(a^2+ab+b^2)$$
$$a^3+b^3=(a+b)(a^2-ab+b^2)$$

그럼 어떻게 외울까? 공식의 용도를 모른 채 공식을 외우는 일은 헛일이다. 위의 인수분해 공식은 언제 사용하는가? 인수분해는 왜 하는가? 인수분해는 방정식의 근을 구하기 위해 사용한다.

인수분해는 덧셈과 뺄셈으로 나열된 식을 곱셈의 형태로 고치는 것을 말한다. 그럼 왜 곱셈의 형태로 고치는가? 방정식의 근을 구하기 위해서다.

다음 방정식의 해는?
$$x^2 - x - 2 = 0$$

풀이

위 식에 $x = -1$을 대입하면 $(-1)^2 - (-1) - 2 = 1 + 1 - 2 = 0$
$x = 2$를 대입하면 $2^2 - 2 - 2 = 4 - 4 = 0$이다.
즉 해는 $x = -1$, 2이다.
근(해)는 주어진 식의 좌변과 우변이 같도록 하는 값이다.
위 방정식의 x에 어떤 숫자를 대입해야 0이 될까?
이 수를 찾는 것은 어렵다.
그래서 인수분해를 사용한다. 위 식을 곱셈의 형태로 인수분해한다.
$$x^2 - x - 2 = 0$$
$$(x - 2)(x + 1) = 0$$
인수분해가 된 식에 $x = 2$, $x = -1$을 대입하면 식은 0이 된다.

일차방정식이 아닌 이차방정식 이상의 모든 다항식은 인수분해를 하여 근을 구한다. 따라서 인수분해 공식을 외우지 않으면 방정식을 풀 수 없게 된다. 삼차방정식 이상의 식은 조립제법이라는 방법을 써서 인수분해를 한다. 따라서 조립제법도 방정식의 근을 구하는 중요한 도구인 것이다.

다음 방정식의 해를 구하시오.

$$x^3 - 8 = 0$$

풀이 1

주어진 식을 인수분해 공식 $a^3 - b^3 = (a-b)(a^2 + ab + b^2)$의 모양을 만들어 인수분해를 한다.

$x^3 - 2^3 = 0$

$(x-2)(x^2 + x \cdot 2 + 2^2) = 0$

$(x-2)(x^2 + 2x + 4) = 0$

$\therefore x = 2, \ x = -1 \pm \sqrt{3}\,i$

$x^2 + 2x + 4 = 0$

$\left(b' = \dfrac{b}{2}, \ b' = \dfrac{2}{2} = 1 \right)$

$x = \dfrac{-1 \pm \sqrt{1-4}}{1} = -1 \pm \sqrt{3}\,i$

참고 짝수 근의 공식

$ax^2 + bx + c = 0$에서 b가 짝수일 때 : $b' = \dfrac{b}{2}$

$$x = \frac{-b' \pm \sqrt{b'^2 - ac}}{a}$$

풀이 2

3차 이상의 다항식이 인수분해가 잘 되지 않을 때는 조립제법을 이용하여 인수분해를 한다.

이것을 배운 적이 있으면 꼭 기억해야 한다.

조립제법을 쓸 때는 맨 먼저 주어진 방정식을 0이 되게 하는

x값을 찾는다. $x^3 - 8 = 0$에 $x = 2$를 대입하면 $2^3 - 8 = 0$이다.

따라서 인수분해는 $(x-2)(x^2 + 2x + 4) = 0$이다.

```
      1  0  0  -8
   2)    2  4   8
      1  2  4 ) 0
```

만약 인수분해 공식을 외우지 않았다면 위 문제를 풀 수가 없다. 따라서 고등수학에서 배우는 모든 공식은 반드시 외워야 한다.

등차수열 공식, 고2

등차수열 일반항 : $a_n = a_1 + (n-1)d$

등차수열 합 공식 : $S_n = \dfrac{n\{2a_1 + (n-1)d\}}{2}$, $S_n = \dfrac{n(a_1 + a_n)}{2}$

위 공식을 아는가? 그럼 언제 어떻게 사용하는지도 아는가? 공식을 외워 쓸모 있게 하려면 나열된 기호만 무작정 외워선 안 된다. 그럼 공식은 어떻게 외우는 게 좋을까? 다음 글에서 살펴보자.

06

공식에 추적의
끈을 달아라

다음 페이지의 문제를 보라. 어떤 생각이 드는가?

　"골 아프게 생겼네요. 일단 패스~"

　문제의 설명 부분은 읽지도 않고 하는 말이다. 쫄면 지는 거다. 문제의 겉모양만 보고 풀 수 없다고 단정짓는 경우다. 문제를 포기해도 되지만, 일단 문제를 읽기 바란다.

　겉모양으로는 어려워 보여도 문제의 설명을 잘 파악하면 해결할 수 있는 문제가 의외로 많다. 고등학교 모의고사에 나오는 4점짜리 문제도 상·중·하로 나뉜다. 따라서 배점만 보고 문제를 포기해선 안 된다.

그림과 같이 한 변의 길이가 1인 정오각형 ABCDE가 있다.
두 대각선 AC와 BE가 만나는 점을 P라고 하면
$\overline{BE} : \overline{PE} = \overline{PE} : \overline{BP}$가 성립한다.

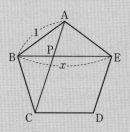

대각선 BE의 길이를 x라 할 때,
$1 - x + x^2 - x^3 + x^4 - x^5 + x^6 - x^7 + x^8 = p + q\sqrt{5}$이다.
$p + q$의 값은? (단 p, q는 유리수이다.) [4점]

① 22   ② 23   ③ 24
④ 25   ⑤ 26

중1 학생이라면 위의 문제를 풀 수 있는가? 하지만 다음 설명으로 중1
도 이해는 할 수 있을 것이다. 위 문제에 적용되는 공식은 아래와 같다.

문제에 적용된 공식

(1) 정다각형의 한 내각
(2) 이등변삼각형의 성질
(3) 비례식 계산
(4) 이차방정식 계산

위의 공식 (1), (2), (3)은 중1 학생도 모두 안다. 또한 (4)는 중3에서 배운
인수분해, 근의 공식, 완전제곱식의 원리 중 알맞은 것을 사용하면 된다.

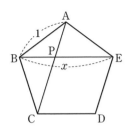

문제에 제시된 비례식 $\overline{BE}$: $\overline{PE}$=$\overline{PE}$: $\overline{BP}$의 길이를 도형에서 찾아 보자. $\overline{BE}$=x이다.

$\overline{PE}$와 $\overline{BP}$는 x길이의 일부이다. 따라서 둘 중 하나의 길이를 안다면 다른 길이도 알 수 있다.

도형에서 제시되지 않은 길이를 구하는 방법은 크게 두 가지다. 하나는 각의 특징을 이용해 길이를 구하는 것이고, 다른 하나는 중2에서 배운 닮음을 이용해 길이를 구하는 것이다. 따라서 이 두 가지 중 어떤 것이 적당한지 생각해야 한다.

정오각형이다. 따라서 모든 변의 길이가 같다. 또한 모든 내각의 크기도 같다. 한 변이 1이라고 주어져 있다. 따라서 다른 변의 길이도 1이라고 표시를 하라. 도형 문제는 자신이 아는 것을 반드시 먼저 표시하라. 길이나 각을 표시해 놓으면, 문제를 풀어 갈 다른 힌트를 그 그림에서 쉽게 찾을 수 있기 때문이다.

각을 생각해 보자. 정오각형의 한 내각의 크기는 얼마인가?

"아~ 그거 무슨 공식이 있었는데요. 뭐더라!"

실제로 고1 학생이 대답한 말이다. 이 학생은 한 내각을 몰라서 문제를 풀지 못했다. 그래서 한 내각을 알려 주었다. 그러자 학생은 바로 정답을 찾았다. 중1이나 중2라면 공식이 바로 생각날 것이다. 하지만 중3 이상의 학생들은 생각나지 않을 수 있다. 정다각형의 한 내각의 크기는 중1에서 배운 공식이기 때문이다. 또한 중3 혹은 고등과정에서는 한 번도 사용하지 않았을 확률이 99.99%이기 때문이다.

어떤 수학 공식은 개념과 원리로 이해하여 공부해도 잊혀질 수 있다. 그래서 잊혀진 공식을 생각해 낼 수 있는 끈을 만들어야 한다.

$$정 n 각형의\ 한\ 내각의\ 크기 = \frac{180° \times (n-2)}{n}$$

위 공식은 정다각형의 내각의 합을 내각의 개수로 나눈 것이다. 그럼 내각의 합은 어떻게 구하는가? 바로 여기에 이 공식의 끈이 있다.

정다각형 내각 공식의 끈 : 한 꼭짓점에서 그은 대각선으로 만든 삼각형의 개수

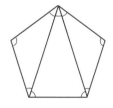

정다각형의 한 내각 공식 원리

삼각형의 내각의 합은 180°이다. 그리고
n각형의 한 꼭짓점에서 대각선을 그어 만든 삼각형은 $n-2$개이다.
따라서 n각형의 내각의 합은 180° $\times (n-2)$이다.
정 n각형의 각은 n개이므로 내각의 합을

n으로 나누면 정다각형의 한 내각이 된다.

정n각형의 한 내각의 크기$=\dfrac{180° \times (n-2)}{n}$

쉬운 접근

n각형의 각은 $180°$씩 커진다.

(삼)각형은 $180°$, (사)각형은 $180°+180°=360°$,

(오)각형은 $180°+180°+180°=540°$, …

여기까지만 기억했어도 위 문제는 풀린다.

오각형의 한 내각은 $\dfrac{540°}{5}=108°$이다.

지금까지의 설명을 바탕으로 문제의 각을 도형에 표시하자.

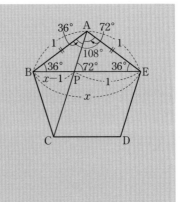

오른쪽 삼각형의 $\triangle$ AEP는
이등변삼각형이다.

따라서 $\overline{\text{PE}}=1$, $\overline{\text{BP}}=x-1$이다.

제시된 비례식

$\overline{\text{BE}}$: $\overline{\text{PE}}=\overline{\text{PE}}$: $\overline{\text{BP}}$에서

x : $1=1$: $x-1$이다.

내항의 곱과 외항의 곱이 같으므로

$x \times (x-1)=1 \times 1$

$x^2-x-1=0$이 된다. $x=\dfrac{1+\sqrt{5}}{2}$ $(x>0)$

$x^2=x+1$

⋯⋯ 꿀 빠는 수학

$x^2 = x + 1$로 x^4, x^6 만들기

$x^2 = x + 1$의 양변을 제곱하면 $(x^2)^2 = (x+1)^2$은
$x^4 = x^2 + 2x + 1$이다.

앞의 $x^2 = x + 1$을 대입하면
$x^4 = (x^2) + 2x + 1 = (x+1) + 2x + 1 = 3x + 2$이다.

즉 $x^4 = 3x + 2$

$$x^6 = x^2 \times x^4 = (x+1)(3x+2)$$
$$= 3x^2 + 5x + 2$$
$$= 3(x+1) + 5x + 2$$
$$= 8x + 5$$

문제에 제시된 식은

$1 - x + x^2 - x^3 + x^4 - x^5 + x^6 - x^7 + x^8 = p + q\sqrt{5}$이다.

아래처럼 변형하여 위의 계산된 식을 대입한다.

$$1 + (x^2 - x) + (x^4 - x^3) + (x^6 - x^5) + (x^8 - x^7)$$
$$= 1 + (x^2 - x) + x^2(x^2 - x) + x^4(x^2 - x) + x^6(x^2 - x)$$
$$= 1 + 1 + x^2 + x^4 + x^6$$
$$= 1 + 1 + (x+1) + (3x+2) + (8x+5)$$
$$= 12x + 10$$

앞의 $x = \dfrac{1+\sqrt{5}}{2}$를 대입하면

$12 \times \dfrac{1+\sqrt{5}}{2} + 10 = 16 + 6\sqrt{5}$, $p + q = 16 + 6 = 22$이다.

위의 문제 풀이 과정에서 식을 변형하는 것을 알았을 것이다. 주어진 식의 양변을 제곱한다는 원리는 어떤 식에서도 가능하다. 식의 양변을 제곱하여 원하는 모양을 만들 수 있다면 '양변 제곱의 원리'를 사용하도록 하자.

수학 공식은 문자로만 외우지 말고 자신의 말로 풀어서 기억하는 것이 좋다. 공식을 말로 풀어서 기억할 수 있다면 공식을 확실하게 이해하고 있다는 증거다.

수학을 처음 배울 때엔 공식을 이해하여 열심히 외웠다. 그리고 문제도 잘 풀었다. 하지만 시간이 지날수록 공식이 기억나지 않는 것은 당연하다. 그래서 공식을 외울 때에는 시간이 한참 지난 후에도 공식을 다시 생각해 낼 수 있는 끈을 만들어야 한다. 그럼 공식의 끈은 어디에 있을까? 바로 그 공식 안에 있다. 수학 공식이 만들어지는 과정에서 공식을 추적할 수 있는 시작점을 찾아 자신이 이해한 방법으로 기억하도록 하자.

07

공식은 문제와
연결해 기억하라

문제를 풀려고 한다. 그런데 어떻게 풀어야 할지 모르겠다. 단원 안에 있는 모든 공식을 알고는 있다. 하지만 문제에 어떤 공식을 어떻게 써야 할지 모르겠다. 그래서 예제 문제를 찾아 보았다.

"아~하 이렇게 푸는 거구나. 어! 공식을 이렇게 사용하네!"

원리를 이해하여 공식을 외웠다면 문제 푸는 방법이 생각날 것이다. 잘 풀 수도 있다. 그럼 공식을 어떤 방법으로 외워야 문제에 잘 적용할 수 있을까? 방법은 공식과 문제를 연결하는 것이다.

곱셈 공식의 변형

$$a^2 + b^2 = (a+b)^2 - 2ab$$

$(a+b)^2=a^2+2ab+b^2$의 좌우를 바꾸고 $2ab$를 이항하면
$a^2+2ab+b^2=(a+b)^2$, $a^2+b^2=(a+b)^2-2ab$이다.

문제 : 중2, 고1

$a+b=6$, $ab=5$일 때, a^2+b^2의 값은?

 "제가 풀지요. $a^2+b^2=(a+b)^2-2ab$네요.
문제에서 주어진 수를 대입하면
$a^2+b^2=6^2-2\times5=36-10=26$이죠.
푸하하~ 난 천재야!"

잘 풀었다. 이제 위 공식을 문제와 연결해 보자. 문제와 공식을 연결하기 위해서는 문제가 갖고 있는 문자식의 형태나 식의 종류 등 각각의 수학적 개념 요소들을 잘 분석해야 한다. 아래의 문제 분석을 보자.

문제 분석

　(1) 문제에 제시된 값 : 두 수의 합 $a+b=6$, 두 수의 곱 $ab=5$
　(2) 구하려는 값 : a^2+b^2
　(3) 필요한 공식 : $a^2+b^2=(a+b)^2-2ab$

이 문제를 통하여 두 수의 합($a+b$)과 곱(ab)이 주어지고 각 수를 제곱하여 더한 값(a^2+b^2)을 구할 때, 공식 $a^2+b^2=(a+b)^2-2ab$를 사용한다는 것을 알 수 있다.

이제 위 공식을 다르게 해석해 보자. 공식 $a^2+b^2=(a+b)^2-2ab$에는

3가지 문자 표현이 있다. 즉 $a+b$, ab, a^2+b^2이다.

공식을 문제에 연결하자 : $a+b$, ab, a^2+b^2 중 2개 값을 알면 다른 한 개의 값을 공식 $a^2+b^2=(a+b)^2-2ab$로 구할 수 있다.

문제 : 중3, 고1

$a^2+b^2=26$, $ab=5$일 때, $a+b$의 값을 구하여라.

(단 $a<0$, $b<0$)

보통 문제를 풀 때 모르는 것을 x라고 한다. 즉 $a+b$를 x라 하겠다. $a^2+b^2=(a+b)^2-2ab$에 제시된 값을 대입하면 $26=x^2-2\times5$이며 $x^2=36$이다.

"앗! 그럼 정답은 6이군요."

틀린 답이다. "어~ 왜 틀렸다는 거지."라는 생각이 들었는가? 문제를 끝까지 잘 읽는 습관을 갖기 바란다. 가끔씩 문제에 있는 '조건'을 읽지 않고 빼먹어 답이 틀리는 경우가 있다.

$x^2=36$ 즉 제곱하여 36이 되는 수는 6과 -6이다. 문제를 풀었을 때 두 개의 답이 나오면 둘 다 답인지 하나만 답인지를 반드시 확인해야만 한다. 만약 두 개의 숫자가 결과로 나왔는데도 6이라고 생각했다면 그 이유가 반드시 있어야 한다. 수학에서 근거 없이 답을 정하는 것은 절대 안 된다.

답이 2개일 때는 문제나 풀이 과정을 다시 살펴보고 '조건'을 반드시 체크하라.

고등수학에서 가장 중요한 수학 풀이 명언이라 할 수 있다. 이 사항을 기억한다면 문제를 잘못 읽었어도 문제의 답이 틀리는 경우를 방지할 수 있다. 앞에서 제시한 문제의 끝에는 (단 $a<0$, $b<0$)라는 내용이 있다. 만약 이 부분까지 잘 읽어 '조건'을 빼먹지 않았다면 구하려는 값 $(a+b)$ 가 음수라는 것을 알고 문제를 풀 것이다. 문제의 답은 −60이다.

두 수의 합, 두 수의 곱, 각 수를 제곱하여 더한 값,

즉 $a+b$, ab, a^2+b^2 중 두 개를 알고 하나를 모를 때는

공식 $a^2+b^2=(a+b)^2-2ab$를 쓰면 풀 수 있다

수학 공식을 공부할 때는 그 공식이 갖고 있는 문자식의 형태를 분석하라. 그리고 그 공식에 존재하는 식의 종류가 어떤 것들인가를 기억하라. 앞의 문제는 단지 예를 든 것뿐이다. 다른 모든 단원에 있는 공식을 위와 같은 방법으로 분석하여 기억한다면 공식을 문제에 적용하기 쉬울 것이다. 하나의 예를 더 보자.

개념: 산술평균·기하평균 공식, 고1

산술평균 · 기하평균 공식 : $\dfrac{a+b}{2} \geq \sqrt{ab}$

(단 $a>0$, $b>0$, 등호는 $a=b$일 때 성립)

편리한 암기 방법 : $a+b \geq 2\sqrt{ab}$ (위 공식의 2를 우변으로 이항)

고2 학생에게 위 공식을 써 놓고 물어보았다. 학생은 자신있게 산술평균·기하평균 공식이라고 답했다. 다시 물어보았다.

"그럼 이 공식은 언제 사용하지?"

"글쎄요… 음…"

자신이 없어 말꼬리가 흐려졌다. 위 공식은 고1 때 배운 것이다. 물론 고2, 고3 수능에서도 사용되는 공식이다. 그런데도 이 학생은 위 공식을 언제 어떻게 사용하는지를 기억해 내지 못했다.

산술평균·기하평균 공식 분석

$$\frac{a+b}{2} \geq \sqrt{ab}, \; a+b \geq 2\sqrt{ab}$$

(1) 공식에 있는 문자의 형태 : 두 수의 합$(a+b)$, 두 수의 곱 ab
(2) 식의 종류 − 부등식

예 $ab=4$를 위 공식에 적용하면 $a+b \geq 2\sqrt{4}$, $a+b \geq 4$이다.
즉 $a+b$는 4보다 크거나 같다.
여기서 두 수의 합$(a+b)$의 가장 작은 수(최솟값)가 4임을 알 수 있다.
만약 구한 부등식이 $ab \leq 2$라면 ab의 최댓값은 2가 된다.

(3) 위의 예를 통해 공식이 부등식이기 때문에 최솟값, 최댓값을 알 수 있다.

산술평균·기하평균 공식을 문제와 연결해 기억하려면 어떻게 정리해야 할까?

두 수의 합$(a+b)$, 두 수의 곱 ab 중 하나가 문제에 제시되고 최댓값이나 최솟값을 구할 때는 산술평균·기하평균 공식을 사용한다.

하지만 이 공식에는 문제와 연결하여 기억하는 방법이 하나 더 숨겨져 있다.

> 두 식에 있는 문자가 역수관계일 때, '두 식을 더한 값'의 최솟값
> 을 구하려면 산술평균·기하평균 공식을 사용한다.

최근 수능문제에 자주 출제되었던 내용이다. 위 말의 의미를 알아보자. 아래 설명의 핵심은 역수관계인 두 문자를 곱하면 문자가 약분되어 사라진다는 것이다.

문자가 역수관계인 두 식의 곱셈 특징

(1) x와 $\dfrac{1}{x}$의 곱 : $x \times \dfrac{1}{x} = 1$

공식 적용: $x + \dfrac{1}{x} \geq 2\sqrt{x \times \dfrac{1}{x}}$

$x + \dfrac{1}{x} \geq 2$, $x + \dfrac{1}{x}$의 최솟값은 2이다.

(2) $2x$와 $\dfrac{3}{x}$의 곱 : $2x \times \dfrac{3}{x} = 6$

공식 적용 : $2x + \dfrac{3}{x} \geq 2\sqrt{2x \times \dfrac{3}{x}}$

$2x + \dfrac{3}{x} \geq 2\sqrt{6}$, $2x + \dfrac{3}{x}$의 최솟값은 $2\sqrt{6}$.

위의 설명에서 보듯이 역수관계의 '두 식의 곱' 값이 문제에 제시되지 않아도 최솟값이 구해진다. 이 특성을 산술평균·기하평균 공식과 함께 반드시 외워야 한다. 그래야 문제를 읽을 때 위 공식이 생각나기 때문이다.

문제 : 고1

$a+1+\dfrac{4}{a+2}+6$의 최솟값을 구하여라. (단, $a>-2$)

풀이 위 문제의 모양을 보자. 역수관계, 산술평균 · 기하평균 공식이
생각날 것이다. 하지만 이상하다.

$A=a+1,\ B=\dfrac{1}{a+2}$이라 치환하여 생각하고

두 식을 곱하면 문자가 약분되지 않는다.

그럼 주어진 식을 공식이 적용되는 형태로 바꾼다.

$a+1+\dfrac{4}{a+2}+6$의 6에서 1을 이동시켜

$a+2+\dfrac{4}{a+2}+5$로 바꾼다.

산술 · 기하 공식 $A+B\geq2\sqrt{AB}$를 적용하면 최솟값은 9가 된다.

$$(a+2)+\left(\dfrac{4}{a+2}\right)+5$$
$$\geq2\sqrt{(a+2)\times\left(\dfrac{4}{a+2}\right)}+5$$
$$\geq2\sqrt{4}+5$$
$$\geq9$$

고등수학이 어려운 것은 계산 과정 때문이 아니다. 어떤 문제를 보았을
때 어떻게 풀어야 할지를 모르는 경우가 많기 때문이다. 왜 그럴까? 각각
의 수학 공식이 가지고 있는 의미들을 정확하게 이해하여 기억하지 못하
기 때문이다. 공식을 단지 외우기만 하는 것은 공식의 껍데기만을 아는 것
이다. 공식을 문제와 연결하여 기억해야만 수학 공식을 확실하게 아는 것
이다.

사실, 많은 학생들이 공부하는 방법 중 하나가 공식과 문제의 연결이다. 대부분의 학생들은 많은 문제를 푼다. 그래서 문제의 유형을 보면 어떤 공식을 사용해야 할지 바로 안다. 문제를 많이 풀다 보니 자연스럽게 공식과 문제가 연결되어 외워진 것이다.

"그럼 샘이 알려준 방법으로 공부하면 문제를 적게 풀어도 되겠네요?"

당연하다. 어쩌면 더 좋은 방법이 될 수도 있다. 문제를 푼다. 그리고 그 문제가 공식과 어떻게 연결되었는가를 공부한다. '하나의 수학책을 여러 번 풀어보라'는 말이 있다. 이것은 하나의 문제를 많이 분석해 본다는 뜻이다. 한 단원에서 30문제를 푼다. 그리고 다른 문제집으로 또 30문제를 푼다. 이런 방식으로 많은 문제를 풀기만 하는 것은 효과적인 공부법이 아니다.

가장 효과적인 공부법은 그 단원의 핵심 개념이나 공식이 들어 있는 일정한 개수의 문제를 반복해서 확실하게 공부하는 것이다. 지금부터라도 그 문제가 갖고 있는 개념 혹은 공식을 문제와 연결하여 기억하는 반복학습을 실천해 보기 바란다.

08

공식의 좌변과 우변을 바꾸어 외워라

왜 수학 문제가 어렵다고 느껴질까? 그중 하나는 문제를 풀어야 하는 과정과 알고 있는 개념을 적용하는 과정이 거꾸로 되어 있다는 것이다. 공식을 예로 들어 보자. 공식을 외운 것은 '좌변=우변'의 형태이다. 즉 좌변의 모양을 우변의 모양으로 고치는 것이 기본 방향이다. 그런데 문제를 풀어야 하는 과정은 '우변=좌변'의 형태이다. 즉 우변의 모양을 좌변의 모양으로 고치는 과정이 많다는 것이다. 예를 들어 보겠다.

지수법칙 공식, 중2·고2

$$\left(\frac{b}{a}\right)^n = \frac{b^n}{a^n}$$

공식 적용 : $\left(\dfrac{3x}{2}\right)^2 = \dfrac{3^2 x^2}{2^2} = \dfrac{9x^2}{4}$

　위의 '공식 적용'은 좌변의 공식 모양을 우변의 공식 모양으로 고치는 원리가 그대로 적용된 것이다. 학생들은 대개 책에 써진 공식을 그대로 외운다. 그래서 그 공식을 그대로 적용할 수 있는 문제들은 잘 풀 수가 있다. 하지만 아래 문제를 보자.

문제 : 중2

$\dfrac{12^n}{3^n} = 16$일 때, n의 값을 구하시오.

 풀이

고2 학생들은 바로 풀 것이다. 위 문제는 중2 문제이다. 만약 위 문제 풀이를 모르겠다면 공식을 거꾸로 적용하지 못하기 때문이다. 수학 공식은 거꾸로도 쓰인다. 이 말이 무슨 뜻인지 알아보자. 수학에서 등호(=)는 서로 같다는 뜻이다. 즉 좌변과 우변 내용의 위치를 바꾸어 써도 수학 공식은 당연히 '참'이라는 것이다.

(1) 지수법칙 공식 : $\left(\dfrac{b}{a}\right)^n = \dfrac{b^n}{a^n}$

(2) 좌우 내용을 바꾼 거꾸로 지수법칙 공식 : $\dfrac{b^n}{a^n} = \left(\dfrac{b}{a}\right)^n$

위의 '거꾸로 공식'을 분석해 보자. '거꾸로 공식'을 보면 좌변의 분모(a^n)와 분자(b^n)에 있는 지수(n)가 같다. 우변은 지수를 하나만 사용하여 괄호 밖에 쓰고, 분모와 분자를 묶어 썼다. 따라서 위 문제는 아래처럼 풀 수 있다.

$$\frac{12^n}{3^n}=16 \Rightarrow \left(\frac{12}{3}\right)^n=16 \Rightarrow \text{약분하여 } 4^n=16\text{이고 } n=2\text{이다.}$$

만약 위에서처럼 '거꾸로 공식'을 외우고 그 사용법도 함께 기억했다면 위 문제를 쉽게 풀었을 것이다.

"아! 그럼 공식을 외울 때, 좌변과 우변을 바꾼 모양으로도 외워야겠네요."

아주 좋은 생각이다. 수학 공식 거꾸로 외우기를 해본 적 있는가? 아마도 없을 것이다. 왜 그랬을까? 교과 책에는 공식이 거꾸로 써져 있지 않아서다. 그럼 수학책은 왜 공식의 좌변 내용과 우변 내용을 바꾸어 써 주지 않았을까? 그것은 좌변과 우변을 바꾸어 써도 공식이 성립한다는 것을 모두가 이미 알고 있기 때문이다.

이제부터라도 공식을 배우면 좌변과 우변의 내용을 바꾸어 써서 외우자. 그리고 그 공식이 우변에서 좌변으로 고쳐질 때 무엇이 바뀌었는지도 분석해 보기 바란다.

수학 공식만 거꾸로 사용되는 것은 아니다. 수학의 개념을 문제에 적용할 때에도 개념을 완성해 가는 과정과 문제를 푸는 과정이 거꾸로 이뤄져 있다.

 문제 : 중1

다음 $2x-a=3$의 근이 1이다. 이때 a의 값은?

 풀이

근(해)는 주어진 일차방정식이 참이 되게 하는 $x=1$을 뜻한다.
따라서 $2 \times 1 - a = 3$, $-a = 1$, $\therefore a = -1$이다.

일차방정식을 푼다는 것은 주어진 식의 x값, 즉 근을 구하는 것이다. 그런데 위 문제는 식의 근을 알려 주고 주어진 식 안의 다른 문자값을 구하라는 것이다. 즉 위 문제는 제시된 근의 의미를 정확하게 알고 있는가를 묻는 문제이다.

예를 하나 더 생각해 보자. 이차방정식을 푼다는 것은 이차방정식을 인수분해하여 근을 구하거나 근의 공식을 이용하여 해를 구하는 것이다. 하지만 이차방정식 문제 중에는 아래와 같은 문제가 있다. 아래의 문제를 푸는 과정도 해를 구하는 과정과 반대 방향으로 풀이를 해야 한다.

문제 : 중3, 고1

> 이차식의 계수가 2이고, 두 근이 1과 −1인 이차방정식이
> $ax^2+bx+c=0$이라고 할 때, a, b, c의 값은?

풀이

이차방정식의 근이 α와 β가 되기 위해서는 인수분해된
이차방정식이 $(x-\alpha)(x-\beta)=0$ 모양이어야 한다.
따라서 위의 두 근 1과 −1이 만들어지는 인수분해된 이차방정식은
$(x-1)(x+1)=0$이다. 그런데 이차식의 계수가 2가 되어야 하므로
아래와 같이 푼다.

$$2(x-1)(x+1)=0$$
$$2(x^2-1)=0, \ 2x^2-2=0$$
$$\therefore a=2, \ b=0, \ c=-2$$

위의 문제에도 근이 제시되어 있다. 이차방정식으로 근을 구하는 것이 아니라 제시된 두 근을 통하여 이차방정식을 구하는 문제이다. 고1에서 배우는 삼차방정식이나 고2의 지수방정식, 로그방정식, 삼각방정식 등도

위의 예와 같은 문제들이 많이 있다.

고등학생인가? 많은 수학 공식을 배울 것이다. 물론 처음 배우는 수학 개념도 아주 많을 것이다. 공식을 '거꾸로 해석하고 적용하기'는 고등수학에서 아주 중요한 학습 방법 중 하나다. 많은 고등수학 문제가 위와 같은 형태로 되어 있기 때문이다. 아래 과정을 보자.

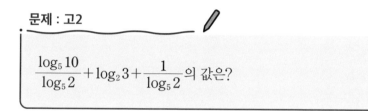

문제 : 고2

$$\frac{\log_5 10}{\log_5 2} + \log_2 3 + \frac{1}{\log_5 2} \text{의 값은?}$$

위 문제는 책에 쓰진 로그 공식과 문제 풀이 과정이 반대 방향으로 사용된 예이다. 위와 같은 문제 유형을 처음 본다고 말하는 학생이라면, 공식을 반대 방향으로 외우거나 반대 방향으로 이해하지 않아 푸는 방법을 모르는 것이다. 이런 학생이 매우 많다.

로그 공식

a, b, c가 1이 아닌 양수, $x > 0$, $y > 0$일 때

(1) $\log_a b = \dfrac{\log_c b}{\log_c a}$

(2) $\log_a b = \dfrac{1}{\log_b a}$

(3) $\log_a xy = \log_a x + \log_a y$

위의 공식(1)은 로그끼리 곱셈이나 나눗셈을 할 때 주로 사용되는 밑 변환 공식이다. 그리고 공식(2)는 밑과 진수의 위치를 서로 바꿀 수 있다는 뜻이다. (3)은 진수에 있는 곱셈 표현은 로그와 로그의 합 표현으로 바꿀 수 있다는 의미이다.

거꾸로 로그 공식

a, b, c가 1이 아닌 양수, $x > 0$, $y > 0$일 때

(1) $\dfrac{\log_c b}{\log_c a} = \log_a b$

(2) $\dfrac{1}{\log_b a} = \log_a b$

(3) $\log_a x + \log_a y = \log_a xy$

위 문제 : $\dfrac{\log_5 10}{\log_5 2} + \log_2 3 + \dfrac{1}{\log_5 2}$

거꾸로 로그 공식(1)을 적용하면 $\dfrac{\log_5 10}{\log_5 2}$은 $\log_2 10$이다.

거꾸로 로그 공식(2)를 적용하면 $\dfrac{1}{\log_5 2}$은 $\log_2 5$이다.

그리고 위의 공식(3)을 적용하면 아래와 같은 풀이가 된다.

$$\dfrac{\log_5 10}{\log_5 2} + \log_2 3 + \dfrac{1}{\log_5 2} = \log_2 10 + \log_2 3 + \log_2 5$$
$$= \log_2 (10 \times 3 \times 5)$$
$$= \log_2 150$$

수학 공식을 거꾸로 해석하고 적용하는 방법은 모든 학년의 문제 풀이에서 중요하다. 그런데 수학책은 공식을 거꾸로 써 주지 않는다. 따라서 배우는 여러분이 직접 공식을 거꾸로 써서 외워야 한다.

"공식을 거꾸로 써 주지도 않고 문제를 내는 것은 너무하는 거 아닌가요?"

나도 그렇게 생각한다. 힘을 내자. 책에 써진 수학 공식 $A=B$를 외웠다면, 거꾸로 수학 공식 $B=A$도 노트에 써라. 그리고 그것을 외워라.

문제를 풀 때, 풀이를 A에서 B로 진행해야 하는 것은 대체로 잘 푼다. 하지만 풀이를 B에서 A로 해야 하는 것은 잘 풀지 못한다. 이유는 간단하다. 공식의 흐름과 반대 방향으로 풀어야 한다는 생각을 하지 못하기 때문이다. 왜 못할까? 반대 방향으로 공식을 외우지 않아서다. 그런데 놀라운 것은 많은 수학 문제들이 책에서 배운 수학 공식의 흐름과는 반대 방향으로 풀어야 풀린다는 것이다.

'거꾸로 수학 공식'을 만들어 외워라. 이것 하나만 실천해도 지금까지 이해하기 어려웠던 많은 문제들이 쉽게 이해될 것이다.

나만의 수학 공부법 찾기

이 장을 읽고 필요한 정리를 해 보자.

3장

고득점의 길 3단계
- 문제를 파악하는 눈

MATH

문제를 바르게 읽어야 하는 이유

한 고등학교의 경비원이 교실에서 학생과 마주보고 있다. 경비원이 그림을 그리면서 말한다.

"자! 삼각형 A, B, C가 있어. 밑변이 10이고, 높이가 6이야. 넓이를 구해봐."

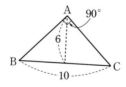

"초등학생 문제잖아요?"
"모르는구만기레"
"30이요"

"허! 심각하구나."

"네?"

"밑변 곱하기 높이 나누기 2, 10 × 6 ÷ 2, 30 맞는데?"

"맞다고?"

"30이잖아요."

영화 〈이상한 나라의 수학자〉에서 한 장면이다. 영재들만 있다는 어느 고등학교가 있다. 이 학교에서 수학 과목만 가장 낮은 9등급을 받아 수포자의 길을 가던 학생이 있다. 이 학생은 우연히 경비원 아저씨가 천재 수학자였다는 사실을 알게 되어, 그에게 수학을 가르쳐 달라고 졸랐다.

위 문제의 답은 무엇이라 생각하는가?

경비원이 위 문제의 삼각형에 원을 하나 그려 넣고 말한다.

"가까이 와서 봐라."

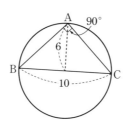

위 원을 보고 변의 길이를 생각해 보기 바란다. 변의 길이에서 무엇인가 발견할 것이다.

"어라! 문제가 틀렸어요. 높이가 6이 아닌데요."

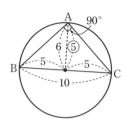

　그렇다. 문제가 틀렸다. 문제를 다시 생각해 보자. 처음 그려진 삼각형의 각 ∠A＝90°라는 글자가 있다. 혹시 이 숫자가 왜 있는지를 생각해 보았니? 수학 문제에 써져 있는 모든 글, 숫자, 식은 의미가 있다. 이것을 바르게 읽고, 그 의미를 생각해 봐야 한다.

직각삼각형의 성질

　(1) 직각을 제외한 다른 두 각의 합은 직각(90°)이다.
　(2) 빗변의 중점은 세 꼭짓점에서 같은 거리에 있다.
　(3) 빗변의 제곱은 다른 두 변의 제곱의 합과 같다.

　중2에서 위의 (2)번 항목을 배웠다. 바로 외심이다. 직각삼각형의 빗변의 중점은 외심점이다. 따라서 위 그림과 같이 외접원을 그리면 삼각형의 높이는 반지름과 같은 5가 되어야 한다. 그런데 문제를 쓸 때 높이를 6이라고 했다. 즉 문제 자체가 틀렸다. 그래서 답이 없는 문제인 것이다. 학생은 답이 없는 틀린 문제에서 밑변과 높이만 보고 바로 답을 말한 것이다. 학생이 말한다.

　"이런 틀린 문제는 수학책에 없어요."
　"너는 새벽 닭이 울 때까지 답이 30이라고 세 번이나 말하지 않았니?"

"처음부터 존재하지 않는 삼각형이라 넓이가 없다고 답했어야 하지, 수학에서 답을 내려고만 하면 다른 것을 볼 수가 없단다."

수학 문제에선 무엇보다 문제를 바르게 읽는 것이 가장 중요하다. 그리고 문제에 써진 글자(기호) 하나하나가 갖고 있는 수학적 의미가 무엇인가를 잘 살펴야 한다. 이렇게 문제를 읽고 스스로 생각해 따져보는 것이 수학 공부법의 출발인 것이다. 위 학생처럼 문제를 읽자마자 바로 답을 내는 것에 집착하지 말자.

먼저 문제를 올바르게 읽자. 그 문제가 요구하는 내용이 무엇인가? 그 문제가 제시한 조건에는 무엇이 있는가? 그리고 묻는 내용이나 제시된 조건에는 어떤 수학 원리가 숨어 있는가? 이런 것들을 먼저 생각하자.

수학은 답을 찾아가는 과정이 매우 중요하다. 그래서 비록 답이 틀렸어도 답을 찾기 위해 하나씩 찾아간 과정이 옳다면 수학 공부의 목적은 완성되는 것이다. 수학 문제를 먼저 바르게 읽는 것이 곧 문제 풀이 방법을 알아내는 지름길이다. 이번 장에서는 수학 문제 속에 숨겨진 문제 풀이의 방향에 대해 설명하겠다.

수학 문제는
문장을 끊어 읽는다

글을 바르게 띄어 읽어야 하는 까닭

① 내용을 정확하게 알 수 있습니다.
② 뜻을 쉽게 이해할 수 있습니다.

이것은 초등학교 1학년 2학기 국어책에 나오는 내용이다. 글을 읽을 때는 하나의 문장을 끊어서 읽는다. 그리고 잠시 쉰다. 그 쉬는 시간이 읽은 문장의 뜻을 생각하는 시간이다.

수학 문제도 위와 같은 방법으로 읽어야 한다. 수학도 문장을 하나씩 끊어 읽는다. 그리고 각 문장의 의미를 해석해야 한다.

"무슨 말이죠? 수학에서 문장을 끊어서 해석하라고요?"

수학과를 다니는 대학생이라면 해석학이라는 과목을 필수로 배운다. 수학은 해석이 필요한 과목이기 때문이다. 다음 문제를 읽어 보자.

문제 : 중2

(1) 직선 $y=2x+3$이 y축 위의 한 점을 지나고,

(2) 이 점을 직선 $y=x+a$가 지날 때, a의 값을 구하여라.

해설

위 문제는 문장(1)과 문장(2)로 되어 있다. 그리고 두 문장은 점이라는 단어로 연결되어 있다. 뜻을 보자.

문장(1)에 있는 직선이 지나는 y축 위의 점을 문장(2)에 있는 직선이 지나간다. 그래프 문제는 문제를 읽고 그 문제의 뜻에 맞도록 그래프를 그리면 문제를 좀 더 잘 이해할 수 있게 된다.

아래 그래프를 보면

두 그래프가 점 A를 공통으로 지나는 것을 알 수 있다.

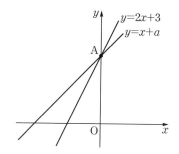

물론 위의 문제는 중학생 문제라서 문장이 길지는 않다. 중등수학이나 고등 내신 문제들은 문장들 속에 1~2개의 수학 개념이 숨어 있다. 따라서 빠른 시간에 풀 수 있다. 하지만 중등 응용문제나 고등 모의고사 수학 문제들은 문장이 길다. 또한 4~5개의 수학 개념이 문제 속에 들어 있다.

만약 이런 수학 문제를 처음부터 끝까지 쉬지 않고 읽으면 무엇을 하라고 하는지 알 수 없게 된다. 따라서 수학 문제를 읽을 때에는 하나의 수학 개념 단위로 문장을 끊어 읽고, 각 문장에 제시된 수학 개념을 파악해야 한다.

풀이

(1) 문장(1) "<u>직선</u> $y=2x+3$<u>이</u> y<u>축과 만나는 점</u>" ⇒ 축 위에 있는 점의 특징

  (a) x축 위의 모든 점들의 y값은 0이다.

  예 $(1, 0), (2, 0), (3, 0), \ldots, (-1, 0), (-2, 0), (-3, 0), \ldots$

  (b) y축 위의 모든 점들의 x값은 0이다.

  예 $(0, 1), (0, 2), (0, 3), \cdots, (0, -1), (0, -2), (0, -3), \cdots$

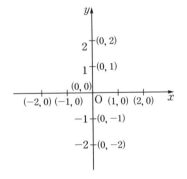

  함수 $y=2x+3$이 y축과 만나는 점을 $(0, b)$라 하고, 이 점을 식에 대입하면 $b=2 \times 0+3$이며 $b=3$이다.
  즉 문장(1)의 직선은 y축 위의 점 $(0, 3)$을 지난다.

(2) 문장(2) "이 점을 $y=x+a$가 지날 때" ⇒ 함수 위의 점을 식에 대입한다.
  문장(1)에서 구한 점 $(0, 3)$이 $y=x+a$를 지난다.
  따라서 $x=0, y=3$을 식에 대입하면 $3=0+a$이며
  $a=3$이 정답이다.

하나의 수학 문제는 대체로 여러 개의 문장으로 구성된다. 그리고 각각의 문장에 있는 단어나 식들에는 대체로 하나의 수학 개념이 포함되어 있다. 따라서 수학 문제를 읽을 때는 각각의 문장들을 끊어서 읽는다. 또한 각 문장에 포함된 수학 개념을 찾으려고 노력해야 한다. 끝으로 각각의 문장에서 찾은 수학 개념들을 연결하여 정답으로 가는 방향을 알아내야 한다. 이것이 올바른 문제 해석이며 올바른 문제 읽기이다.

수학 문제를 문장별로 끊어서 끝까지 읽는 것은 아주 중요하다. 만약 첫 문장만 읽고 그 문장과 관련된 계산을 바로 하는 습관이 있다면 고치기 바란다. 끝으로 '구해야 할 내용이 무엇인가'를 생각하면서 문제를 풀어야 한다. 목표 지점을 생각하며 계산을 할 때, 바른 방향으로 계산해 나갈 수 있기 때문이다.

방정식을 푸는 기본 원리

수학 문제는 식에 있는 미지수(식이 참이 되게 하는 어떤 문자의 값)의 값을 구하는 것이 핵심이다. 그리고 등호를 포함한 식에서 미지수의 값을 구하는 것을 방정식이라고 한다.

중·고등과정 – 방정식 종류

1. 다항방정식 – 일차방정식(중1), 일차연립방정식(중2),
   이차방정식(중3), 이차연립방정식(고1),
   삼차방정식(고1)
2. 지수방정식, 로그방정식, 삼각방정식 – 고2
3. 분수방정식(유리방정식), 무리방정식 – 선택과목

방정식의 종류는 다양하다. 그러나 중·고등 과정의 문제 풀이에서 90% 가량 사용되는 것은 다항방정식이다. 다항방정식이 나오는 단원들은 위 내용과 같다. 각 단원의 내용이 아닌 다른 단원에서 어떤 문제를 해결하기 위해 세운 식들 대부분은 다항방정식이다. 따라서 모든 단원에서 다항방정식이 사용된다고 할 수 있다.

방정식의 해(근)은 구하려는 미지수의 개수와 문제에 주어진 방정식의 개수가 일치해야만 구할 수 있다. 다시 말해 해를 구하려는 문자의 개수와 그 문자로 이루어진 방정식의 개수가 일치하면 각 문자의 값을 구할 수 있다.

문자의 개수와 방정식의 차수에 따른 분류

(1) 1개의 문자와 1개의 식

(a) 일차방정식 $2a - 1 = 3$
$$2a = 4$$
$$\therefore a = 2$$

(b) 이차방정식 $x^2 - x - 2 = 0$
$$(x-2)(x+1) = 0$$
$$\therefore x = 2, x = -1$$

(c) 삼차방정식 $x^3 + x^2 = 0$
$$x^2(x+1) = 0$$
$$\therefore x = 0, x = -1$$

(2) 2개의 문자와 2개의 식

(a) 일차연립방정식 $\begin{cases} x + y = 3 \\ x - y = 1 \end{cases}$ $\therefore x = 2, y = 1$

(b) 연립이차방정식 $\begin{cases} x + y = -2 \\ x^2 + y = 0 \end{cases}$ $\therefore \begin{cases} x = 2 \\ y = -4 \end{cases} \begin{cases} x = -1 \\ y = -1 \end{cases}$

(3) 3개의 문자와 3개의 식 : $\begin{cases} x+y-z=4 \cdots \text{㉠} \\ x-y-z=0 \cdots \text{㉡} \\ x+2y-z=6 \cdots \text{㉢} \end{cases}$

$$\therefore x=6,\ y=2,\ z=4$$

문자가 2개인 연립방정식을 푸는 방법은 중2에서 배웠다. 그런데 이때 배운 방법이 문자가 2개 이상인 모든 방정식을 푸는 기본 열쇠라는 것이다. 이것을 꼭 알아둬야 한다.

"뭐라고요? 앞에 2차식이 있는 거는 모르겠어요."
"전 고딩인데 문자가 3개 있는 건 안 배웠는데요?"

문자가 여러 개인 방정식을 푸는 기본 원리는 하나이다. 문자가 한 개인 방정식을 만드는 것이다. 아마도 아래 문제는 누구나 알 것이다. 누구나 아는 바로 이 방법이 다른 모든 방정식 풀이에서도 핵심이라는 것을 확인해 보자.

문제 : 중2

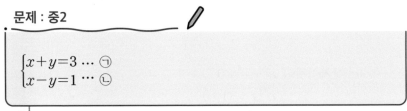

$$\begin{cases} x+y=3 \cdots \text{㉠} \\ x-y=1 \cdots \text{㉡} \end{cases}$$

(1) 가감법(더하거나 빼는 방법) : 두 식의 좌변끼리의 합=두 식의 우변끼리의 합

$$\begin{array}{r} x+y=3 \\ +)\ x-y=1 \\ \hline 2x\quad =4 \end{array}$$

$x=2$를 두 식 중 한 식에 대입하면
$2+y=3,\ y=1$이 된다.

(2) 대입법 : 두 식 중 한 식을 선택하여 $x=\square$ 혹은 $y=\square$ 꼴로 정리한 후

다른 한 식에 대입하면 한 문자로 이루어진 일차방정식이 된다.

㉠식 $x+y=3$을 y에 대한 식으로 정리하면 $y=3-x$이다.

이 식을 ㉡식 $x-y=1$에 대입하면

$x-(3-x)=1$, $2x=4$, $x=2$가 된다.

대입법은 고등수학에서 가장 많이 사용되는 수학 원리이다.

꼭 개념을 이해하기 바란다.

위의 가감법과 대입법은 모두 알 것이다. 그럼 두 방법이 갖는 공통점은 무엇인가? 두 방법의 공통적인 목적은 문자가 하나만 있는 식을 만드는 것이다. 이것이 문자가 여러 개인 방정식을 해결해 나가는 기본 방향이다.

아래의 고1 문제는 중2에서 배운 가감법으로 풀 수도 있고, 대입법으로도 풀 수 있다. 그러나 고1 교과서는 대부분이 대입법으로 문제를 해설한다. 그 이유는 대입법이 기본 방법이기 때문이다.

문제 : 고1

$$\begin{cases} x+y=-2\cdots㉠ \\ x^2+y=0\ \cdots㉡ \end{cases} \therefore \begin{cases} x=2 \\ y=-4 \end{cases} \begin{cases} x=-1 \\ y=-1 \end{cases}$$

(1) 대입법 : ㉠식을 변형하면 $y=-x-2$이다. ㉡식의 y에 대입하여 ㉡식을 x라는 한 문자로 이루어진 방정식이 되도록 만든다.

$x^2+(-x-2)=0$, $x^2-x-2=0$,

$(x-2)(x+1)=0$, $\therefore x=2$, $x=-1$

구한 x값을 $y=-x-2$에 대입하면 위와 같은 2쌍의

정답이 만들어진다.

(2) 가감법 : ㉠식에서 ㉡식을 가감법으로 뺀다.

식의 계산을 편하게 하기 위해 두 식의 위와 아래를 바꾸어 쓰겠다.

$$x^2+y=0 \ \cdots ㉠$$
$$-) \ x+y=-2 \ \cdots ㉡$$
$$\overline{\hspace{1em} x^2-x=2 \hspace{1em}}$$

위 결과를 이항하면 $x^2-x-2=0$이다. 인수분해하여 구한 해 $x=2$, $x=-1$을 ㉡식에 대입하면 위의 해가 나온다.

아래 문제는 가감법의 예이다. 가감법은 단순히 일차연립방정식의 해를 구할 때만 쓸 수 있는 것이 아니다. 어느 고등학교의 고1 1학기 중간고사 문제이다. 아직 배우지 않은 학생은 문제를 설명하는 의도만 이해하길 바란다.

문제 : 고1 학교 시험

이차방정식 $x^2-3x+1=0$의 두 근 α, β에 대하여 /
이차식 $P(x)=2x^2+ax+1$은 $P(\alpha)=\alpha$, $P(\beta)=\beta$를 만족한다. /
상수 a의 값은? /

문제를 읽을 때는 위의 사선처럼 하나의 문장 단위로 끊어서 읽는다. 그리고 각 문장에 담긴 수학 개념들을 찾는다.

첫 줄의 수학 개념 : $ax^2+bx+c=0$일 때,

두 근의 합 $\alpha+\beta=-\dfrac{b}{a}$,

두 근의 곱 $\alpha\beta=\dfrac{c}{a}$ (중3, 고1)

$x^2-3x+1=0$에서 $\alpha+\beta=3$, $\alpha\beta=1$이다.

둘째 줄의 수학 개념 : $P(\alpha)$는 $P(x)=2x^2+ax+1$의 x에 α를 대입한 식이다.

$$P(\alpha)=\alpha \text{는 } 2\alpha^2+a\alpha+1=\alpha \text{이고}$$
$$P(\beta)=\beta \text{는 } 2\beta^2+a\beta+1=\beta \text{이다.}$$

첫 줄에서 알게 된 $\alpha+\beta=3$, $\alpha\beta=1$과 둘째 줄에서 알게 된 내용을 어떻게 연결할 수 있을까? 바로 가감법이다.

위의 둘째 줄에서 구한 두 식에 아래와 같이 가감법을 적용하면 첫째 줄에서 구한 식과 같은 형태의 식 $\alpha+\beta$가 생긴다.

또한 가감법을 적용한 식에는 문제의 셋째 줄에서 구하라고 하는 문자 a가 포함되어 있다.

$$
\begin{array}{r}
2\alpha^2+a\alpha+1=\alpha \\
+)\ 2\beta^2+a\beta+1=\beta \\
\hline
2(\alpha^2+\beta^2)+a(\alpha+\beta)+2=\alpha+\beta
\end{array}
$$

중2 $\Rightarrow$ 곱셈 공식 변형 $\alpha^2+\beta^2=(\alpha+\beta)^2-2\alpha\beta$에 첫 줄 문장의 $\alpha+\beta=3$, $\alpha\beta=1$을 사용한다. $\alpha^2+\beta^2=3^2-2\times1=7$이다.

이제 구하려는 문자 a가 있는 식에 위에서 알아낸 값들을 대입한다.

$$2(\alpha^2+\beta^2)+a(\alpha+\beta)+2=\alpha+\beta$$
$$2\times7+a\times3+2=3$$
$$\therefore a=-\frac{13}{3}$$

수학 문제의 대부분은 미지수의 값을 구하는 것이다. 그것은 곧 방정식을 푼다는 의미이다. 만약 방정식이 여러 개 주어지면 가감법이나 대입법을 이용하여 하나의 문자로 이루어진 방정식을 만들어라. 그리고 이차방정식이나 삼차방정식은 인수분해를 기본으로 한다. 이차방정식과 삼차방정식의 기본을 확실히 공부하도록 하자.

아래 식은 문자가 3개이고 식도 3개라고 생각되는가?

$$\begin{cases} x-y+2z=3 \quad \cdots \text{㉠} \\ x+3y-z=1 \quad \cdots \text{㉡} \\ 2x+2y+z=4 \cdots \text{㉢} \end{cases}$$

위 방정식의 해는 구할 수 없다. 외형적으로 위 식은 3개의 문자와 3개의 식을 갖고 있는 것으로 보인다. 하지만 식이 3개가 아니라 2개만 주어져 있다. 위의 식에서 ㉠+㉡은 ㉢과 같은 식이 된다. 이런 경우에 ㉢식은 없는 것과 같다. 즉 어떤 두 식을 더하거나 빼서 다른 식이 만들어지면 안 된다. 또한 주어진 식 중 어떤 식의 양변에 어떤 수를 곱하거나 나누어서 다른 식이 만들어져도 안 된다. 어려운 말로 하면, 상호 독립적인 관계가 성립하는 방정식의 개수와 문자의 개수가 일치해야 특정한 값을 구할 수 있다.

문제 : 고1

다음 연립방정식의 해를 구하시오.

$$\begin{cases} x+y-z=4 \quad \cdots \text{㉠} \\ x+y+z=12 \quad \cdots \text{㉡} \\ x+2y+z=14 \cdots \text{㉢} \end{cases} \qquad \therefore x=6,\ y=2,\ z=4$$

 해설

요점 ⇒ 가감법을 이용하여 미지수가 2개인 방정식을 2개 만든다.
새로 만든 2개의 방정식을 가감법이나 대입법을 써서 2개의 미지수 값을 구한다.

㉠+㉡ : $2x+2y=16$, $x+y=8 \cdots$ ㉣
㉠+㉢ : $2x+3y=18 \cdots$ ㉤

위의 두 식 ㉣과 ㉤으로 x와 y를 구한다. 그리고 두 값을 위의
세 식 중 한 식에 대입하면 z가 구해진다.

$y=2$를 ㉣에 대입하면

$$
\begin{array}{r}
2x+3y=18 \\
-)\quad x+y=8 \\
\hline
\end{array}
\Rightarrow
\begin{array}{r}
2x+3y=18 \\
-)\,2x+2y=16 \\
\hline
y=2
\end{array}
\quad
\begin{array}{l}
x+2=8\text{이므로} \\
x=6\text{이다.}
\end{array}
$$

이 두 값을 문제의 식 ㉡에 대입하면 $6+2+z=12$, $z=4$이다.

미지수 개수보다 방정식 개수가 적은 이상한 문제(1)

어떤 행동을 결정하는 잘 변하지 않는 굳은 생각, 또는 지나치게 당연한 것처럼 알려진 생각을 고정관념이라고 한다. 앞 글에서 미지수의 개수와 방정식의 개수는 같아야 해를 구할 수 있다고 했다. 이 말이 고정관념이 되어서는 안 된다.

"$x+y=3$이 성립하는 x와 y의 값은 무엇인가요?"

위 문제에는 1개의 방정식과 2개의 문자가 주어져 있다. 위 방정식이 참이 되는 해를 써 보자.

해: $\begin{cases} x=0 \\ y=3 \end{cases}$ 또는 $\begin{cases} x=1 \\ y=2 \end{cases}$ 또는 $\begin{cases} x=-1 \\ y=4 \end{cases}$ 또는 $\begin{cases} x=0.5 \\ y=2.5 \end{cases}$ 또는 …

x와 y의 값이 각각 하나가 아니다. 위의 해는 무수히 많이 쓸 수 있다. 방정식의 개수가 미지수 개수보다 적으면 각 문자에 대한 특정한 값이 아닌 무수히 많은 해가 구해진다. 이런 방정식을 부정방정식이라 한다. 여기서 부정이란 특정한 값을 정할 수 없다는 의미이다. 앞에서 배운 내용을 다시 수정하여 말하겠다. 미지수 개수와 방정식의 개수가 같으면 각 미지수에 해당하는 하나의 값을 구할 수 있다.

"값을 정할 수 없으면 문제에 안 나오는 거죠?"

그러면 좋겠다. 하지만 미지수 개수보다 방정식의 개수가 적은 문제도 있다. 이런 방정식 문제는 어떤 조건이 주어지면 특정한 값이 만들어진다.

"$x+y=3$이 성립하고 $x>y$인 두 자연수 x와 y의 값은 무엇인가요?"

위 질문도 미지수는 2개, 방정식은 1개이다. 그리고 조건이 있다. 두 수는 자연수이다. 그리고 x가 y보다 큰 수이다. 이 조건에 맞는 자연수인 두 수는 $x=2$, $y=1$뿐이다. 위 질문에서 조건은 특정한 문자 값을 만들어 내는 중요한 역할을 한다.

위 예에서 보듯 방정식의 개수가 미지수의 개수보다 적다면 그 문제에는 문자들이 갖는 조건이 있을 수 있다. 이런 경우에는 문제의 조건을 찾아 사용해야 한다. 그리고 조건은 문제에 제시되기도 하지만 문제를 푸는 과정에서 만들어지기도 한다. 또는 문장의 단어 속에 숨겨져 있을 수도 있다. 중요한 것은 문제에 조건이 있을 수 있다는 생각을 반드시 해야 한다는 것이다.

미지수보다 방정식의 개수가 적은 부정방정식은 고1 교과서에 나온다. 중학교 과정에서는 용어의 이름 없이 위와 같은 조건을 주어 답을 찾도록 한다. 그리고 대부분의 부정방정식은 정수 혹은 자연수라는 조건이 주어진다. 다음의 문제를 보자.

문제 : 고1

(1) 자연수 x, y가 $xy-2x-y-1=0$이 성립할 때, $x+y$의 값은?

(2) 자연수 x, y가 $x^2+y^2-2x-4y+5=0$이 성립할 때, $x+y$의 값은?

고1 과정의 부정방정식은 인수분해 또는 완전제곱식의 원리를 이용하여 답을 쉽게 찾을 수 있다. 그리고 어느 것을 사용해야 하는가는 문제에 주어진 식의 형태를 보고 판단해야 한다.

(1) 인수분해의 원리를 이용한다.

인수분해 기본 원리 ― 공통인수를 묶어라. (분배법칙 거꾸로 과정이다.)

분배법칙 : $m(a+b)=ma+mb$ (중1)

인수분해 : $ma+mb=m(a+b)$ (공통인수를 묶는다) (중3)

참고 인수분해란 덧셈, 뺄셈 형태의 식을 곱셈의 형태로 고치는 과정

$xy-2x-y-1=0$에서 공통인수 $y-2$를 만들기 위해 아래처럼 고친다.

$x(y-2)-(y-2)-3=0$

$(y-2)(x-1)=3$, $(x-1)(y-2)=3$

x, y가 자연수이므로 $x=4$, $y=3$ 혹은 $x=2$, $y=5$이다.

따라서 두 수의 합 $x+y=7$이다.

(2) 완전제곱식의 원리를 이용한다.

문제에 제시된 식에 이차식이 있다. 완전제곱식을 만들 수 있는가를 확인해 본다. 조심해야 할 것은 이차식이 있다고 하여 모든 이차식 문제에 완전제곱식 원리를 사용하는 것은 아니다. 이차식 문제이지만 인수분해 원리를 사용해야 하는 경우도 있다.

완전제곱식 : $a^2+2ab+b^2=(a+b)^2$,
$\qquad\qquad\quad a^2-2ab+b^2=(a-b)^2$ (중2)

$x^2+y^2-2x-4y+5=0$ (문자 x, y에 대한 완전제곱식이 되도록 고친다.)
$x^2-2x+1+y^2-4y+4=0$
$(x-1)^2+(y-2)^2=0$
위 식이 성립하는 해는 $x=1$, $y=2$가 된다.

미지수보다 방정식의 개수가 적은 문제는 고난도 문제에 속한다. 즉 많은 학생들이 어려워하는 문제라는 뜻이다. 왜 어려워할까? 그것은 방정식의 개수와 미지수의 개수가 같아야 문제를 풀 수 있다는 생각 때문이다. 이제 생각을 바꾸기 바란다. 미지수 개수보다 방정식의 개수가 적으면 인수분해나 완전제곱식의 원리로 특정한 조건의 해를 구할 수 있다.

그리고 부정방정식은 방정식 단원에서만 나오는 것이 아니다. 함수나 다른 단원에서 어떤 문제를 해결하기 위해 방정식을 만들었다. 그런데 문자의 개수보다 방정식이 적게 만들어진다면 그 문제는 부정방정식 개념으로 답을 구해야 한다는 것을 기억하자.

미지수 개수보다
방정식 개수가 적은
이상한 문제(2)

인생 길에는 수많은 길이 존재한다. 수학은 그런 길 중 작은 부분일 뿐이다. 수학이 어렵다고 생각되면 자신이 노력한 만큼에서 만족하면 된다. 누구나 자신이 잘하는 다른 부분이 있을 수 있다. 하지만 지금은 최선을 다해 보자.

앞 글에서 미지수의 개수보다 방정식의 개수가 적은 부정방정식에 대해 설명했다. 아래 식을 보자.

다음 삼각형으로 이루진 도형에서 $x-y$의 값을 구하여라.

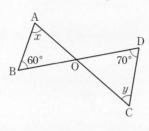

위 문제는 x와 y의 값을 구한 후 $x-y$를 구한다. 중1 과정을 배울 때 많은 학생들이 쉽게 답을 구하지 못하는 문제다. 그것은 각각 두 문자의 값을 반드시 구해야만 답을 알 수 있다는 생각 때문이다. 위 문제에서 방정식을 1개 만들 수 있다.

$\angle AOB = \angle DOC$ 맞꼭지각으로 서로 같다.

삼각형 내각의 합은 $180°$이므로

따라서 $x+60+\angle AOB=180$, $y+70+\angle DOC=180$이다.

$x+60=y+70$이다.

미지수는 x와 y로 2개이고 방정식은 1개이다. 앞에서 배운 부정방정식도 아니다. 이 문제는 각 문자의 값을 구할 수 없는 문제이다. 그러나 물어보는 $x-y$의 값은 알 수 있다.

$x+60=y+70$의 항을 이항하면 $x-y=70-60$이다.
$$x-y=10$$

위 문제에서 각 미지수의 값은 알 수 없어도 그 미지수로 이루어진 어떤 다른 값은 구할 수 있다는 것을 알았다. 여기서 주목해야 할 것은 구해진 1개의 방정식이다. 이 방정식에 어떤 변화를 주어 문제가 요구하는 답을 찾으려고 해야 한다. 중1 과정을 예로 알아보았다. 하지만 이와 같은 형태의 문제는 모든 학년에서 모든 단원에 걸쳐 나올 수 있다. 다른 예를 더 보자.

문제 : 고1

실수 a, b가 $a : b = 2 : 3$일 때, $\dfrac{3a+2b}{2a-b}$의 값을 구하여라.

위 문제에는 비례식이 하나 있다. 이것에 내항의 곱과 외항의 곱은 같다는 원리를 적용하면 $3a = 2b$가 된다. 즉 방정식이 1개 만들어진다. 그러나 미지수는 2개이다. 따라서 앞의 방정식 하나로는 특정한 a, b값을 구할 수 없다. 이런 문제에는 다른 방법이 있다. 위 문제와 같은 경우에는 2개의 풀이법이 있다.

우선 비례식의 기본 성질을 알고 가자. 비례식을 생각해 보자. 내가 사과를 20개 갖고 있고 친구가 5개를 갖고 있다. 이때 나와 친구가 갖고 있는 사과 개수의 비는 4 : 1이다. 이 비례식 4 : 1의 전항과 후항에 각각 5를 곱하면 $4 \times 5 = 20$, $1 \times 5 = 5$가 되어 나와 친구가 갖고 있는 실제 사과 개수가 된다. 즉 비의 전항과 후항에 어떤 수를 곱하면 실제 값이 된다. 이것이 위 문제를 해결하는 중요한 열쇠이다.

[방법1] 구한 방정식 $3a=2b$을 변형하여 $a=\dfrac{2}{3}b$를 질문하는 식

$\dfrac{3a+2b}{2a-b}$에 대입한다.

$$\dfrac{3a+2b}{2a-b}=\dfrac{3\cdot\dfrac{2}{3}b+2b}{2\cdot\dfrac{2}{3}b-b}=\dfrac{\dfrac{12}{3}b}{\dfrac{1}{3}b}=\dfrac{4b}{\dfrac{1}{3}b}=4\div\dfrac{1}{3}=12$$

[방법2] 비례식의 기본 성질을 이용한다.

$a:b=2:3$에서 어떤 수 k를 곱하면

$a=2k$, $b=3k$라고 할 수 있다.

$$\dfrac{3a+2b}{2a-b}=\dfrac{3\times2k+2\times3k}{2\times2k-3k}=\dfrac{12k}{k}=12$$

위의 두 방법이 갖는 가장 중요한 특징은 문자가 약분되어
사라진다는 것이다.
이것은 주어진 식이 분수식이기 때문이다. 분수식의 분모와 분자에
같은 문자가 있을 때는 그 문자가 지워질 수 있다는 것을 기억하자.

위의 두 가지 예를 통하여 문자의 개수보다 방정식의 개수가 적을 때,
각 문자의 값을 구할 수 없는 문제도 있다는 것을 알았다. 하지만 이런 문
제의 경우에도 주어진 식이나 조건을 이용하여 그 문자로 이루어진 어떤
다른 식의 값을 구할 수 있다는 것을 꼭 알아두자. 중3 이상의 학생은 다
음의 참고 문제도 읽기 바란다. 다음의 문제도 문자의 값은 모르지만 구하
라는 해는 알 수 있는 문제이다.

최고차항의 계수가 양수이고 꼭짓점이 (2, 3)인 이차함수가 직선 $y=4$와 만나는 교점을 A, B라고 할 때, 두 교점의 x좌푯값의 합을 구하시오.

해설

이차항의 계수가 양수이므로 그래프는 아래로 볼록한 형태이다.

함수식은 $y=a(x-2)^2+3$이라 할 수 있다.

예를 들어 두 함수 $y=f(x)$와 $y=g(x)$가 만나는 교점의 x좌푯값은 $f(x)=g(x)$라는 방정식을 세워 풀어야 한다. 함수에 관한 정밀한 설명은 이 책의 함수 파트에서 자세하게 다루고 있다.

이 원리로 쓰면 $a(x-2)^2+3=4$이다. 이 식의 a값을 알 수 있는 정보가 문제에 없다. 이런 경우에는 문제에서 다른 수학 성질을 찾아야 한다. 그리고 함수 문제들은 그래프 그림 속에 그 정보가 숨어 있기도 한다.

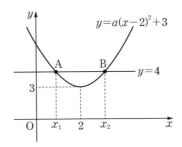

이차함수는 꼭짓점의 축을 기준으로 좌우대칭이다.

이 특징은 이차함수 문제에서 엄청 사용된다.

5장에서 이차함수 설명을 읽기 바란다.

위 그래프의 교점 A, B의 x좌표를 x_1과 x_2라고 하자.

그런데 이 두 점 x_1과 x_2의 중점은 꼭짓점의 $x=2$이다.

두 점의 중점 원리를 이용하면 $\dfrac{x_1+x_2}{2}=2$, $x_1+x_2=4$가 답이 된다.

반드시 어떤 문자의 값을 알아야만 해를 구할 수 있는 것은 아니다.

수학 문제의 답을 구할 때는 주어진 문제가 갖고 있는 수학적 성질을 찾아 적용해 보려고 노력하기 바란다.

참고 **수직선 위의 두 수의 중점 구하기 (중1)**

수직선 위의 두 수 a와 b의 중점을 x라고 할 때,

두 수의 중점 $x=\dfrac{a+b}{2}$이다.

06

풀이 방법이
보이지 않을 때
답을 찾아가는 법

중등수학과 고등수학의 가장 큰 차이점은 문제를 읽을 때, 정답으로 가는 길이 보이는가 보이지 않는가의 차이다. 중학수학은 문제를 읽는 순간에 답을 구하는 전과정이 생각날 것이다. 하지만 고등수학의 많은 문제들은 답을 구하는 과정의 끝이 잘 보이지 않을 것이다.

"문제에 써진 수학의 성질을 알아도 풀어가는 방향을 모르겠어요. ㅠㅠ"

이런 경우라면 참 답답할 것이다. 이런 현상은 왜 고등수학에서 주로 일어날까? 그것은 문제에 사용되는 수학 개념의 개수 차이에서 온다. 중등수학은 대부분의 문제들이 1~2개의 수학 개념으로 만들어지기 때문에 문제를 읽는 순간, 정답으로 가는 길도 보인다. 물론 고등수학의 내신 문제들이나 기본 유형별 문제들도 1~3개의 개념으로 만들어진다. 그래서 학교 시험문제는 그닥 어렵다는 생각이 안 들 것이다.

그러나 학교 시험에서 난이도 높은 문제나 모의고사 및 수능문제들을 보면 풀이 방법이 바로 생각나지 않을 수 있다. 이런 문제들은 하나의 문제에 3~4개의 수학 개념이 사용되기 때문이다. 게다가 어떤 경우에는 사용된 개념이 문제에 숨겨져 있다. 그래서 기본 유형별 문제를 많이 푼 학생이 학교 성적은 좋은데 모의고사 성적이 나쁘다면 이런 문제에 대처할 수학능력이 아직은 부족하기 때문이다.

문제를 푸는 길이 보이지 않을 경우 학생들이 가장 많이 하는 행동은 '수멍'이다. 수학 문제를 멍~하니 바라보는 것이다. "어떻게 풀어야 하지?" 문제를 보면서 망설이고 있다. 이제 이런 생각을 바꿀 때가 왔다.

아는 것부터 써라. 문제의 장막이 걷히고 목적지가 보일 것이다.

문제에서 아는 것부터 시험지에 써 보라. 이것이 문제 풀이 과정에서 해야 할 첫 번째 일이다. 그리고 자신이 쓴 내용들이 서로 어떤 연결 과정이 있는가를 생각해 보라. 이것이 두 번째 할 일이다. 우리는 천재가 아니다. 따라서 수학 문제 속에 숨겨진 개념들을 이용하여 목적지를 찾아가야 한다.

"두 점 $A(-1, 0)$, $B(4, 6)$과 y축 위의 점 P에 대하여 $\overline{AP}^2 + \overline{BP}^2$의 최솟값과 그때의 점 P의 좌표를 구하여라."

위 문제는 고1 과정이다. 물론 중3 2학기에 나오는 두 점 사이의 거리 공식을 배운 학생도 풀 수 있는 문제다. 하지만 이해되지 않는 학생은 "아하~ 그렇구나." 정도로만 생각하고 읽어 주기 바란다. 혹시 수학에 자신 감을 잃은 고등학생이라면 위 문제를 보면서 무엇부터 해야 할지 모르겠 다고 말할 수 있다.

"고등수학 문제는 문제의 언덕에 올라가 봐야 목적지가 보입니다."

내가 학생들에게 자주 하는 말이다. 고등수학 문제는 문제를 읽는 순간, 답으로 가는 방향이 바로 보이지 않을 때가 많다. 이런 경우에는 자신이 아는 내용을 모두 시험지 위에 써 놓도록 하라. 그리고 자신이 쓴 내용을 살펴보라. 그러면 가야 할 길이 보일 것이다. 중요한 것은 아는 것부터 사 용해 보려는 자세이다.

위 문제는 좌표평면과 관련된 문제다. 이런 문제는 문제를 읽으면서 반 드시 좌표평면 위에 문제의 내용을 표시해야 한다. 그리고 문제가 요구하 는 의미를 찾으려고 해야 한다. 문제만 읽고 나서 '수명'을 때리면 안 된다 는 말이다.

문제 : 중3, 고1

두 점 $A(-1, 0)$, $B(4, 6)$과 y축 위의 점 P에 대하여 $\overline{AP}^2 + \overline{BP}^2$ 의 최솟값과 그때의 점 P의 좌표를 구하여라.

| 문제 분석 | 문제의 내용을 종이에 써 본다.

(1) 문제를 읽으면서 좌표평면을 그린다.

(2) 문제에 제시된 두 점과 점 P를 표시한다.

(3) 문제에 제시된 기호 $\overline{AP}$, $\overline{BP}$의 의미를 생각해 본다.

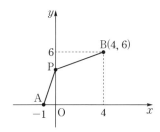

위 문제를 놓고 고1 학생 중에는 $\overline{AP}+\overline{BP}$의 최솟값을 구하는 최단거리 문제가 아닌가 생각할 수도 있다. 그러나 그 문제가 아니다. 그래서 문제를 푸는 방법을 놓고 고민에 빠질 수 있다. 그럴 땐 고민만 하지 말고 아는 사실을 종이에 써 보라. 그럼 문제를 푸는 길이 보일 것이다.

참고 좌푯값과 성질

1. 좌표평면에서 두 점 $A(x_1, y_1)$, $B(x_2, y_2)$ 사이의 거리 (중3 2학기)
$$\overline{AB}=\sqrt{(x_2-x_1)^2+(y_2-y_1)^2}$$
2. y축 위의 점 P는 $(0, a)$라는 미지수로 설정할 수 있다. (중1 2학기)
3. 이차함수의 최댓값, 최솟값은 꼭짓점의 y좌푯값이다. (중3 1학기)

해설

$\overline{AP}$와 $\overline{BP}$는 두 점 사이의 거리를 뜻한다.
두 점 $A(-1, 0)$, $B(4, 6)$과 y축 위의 점 $P(0, a)$의 거리를 써 본다.
$$\overline{AP}=\sqrt{(0-(-1))^2+(a-0)^2}=\sqrt{1+a^2}$$
$$\overline{BP}=\sqrt{(0-4)^2+(a-6)^2}=\sqrt{16+(a-6)^2}$$

이제 위 두 식으로 문제에서 말하는 $\overline{AP}^2+\overline{BP}^2$을 만든다.
$\overline{AP}=\sqrt{1+a^2}$의 양변을 제곱하면 루트가 사라져서
$\overline{AP}^2=1+a^2$이다. $\overline{BP}^2=16+(a-6)^2$이다.

$$\overline{AP}^2 + \overline{BP}^2 = 1 + a^2 + 16 + (a-6)^2$$

여기까지는 문제와 관련된 내용을 모두 써 봤다. 이제 위 문제를 다시 읽어 보고 무엇을 해야 할지 생각해 보기 바란다. 만약 이후의 풀이 과정도 모르겠다면 다음 글을 더 집중해서 읽기 바란다.

우리가 구해야 하는 것은 $\overline{AP}^2 + \overline{BP}^2$의 최솟값이다.
$\overline{AP}^2 + \overline{BP}^2 = y$로 치환하면 구하라는 것은 y의 최솟값이 된다. 그리고 다음 식의 a문자를 x라는 문자로 치환하여 생각해 보자.

$\overline{AP}^2 + \overline{BP}^2 = 1 + a^2 + 16 + (a-6)^2$은 위의 치환 방법으로
$$\begin{aligned}
y &= 1 + x^2 + 16 + (x-6)^2 \\
&= 1 + x^2 + 16 + x^2 - 12x + 36 \\
&= 2x^2 - 12x + 53 \\
&= 2(x^2 - 6x + 3^2 - 3^2) + 53 \\
&= 2(x-3)^2 + 35
\end{aligned}$$

구하라는 '$\overline{AP}^2 + \overline{BP}^2$의 최솟값'은 위 '이차함수의 y의 최솟값'과 같은 의미이다. 최솟값은 35이고 점 P는 (0, 3)이다.

이차함수에 대한 자세한 설명은 이 책의 5장 함수 파트에 있다.

추가 설명

식 $\overline{AP}^2 + \overline{BP}^2 = 1 + a^2 + 16 + (a-6)^2$을 보는 눈

위 식의 우변 $1 + a^2 + 16 + (a-6)^2$을 정리하면 $2a^2 - 12a + 53$이라는 a에 대한 이차식이다. 이때 좌변의 $\overline{AP}^2 + \overline{BP}^2$은 a라는 문자로 이루어진 이차식이다. 그래서 위 식은 $f(a) = 2a^2 - 12a + 53$이다. 즉 '$\overline{AP}^2 + \overline{BP}^2$의 최솟값'은 '함수 $f(a)$의 최솟값'이라는 말과 같다.

함수 문제 풀이에 약하다면 함수 파트를 꼭 읽어 주면 좋겠다.

고등수학은 쉽지가 않다. 누구나 모르는 문제가 있다. 중요한 것은 모르는 문제에서도 정답을 찾아가려는 노력이다.

문제는 각 문장별로 끊어서 읽자. 그리고 그 문장들이 갖고 있는 수학적 의미를 생각해 보자. 문제를 끝까지 읽고 수학적 의미도 생각해 보았으나 문제를 푸는 방법이 구체적으로 떠오르지 않을 수 있다. 이때는 문제의 각 문장에서 자신이 알고 있는 내용을 모두 써 보자. 그리고 그렇게 써 놓은 각각의 내용들이 문제가 요구하는 것과 무슨 관련이 있는가를 생각해 보자.

문제에서 아는 내용을 쓰다 보면 숨겨진 풀이 방법이 보이게 된다. 문제를 모른다고 하여 문제만 멍~하니 바라보면 아무 일도 일어나지 않는다. 용기 있게 도전할 때 문제를 풀 수 있는 열쇠를 찾게 된다.

07

문제의 의도와
맥락 파악하기

수학 문제의 첫 문장을 읽는다. 이 문장에서 해야 할 계산이 떠오른다. 신난다. 풀기 시작한다. 이것은 올바른 문제 풀이가 아니다. 수학 문제는 문장의 마지막 단어까지 살펴 읽어야 한다.

첫 문장을 정확히 읽는다. 이 문장에서 사용할 수 있는 수학 개념을 파악만 한다. 그리고 다음 문장을 읽고 또 수학 개념을 파악한다. 물론 앞 문장과 무슨 관련이 있는가도 생각한다. 이렇게 문장을 끊어서 끝까지 읽는다. 마지막으로 문제에서 구하라는 것이 앞서 파악한 내용과 어떤 연관이 있는가를 생각해 본다. 이것이 바른 문제 읽기이다. 바른 문제 읽기의 핵심은 문제를 풀기 전에 문제의 의도와 맥락을 파악하는 것이다.

수학 문제를 끝까지 낱낱이 읽은 후 문제를 푸는가? 수학을 어려워하는 학생 중에는 바른 문제 읽기부터 안 되어 있는 경우가 많다. 수학 문제의 첫 문장을 읽자마자 바로 계산할 것이 보인다. 그럼 무엇인가를 계산부터 하는 친구들이 있다. 그런데 계산한 것으로 다음에 해야 할 일이 떠오르지 않는다면? 풀이 과정이 막힌 것이다. 어떻게 해야 할까?

"산에서 길을 잃으면 골짜기를 헤매지 말고,
높은 곳으로 올라가라"라는 말이 있다.
높은 곳에 올라가면, 길이 보인다.
무슨 뜻인가?
'기본으로 돌아가라'는 말이다.
방향을 잃었을 때 북극성을 보듯이,
기본으로 돌아가면 길이 보인다.

− 어느 분의 말씀 −

흔히 문제를 대충 읽는다. 왜 그럴까? 초등 때부터 수학 문제에서 우리말 부분은 제대로 읽지 않고 숫자만 보는 나쁜 습관이 생겨서다. 이런 습관은 수학 문제를 풀 때 오답이 나올 치명적인 독이 될 수 있다. 학생 자신은 문제를 잘 읽었다고 생각할 것이다. 하지만 문제에서 중요한 것을 놓치고 그냥 넘어가는 경우가 자주 발생한다.

수학 문제를 풀다가 뭔가에 막혀 버리면 문제를 다시 정확히 읽기 바란다.

풀이 과정이 막혔다면 문제에서 중요한 단어인 '자연수' 혹은 '소수' 등등의 어떤 핵심 단어를 놓친 경우다. 또는 문제에 제시된 중요한 조건식을 빠트리고 사용하지 않은 상태일 수도 있다. 수학 문제의 답을 구할 때는 반드시 문제에 주어진 모든 내용을 문제 풀이에서 사용해야만 한다. 수학 문제에는 쓸모없거나 이유없이 써진 말들이 없기 때문이다.

> 홍민이 집에서 야구경기장까지의 거리는 10킬로미터이다. 주말에 홍민이가 왕복 2시간 걸려 야구장에 다녀왔다. 1시간에 움직인 거리는?

학생풀이

초등의 틀린 풀이 : $10 \div 2 = 5 \, km$

중·고등학생이 보면 문제가 매우 짧다. 이 학생의 답은 왜 틀렸는가? 여기서 누구나 한 단어를 읽지 않았다는 것을 알 것이다. '왕복'이란 단어이다. 이 학생이 실제로 움직인 거리는 $20 \, km$이다. 따라서 20을 2시간으로 나누어 $10 \, km$가 답이다.

"푸하하… 너무하시네. 바보는 아닙니다."

정말 그런가? 사실은 뭔가 찔리는 구석이 있지 않은가? 누구나 실수를 한다. 그리고 다시는 그러지 말자고 다짐한다. 하지만 또 실수를 한다. 바르게 풀었는데도 답이 없다면 문제를 다시 읽기 바란다.

이상하다. 값이 두 개가 나오네? 문제를 다시 보자.

문제를 잘 풀었다. 그런데 값이 2개다. 그렇다면 문제를 다시 읽기 바란다. 아마도 문제에 '양수'라는 단어가 있을지 모른다. 아니면 그 문자에 대한 조건식이 문장의 끝에 있을 수도 있다. 혹은 문제의 주어진 식에 어떤 문자가 갖는 조건이 숨겨져 있을 수도 있다. 어떤 경우가 되었든 문제를

····· 꿀빠는 수학

풀다가 막히면 문제로 다시 돌아가 미처 생각하지 못한 것을 찾아내야 한다.

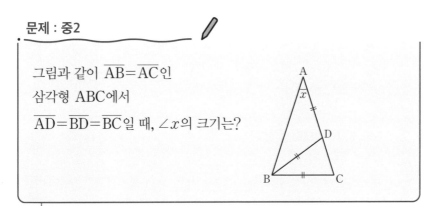

문제 : 중2

그림과 같이 $\overline{AB}=\overline{AC}$인
삼각형 ABC에서
$\overline{AD}=\overline{BD}=\overline{BC}$일 때, $\angle x$의 크기는?

학생풀이

△ABD는 이등변삼각형이므로 $\angle ABD=x$이다.
삼각형의 두 내각의 합은 다른 한 각의 외각의 크기와 같다. 따라서
$\angle BAD+\angle ABD=\angle BDC$로 $\angle BDC=2x$이다.
△BCD도 이등변삼각형이므로 $\angle BCD=2x$이다.

"이제 어쩌지? 으아! 막혔다."

보통 도형 문제를 풀 때, 문제에 제시된 도형만 보는 습관이 흔하다. 그리고 문제에 있는 x를 구하기 위해 알 수 있는 것들을 그림에 표시하게 된다. 이것은 잘못된 행동이다. 도형 문제에서 가장 많이 하는 실수는 도형에 표시된 내용과 문제에 제시된 내용이 모두 일치하는가를 확인하지 않는 것이다. 이런 습관은 고등수학에서 그래프가 그려진 문제를 풀 때에 같은 실수로 나타난다.

그래프나 도형 문제를 풀 때에는 문제에 써진 우리말이나 수식이 도형이나 그래프에도 모두 표현되어 있는가를 확인해야만 한다. 문제를 바르

게 읽지 않으면 문제를 풀다가 막히는 현상이 일어나기 때문이다.

문제에 제시된 $\overline{AB} = \overline{AC}$는 그림에 표시되어 있지 않다. 이것으로 주어진 △ABC가 이등변삼각형이라는 것을 알 수 있다. 따라서 이것을 기억하고 문제를 풀어야 한다. 아니면 이 사실을 그림에 표시해야 한다.

△ABC가 이등변삼각형이므로
∠B=∠C이다.
삼각형 세 각의 합은 180°이다.
∠A+∠B+∠C=180°
$x+2x+2x=180°$
$x=36°$

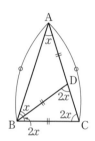

수학 문제를 잘 풀기 위한 방법 중 가장 중요한 것은 문제를 바르게 읽는 것이다. 바르게 읽는다는 것은 문제에 써진 글자나 식을 빼먹지 않고 읽는다는 말이 아니다. 문제에 써진 각각의 내용이 갖는 수학적 의도와 맥락을 잘 찾아내야 한다는 뜻이다.

실수를 줄이려면 우선 문제를 정확히 읽자. 문제를 꼼꼼하게 읽고 확인하자. 문제를 읽는 10~15초의 시간이 그 문제의 정답을 찾아가는 가장 소중한 시간이다.

그리고 도형이나 그래프 문제를 풀 때는 제시된 내용이 그림에 모두 표현되어 있는가를 꼭 확인하자. 또한 제시된 내용에 식이 있다면 그 식이 그림에서 어떤 역할을 하는지도 꼭 확인하자.

이렇게 문제의 내용을 파악하고도 풀이 과정에서 막힌다면 그때는 문제로 돌아가라. 즉 문제를 다시 읽어라. 그리고 그 문제에서 자신이 생각해보지 않은 수학적 개념의 단어나 식이 있는가를 살펴보라. 거기에 막힌 부분을 뚫는 열쇠가 있기 때문이다.

참고로 말한다. 중2, 중3에서 배우는 도형 단원은 아주 중요하다. 고등 과정에서는 전혀 배우지 않기 때문이다. 고등수학에서는 중2, 중3 때 배운 도형을 이용한 문제들이 나온다. 따라서 이때의 기본을 잘 익히기 바란다.

08

문제를 풀어가는
실마리 찾기

어떤 일이나 어떤 사건을 풀어나갈 수 있는 첫머리를 실마리라고 한다. 수학 문제에 써진 문장을 바르게 읽으면 문장의 어떤 단어에서 문제를 풀어갈 실마리를 찾을 수 있다. 그럼 문장 속의 어떤 것들이 실마리일까? 물론 실마리는 수학적 개념을 갖고 있는 용어들이다.

수학적 개념을 갖고 있는 용어들

해를 구하여라.
인수분해하여라.
중근을 갖는다.
직선이 이차함수에 접한다.
두 직선이 수직으로 만난다.

154

따라서 수학 문제를 잘 푼다는 것은 많은 실마리, 즉 수학 개념을 많이 알고 있다는 것이다. 또한 수학을 공부한다는 것은 수학 개념이 들어 있는 용어의 의미를 공부한다는 것이다. 많은 문제를 풀었어도 그 문제들이 갖고 있는 실마리를 모른다면 헛공부를 하는 것이다. 이런 경우, 공부는 많이 했지만 수학 문제가 살짝만 변형되어도 문제를 풀지 못하는 상황이 발생한다. 그러니 자신이 푼 문제의 실마리를 잘 이해하도록 하자.

수학 문제의 실마리들 중에는 문제 풀이의 방향을 제시하는 실마리도 있다. 어떤 문제의 마지막 부분에 '범위를 구하라'는 말이 있다. 무슨 생각이 드는가?

"범위 구하는 거네요? 뭐 다른 생각은 없는데요!"

'범위'를 답으로 써야 한다는 것은 답이 부등식으로 표현된다는 말이다. 즉 이 문제를 풀 때는 풀이 과정에서 부등식을 만들어야 한다. 정답이 부등식으로 표현되기 때문이다. 따라서 문제 속에 부등식 표현을 만들어 내는 어떤 공식이나 원리가 숨어 있는가를 생각해야 한다. 이것이 '범위를 구하라'는 실마리가 제시하는 문제 풀이의 방향이다.

"$2, x-3, 5$는 삼각형의 세 변의 길이다. x값의 범위를 구하라."

이런 문제의 답은 부등식으로 표현된다. 따라서 문제에서 부등식으로 표현할 수학 개념을 찾아내야 한다. 이것이 이 문제를 푸는 핵심 열쇠이다. 위 문제는 중1 문제이다.

"삼각형의 세 변의 길이 조건이 뭐죠? 생각날 듯한데…"

아마도 고등학생보다는 중학생이 위 문제에서 사용할 수학의 성질을 더 잘 기억하고 있을 것이다. 고등학생은 배운 지 오래 되어 기억 못할 수도 있다. 길이를 나타내는 숫자가 3개 있다고 하여 삼각형이 되는 것은 아니다. 다음 조건이 성립해야 삼각형이 된다.

세 변의 길이 a, b, c가 삼각형을 이루기 위한 조건

(1) 각 변의 길이는 양수이다.
(2) 삼각형의 세 변 중 어떤 두 변의 길이의 합도 다른 한 변의 길이보다 커야 한다. ($a+b>c$, $b+c>a$, $a+c>b$)

문제 : 중1

다음 2, $x-3$, 5는 삼각형의 세 변의 길이다. x값의 범위를 구하라.

풀이

위의 조건으로 식을 세우면 연립부등식이 된다.

$$\begin{cases} x-3>0 \\ 2+x-3>5 \\ 2+5>x-3 \\ x-3+5>2 \end{cases} \Rightarrow \begin{cases} x>3 \\ x>6 \\ x<10 \\ x>0 \end{cases} \Rightarrow \therefore 6<x<10$$

중등수학은 어떤 문제를 해결하는 방법이 대체로 한두 가지 정도이다. 하지만 고등학교 수학 문제는 문제를 해결하는 방법에 있어서 다양한 경우가 많다.

고등학교 문제를 풀 때, 답은 맞췄는데 풀이가 너무 길어 짜증난 경우가 있었는가? 이런 경우에는 반드시 다른 풀이가 있다. 일단 해설을 읽어 보라. 다른 풀이가 있다면 그것을 공부하기 바란다. 그런데 풀이가 자신이 한 것과 같다면? 그래도 다른 풀이가 가능한지 생각해 보기 바란다.

여러 가지 풀이법이 존재해도 수학책의 답지는 대개 한 가지 풀이만 제시한다. 그리고 그 문제 풀이는 단원의 개념을 익히는 기본 원리로 되어 있다. 그런데 고등수학의 많은 문제들은 다른 단원에서 배운 개념이나 원리를 이용하여 풀이가 가능할 수도 있다. 따라서 문제집의 풀이와는 다른 방법이 생각났다면 그 방법으로도 꼭 풀어 보기 바란다.

위의 풀이 과정은 기본 원리를 이용한 것이다. 그러나 위 문제는 다른 방법으로 푸는 것이 더 효과적이다. 위 문제에서 세 변 중 두 변의 길이가 존재한다. 그리고 다른 한 변이 문자이다. 이런 경우에는 다음 조건을 이용하는 것이 좋다.

다른 풀이

조건 : 두 변의 길이의 차 < 문자로 표시된 길이 < 두 변의 길이의 합

$$5-2<x-3<5+2$$
$$3<x-3<7$$
$$\therefore 6<x<10$$

'최댓값, 최솟값'이라는 용어도 부등식과 관계가 있다. 만약 위 문제의 문장 속에 "정수 x의 최댓값, 최솟값"이라는 문장이 있다고 하자. 우선 x의 범위를 부등식으로 구해야 한다. 위 풀이를 보면 x의 범위가 '$6<x<10$'이다. 이 범위에서 가장 큰 정수는 9이고, 가장 작은 정수는 7이다. 따라서 최댓값은 9, 최솟값은 7이다.

어떤 용어를 통해 문제를 부등식으로 풀어한다는 사실을 알게 되면 그 문제의 풀이는 이미 50%나 해결된 것이다. 문제 풀이의 방향을 알 수 있는 수학 개념의 용어를 많이 기억하려고 노력하자.

이 장을 읽고 필요한 정리를 해 보자.

09

여러 개념들이
서로 연결된 문제 해결하기

누구든 자신이 알지 못하는 것을 마주하면 어떤 행동을 해야 할지 망설이게 된다. 두려움 때문에 모르는 것은 피하게 된다. 그런데 이런 행동은 어려운 수학 문제를 풀어야 할 때도 나타난다.

어려운 문제를 읽었다. 모르겠다. 망설여진다. 이런 순간을 마주하면 문제 해결 방법을 찾으려는 생각보다는 문제를 피하려는 생각이 먼저 들게 된다. 이번에는 이런 두려움을 떨쳐낼 시간이다. 틀리면 다시 풀면 되는 것이다. 그 길을 안내할 것이다.

수학 문제를 풀 때, 첫 풀이 내용을 이용하여 다음 풀이 과정을 진행해야 하는 경우가 많다. 특히 고등수학의 문제들은 여러 개의 개념을 이용하여 하나의 문제로 만들어지기 때문이다.

x에 대한 이차함수 $y=x^2-4kx+4k^2+k$의 그래프와
직선 $y=2ax+b$가 실수 k의 값에 관계없이 항상 접할 때,
$a+b$의 값은? (단, a, b는 상수)

풀이

문제를 끊어 읽고 수학 개념인 실마리를 문제 속에서 찾는다.

(1) "실수 k의 값에 관계없이" ⇒ 실수 k에 대한 항등식 (중1, 고1)

(2) "이차함수와 직선이 접할 때" ⇒ 두 함수가 만나는 교점이 한 개이다. (중3, 고1)

두 함수가 접하는 접점에서 두 함수의 y값은 같다.

즉 $y=x^2-4kx+4k^2+k$와 $y=2ax+b$의 y값이 같다는 말이다.

$$x^2-4kx+4k^2+k=2ax+b$$
$$x^2-2(2k+a)x+4k^2+k-b=0$$

위 방정식의 근이 바로 두 그래프가 만나는 접점의 x좌푯값이다.

그리고 이 값은 1개이다. 다른 말로 하면 방정식의 근이 중근이 되는 것이다.

따라서 판별식 값이 $b^2-4ac=0$ 혹은 $b'^2-ac=0$이어야 한다.

앞의 두 번째 식을 사용하겠다. $b'=\dfrac{b}{2}$이므로

$$b'^2-ac=0$$
$$(2k+a)^2-1\cdot(4k^2+k-b)=0$$
$$4k^2+4ak+a^2-4k^2-k+b=0$$
$$(4a-1)k+a^2+b=0$$

항등식 원리에 의하여 $4a-1=0$, $a=\dfrac{1}{4}$이다.

그리고 $a^2+b=0$이므로 $\dfrac{1}{16}+b=0$, $b=-\dfrac{1}{16}$이다.

따라서 구하는 정답 $a+b=\dfrac{3}{16}$이다.

고1 학생들 중에는 위 문제 속에서 '판별식'과 '문자 k에 대한 항등식'이라는 두 개의 개념을 알아냈지만 문제를 끝까지 풀지 못하는 경우도 있다. 그것은 문제에서 찾아낸 실마리를 엮어내지 못해서다.

위 문제에서는 판별식을 사용하여 첫 풀이 과정을 써야만 다음 풀이 과정이 보이게 된다. 즉 두 번째 풀이 과정인 항등식 개념은 첫 풀이 과정에서 만든 식이 있어야 생각날 수 있다는 말이다. 위 문제를 아무리 바라보고 있어도 항등식을 적용할 식을 문제에서는 찾을 수 없기 때문이다.

따라서 첫 풀이 과정에서 판별식을 사용하여 만든 마지막 식인 $(4a-1)k+a^2+b=0$에 항등식 개념을 적용해야 한다. 항등식을 고1에서 처음 배웠다고 생각하는가? 아니다. 중1 일차방정식에서 처음 배운다. 그리고 이것은 고1에서 배우는 항등식 개념과 같은 것이다.

항등식 개념

(1) 항등식의 뜻 (중1)

　　미지수가 어떤 값을 갖더라도 항상 참이 되는 등식

(2) 다음 등식이 x에 대한 항등식이 되기 위한 조건 (고1)

　　① $ax+b=0$이 항등식이 되기 위한 조건은 $a=0$, $b=0$이다.

　　　이유 : $a=0$, $b=0$이면 위 식은 x에 어떤 값을 대입해도 항상
　　　　　　0이 된다.

② $ax+b=cx+d$가 항등식이 되는 조건은 $a=c$, $b=d$이다.

③ $ax^2+bx+c=0$이 항등식이 되기 위한 조건은 $a=0$, $b=0$, $c=0$이다.

④ $ax^2+bx+c=dx^2+ex+f$이기 위한 조건은 $a=d$, $b=e$, $c=f$이다.

문제 : 중1

> 등식 $ax+4=3x+2b$가 x값에 관계없이 항상 성립하는 항등식일 때, $a+b$의 값은?

풀이

주어진 식이 x에 대한 항등식이라는 말은 x에 어떤 숫자를 대입해도 좌변과 우변의 값이 항상 같다는 뜻이다. 즉 식의 x인 $a \times (\ \ )+4=3 \times (\ \ )+2b$의 괄호에 어떤 숫자를 넣어도 좌변과 우변이 같게 되도록 문자 a, b의 값을 정하라는 뜻이다. 따라서 $a=3$이고 $4=2b$, $b=2$로 정하면 위 식은 $\boxed{3} \times (\ \ )+4=3 \times (\ \ )+2 \times \boxed{2}$가 되어 항등식이 된다. 항등식 개념은 중1에서 배운 것이나 고1에서 배우는 것이나 같다는 것을 알았을 것이다.

여기서 하나 더 주목해야 할 것이 있다. 위의 설명은 "x의 값에 관계없이" 혹은 "x에 대한 항등식"이라는 말로 되어 있다.

그런데 맨 앞의 문제는 "k의 값에 관계없이"라는 조건으로 되어 있다. 즉 k라는 문자에 어떤 숫자를 대입해도 식은 항상 참이 되어야 한다. 이런 경우에는 주어진 식을 k라는 문자로, 식을 내림차순으로 정리해야 한다. 앞의 풀이에서 판별식 풀이 과정의 마지막 식 $(4a-1)k+a^2+b=0$은 문자 k에 대한 내림차순 정리 식이다.

162

이 식의 k에 어떤 숫자를 대입해도 항상 우변의 0과 같은 값이 되어야 한다.

따라서 $4a-1=0$이고 $a^2+b=0$이 되어야 한다.

앞에서 설명한 문제는 함수 그래프 개념, 두 그래프의 교점 개념, 그래프 교점과 근의 연관성 개념, 이차방정식의 중근 개념, 그리고 항등식 개념이 서로 연결된 문제이다. 그리고 이런 문제는 고1 연합고사 시험 기출 문제이다.

고등수학의 문제에는 이처럼 많은 개념들이 한 문제에 포함되어 있다. 그래서 문제를 풀 때는 문제만 잘 읽어야 하는 것이 아니다. 자신이 쓴 풀이 과정의 내용도 잘 검토해야 한다. 왜냐면 문제를 풀어 나가야 할 다음 과정이 자신이 써 놓은 식에 숨어 있을 수 있기 때문이다.

머릿속으로 생각만 하는 것은 문제 풀이에서 좋은 방법이 아니다. 만약 수학 개념을 논리적으로 연결하는 능력이 부족하다면 답으로 가는 길 찾기가 쉽지 않을 수 있다. 하지만 문제의 문장 속 내용과 관련된 수학 개념들을 찾아내 문제지 위에 모두 써 놓고 관찰해 보면, 문제 해결을 위한 다음 풀이 과정을 찾을 수도 있다. 아무리 어려운 문제라도 자신이 아는 내용을 문제지에 모두 써 보자. 그러면 다음 풀이 과정을 발견할 수 있을 것이다.

10

계산과정을
최소화하는 법

문제를 읽을 때는 각 문장마다 끊어 읽자. 문제가 한 개 이상의 문장으로 되어 있다면, 각 문장마다 그 문장에 담긴 수학적 원리를 생각해 보자. 첫 문장에서 계산할 것이 보여도 문제를 바로 풀기 시작하면 안 된다. 문제는 전체 내용을 반드시 끝까지 읽어야 한다. 묻는 의미가 무엇인가도 확인해야 한다. 그리고 각 문장이 갖고 있는 수학적 개념들이 구하려는 답과 어떻게 연결되는가를 생각해 봐야 한다. 이것이 문제를 읽는 기본 자세이다.

문제를 보는 순간 기계적으로 풀이를 시작하는가? 수학 문제를 1~2초만에 훑어보고 바로 문제를 풀기 시작하는 것은 아주 나쁜 습관이다. 문제를 바르게 읽고 해석하는 습관은 문제를 잘 풀기 위한 것이기도 하지만 개념을 익히는 좋은 공부 방법이기 때문이다.

수학을 뛰어나게 잘하는 친구들을 보라. 그 친구들은 계산에 많은 시간을 쓰지 않는다. 머리가 좋아서 암산을 많이 하는 걸까? 아니다. 문제에 담긴 개념이나 원리를 잘 분석하여 계산과정을 최소화하는 방법으로 문제를 풀기 때문이다. 무슨 말인가? 예제를 보자.

문제 : 중3, 고1

> 이차함수 $y=f(x)$가 y축과 만나는 교점은 $(0, 6)$이며 x축과의 교점은 $(1, 0)$, $(3, 0)$이다. 이 함수의 꼭짓점의 좌표를 구하시오.

이차함수이다. 일반식은 $y=ax^2+bx+c$이다.
첫 문장의 점 $(0, 6)$을 대입한다. $6=a \cdot 0+b \cdot 0+c$로 $c=6$이다.
식을 다시 정리하면 $y=ax^2+bx+6 \cdots \bigcirc$
두 번째 문장의 $(1, 0)$, $(3, 0)$을 ㉠에 대입하여 연립방정식을 푼다.

$$
\begin{array}{r}
9a+3b+6=0 \\
-) \ \ a+ \ b+6=0
\end{array}
\Rightarrow
\begin{array}{r}
9a+3b+ \ 6=0 \\
-)3a+3b+18=0 \\
\hline
6a \quad \ \ -12=0
\end{array}
$$

$a=2$, $b=-8$이다. 이제 완전제곱식 만들기로 꼭짓점 구하기를 한다.

$$
\begin{aligned}
y &= 2x^2-8x+6 \\
&= 2(x^2-4x)+6 \\
&= 2(x^2-4x+2^2-2^2)+6 \\
&= 2(x-2)^2-2
\end{aligned}
$$

위 식으로 구한 이차함수의 꼭짓점은 $(2, -2)$이다.

위 풀이 과정을 어떻게 생각하는가? 자신이 생각한 풀이 방법과 같은가? 다르다고 말하는 친구도 있을 것이다. 위 문제의 두 번째 문장에서 "x축과의 교점 $(1, 0)$, $(3, 0)$"을 다시 생각해 보자. 함수가 축과 만나는 점은 근이다. 따라서 방정식 개념을 이용하여 이차함수 식을 세워 보자. 그런데 이차함수의 최고차항의 계수는 모른다. 이것은 미지수로 설정한다.

x축과의 교점 $(1, 0)$, $(3, 0)$에서 $x=1$, $x=3$은 근이다.

방정식으로는 $(x-1)(x-3)=0$ 꼴이다.

최고차항 계수를 a라고 하면

식은 $y=a(x-1)(x-3)$이다.

이제 첫 문장에 있는 $(0, 6)$을 대입하면

$6=a\times(0-1)(0-3)$, $3a=6$, $a=2$이다.

따라서 식은 $y=2(x-1)(x-3)$이다. 이제 이 식을 전개하여

풀이1과 같은 완전제곱식 만들기로 꼭짓점을 구한다.

$$y=2(x-1)(x-3)$$
$$=2(x^2-4x+3)$$
$$=2x^2-8x+6$$
$$=2(x^2-4x)+6$$
$$=2(x^2-4x+2^2-2^2)+6$$
$$=2(x-2)^2-2$$

위와 같은 풀이 방법을 생각한 친구들이 많을 것이다. 그런데 위의 두 가지 풀이 방법이 아닌 다른 풀이 방법을 생각한 친구들도 있을 것이다. 보통 위와 같은 문제를 문제집에서 보면 **풀이2**의 방식으로 설명을 많이 하고 있다. 그 이유는 함수와 근의 관계를 이해하라는 의도이다. 이제 **풀이3**을 보자.

풀이 3

위 문제를 읽으면서 간단하게 아래 그림을 그려 본다.
최고차항 계수를 양수로 가정하면 아래로 볼록한 그림이 된다.

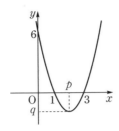

이차함수가 x축과 만나는 두 점의 중점은 이차함수 꼭짓점의
x좌표가 된다.

따라서 중점 $p=\dfrac{1+3}{2}=2$이다. 구하는 것이 꼭짓점이다.

꼭짓점을 사용하여 이차함수 식을 쓴다.

$y=a(x-2)^2+q$이다. 꼭짓점은 $(2,\ q)$이다.

$(3, 0)$을 대입하면 $a+q=0$이다.

$(0, 6)$을 대입하면 $6=4a+q$이다.

q값만 알면 된다. 따라서 $a=-q$를 대입하여

$6=4\times(-q)+q,\ q=-2$이다.

구하려는 꼭짓점은 $(2,\ -2)$이다.

그래프나 함수 문제는 문제를 읽으면서 문제가 제시하는 내용을 그려
보는 것이 좋다. 그림을 그려 보면 글을 읽어서 알지 못하던 새로운 개념
이 생각날 수 있기 때문이다.

위의 **풀이3**은 이차함수의 특징을 이용하여 식을 세운 것이다. 그리고 구
하는 값이 꼭짓점이다. 따라서 이차함수 식을 꼭짓점을 알 수 있는 표준형
식으로 세우는 것이 좋다. 위 풀이에서는 완전제곱식을 만드는 과정이 사
용되지 않는다. 따라서 풀이 시간도 줄어든다.

위 문제 풀이에서 보듯, 함수 문제들 대부분은 원리로 접근할 때 더 빨리 풀 수 있다. 수열, 시그마, 삼각함수들도 마찬가지다. 미분과 적분 문제를 풀 때 개념으로 접근하지 않으면 기본 문제 외에는 풀 수조차 없다. 그래서 고등수학을 배울 때, 수학 개념의 중요성이 강조되는 것이다.

앞의 문제를 3가지 방법으로 풀었다. 그런데 고등수학의 어떤 문제들은 풀이 방법이 더 많을 수도 있다. 답지에 있는 풀이는 단지 기본적인 설명일 뿐이다. 개념을 이용하면 더 빨리 풀 수 있는 방법을 찾을 수 있다. 수학 실력의 변화는 어떤 것이든 그것에 의심을 품고 그것을 해결하는 과정에서 커지는 것이다.

11

문제 풀이를
개념 공부로 만드는 법

수학 문제집마다 난이도에 차이가 있다. 기초 문제집은 그 단원의 기본 개념과 원리를 반복해서 다룬다. 중간단계의 문제집은 그 학년의 단원 내용을 주로 변형한다. 고난도 문제집은 하나의 문제에 여러 개의 수학 개념이 담겨 있으며, 여기에 나오는 개념들은 학년 과정을 넘나든다. 고등학교 내신시험에 등장하는 가장 어려운 2~3개의 문제들도 그렇다. 모의고사나 수능문제의 약 50%가량도 학년 과정을 넘나드는 변형 문제들이다.

그럼 학년을 넘나드는, 여러 개의 개념이 숨겨져 있는 변형 문제는 어떻게 푸는가? 평소 개념 학습에 충실해야 한다. 한 학기 동안 문제집 2~3권을 풀었다. 그런데도 각 단원의 개념이 아리송하다면 문제를 풀면서 개념 학습을 충실하게 병행하지 않아서다. 앞에서 문제를 읽는 올바른 방법을 설명했다. 올바른 문제 풀이는 개념 학습을 무한 반복시켜 준다. 이것들이 쌓이면 문제 속 개념들이 학년 과정을 넘나들어도 잘 풀 수 있다. 예를 들어 보자.

문제 : 중3, 고1

> 점 $(0, a)$에서 원의 중심이 $(0, 1)$이고 반지름이 3인
> 원 $x^2+(y-1)^2=9$에 그은 두 접선이 서로 수직일 때,
> 모든 a값을 구하시오.

풀이 1

위 문제는 고1 과정에서 원과 접선의 관계를 묻는 문제이다.
이 문제 풀이의 기본 해설을 보자.
원에 접하는 접선의 기울기를 m이라 하자.
이 접선이 $(0, a)$를 지난다.

접선 식 세우기

[방법1. 중2]
$y=mx+b$에 $(0, a)$를 대입하면 $a=m \times 0+b$, $b=a$이다.
식은 $y=mx+a$이다.

[방법2. 고1]
기울기가 m이고 한 점 (x_1, y_1)을 지나는 직선은 $y-y_1=m(x-x_1)$
접선 식은 $y-a=m(x-0)$이며 $y=mx+a$이다.
일반형 식은 $mx-y+a=0$이다.

··· 꿀 빠는 수학

원과 한 직선이 접할 때 만들어지는 수학 개념

(1) 원과 직선이 만나는 점이 하나이다.

$y=mx+a$와 $x^2+(y-1)^2=9$를 x에 대한 이차방정식으로
만들면 $x^2+(mx+a-1)^2=9$가 중근을 갖는다.
즉 $b^2-4ac=0$이다. 하지만 방정식을 푸는 과정이 복잡하여
원과 접선 관계 문제를 풀 때는 대체로 판별식 원리를
사용하지 않는다.

(2) 원과 접선은 주로 원의 중심에서 접점까지의 거리 d와
반지름 r이 같다는 원리를 사용한다.

참고 직선 밖의 한 점에서 직선에 이르는 거리

한 점 (x_1, y_1)에서 직선 $ax+by+c=0$에 이르는 거리 d

$$d=\frac{|ax_1+by_1+c|}{\sqrt{a^2+b^2}}$$

원의 중심 $(0, 1)$에서 $mx-y+a=0$에 이르는 거리는
반지름 3과 같다.

$$d=\frac{|-1+a|}{\sqrt{m^2+(-1)^2}}, r=3을 d=r에 대입하면$$

$\dfrac{|-1+a|}{\sqrt{m^2+(-1)^2}}=3$이다. 이 식의 분모를 이항하고 양변을 제곱하면

$|-1+a|=3\sqrt{m^2+1}$, $a^2-2a+1=9m^2+9$,

$\therefore 9m^2-(a^2-2a-8)=0$

미지수 m은 접선의 기울기이며 위 방정식의 두 근이다. 그리고

두 접선이 접할 때 기울기 곱은 −1이다. 즉 $m_1 \times m_2 = -1$이다.

이차방정식의 두 근이 α, β일 때, 두 근의 곱 $\alpha\beta = \dfrac{c}{a}$이다.

$-\dfrac{a^2 - 2a - 8}{9} = -1$, $a^2 - 2a - 17 = 0$이다.

문제에서 구하는 답은 "모든 a값들의 합"이다.

따라서 $a^2 - 2a - 17 = 0$에서 a값이 두 개임을 알 수 있다.

두 근의 합 공식 $\alpha + \beta = -\dfrac{b}{a}$를 사용한다.

$a^2 - 2a - 17 = 0$에서 a값들의 합은

$a_1 + a_2 = -\dfrac{-2}{1} = 2$가 된다.

위 풀이는 고1 학생들이 주로 쓰는 방법이다. 고1 과정의 기본 개념을 이용하여 풀었다. 아마도 어렵다는 생각이 들었을 것이다. 실제로 난이도가 상인 문제이다. 그런데 함수나 그래프 그리고 도형 문제는 문제를 잘 해석하면 문제를 푸는 더 쉬운 원리들을 찾을 수도 있다.

위 문제를 읽으면서 간단한 그림을 그려 본다. 원 밖의 한 점에서 원에 접선을 그린다. 그리고 그 두 접선이 수직이 되도록 그린다. 이때, 중2의 외심에서 배운 개념이나 중3 과정의 원과 접선에서 배운 길이 개념을 적용하면 아래와 같은 그림이 생각날 것이다. 그림처럼 정사각형이 생긴다는 것을 알 수 있다.

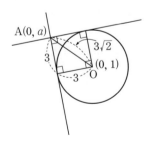

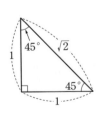

구하려는 것은 a의 값이다. 따라서 이 문자가 있는 식을 세운다.

중3에서 배운 직사각형의 길이비를 이용하면 $\overline{AO}=3\sqrt{2}$이다.

중3에서 배운 두 점 (x_1, y_1), (x_2, y_2) 사이의 거리는

$\sqrt{(x_2-x_1)^2+(y_2-y_1)^2}$을 이용하자.

$A(0, a)$, $O(0, 1)$이므로

$$\sqrt{(0-0)^2+(a-1)^2}=3\sqrt{2}$$

$$(a-1)^2=18$$

$$a^2-2a-17=0$$

$$a_1+a_2=-\frac{-2}{1}=2$$

위의 **풀이2**는 중2, 중3에서 배운 개념을 적절하게 사용한 것이다. 그러므로 문제에 대한 풀이에서 답지에 있는 풀이나 선생님의 풀이만이 좋은 풀이라는 생각을 버려라. 가장 좋은 풀이는 쉬운 원리로 쉽게 푸는 것이다.

한 단원에서 많은 문제를 풀게 된다. 이때 각 문제에 담겨 있는 개념이 무엇인지 항상 생각하고 그것을 추적하라. 그것이 개념을 반복학습하는 길이다. 문제가 품고 있는 개념을 이해하는 것이 진짜 수학 공부다. 문제를 계산하여 답을 구하는 과정은 계산 공부이다. 그것은 개념 공부가 아니다.

어떤 한 문제를 푸는 원리와 개념을 찾아냈다. 그리고 그 풀이 과정에 대한 설계도가 완성되었다. 그럼 그 문제는 이미 푼 것이다. 첫 실천이 가장 어렵다. 첫 실천이 이루어지면 두 번 세 번의 연속 실천도 가능하다. 문제 풀이가 개념 공부가 되도록 꼭 실천해 보기 바란다.

나만의 수학 공부법 찾기

이 장을 읽고 필요한 정리를 해 보자.

고득점의 길 4단계
- 풀이와 계산 실수 줄이기

MATH

01

아까비만 없애도
20점 오른다

수학을 좀 한다 하는 학생도 같은 실수를 반복하는 경우가 있다. 왜 같은 실수를 반복하게 되는 걸까. 인간의 뇌는 왜 실수를 기억해 뒀다가 같은 실수를 저지르지 않도록 해주지 않을까.

"아! 아까비~ 이항할 때 부호를 바꾸지 않았네. 맞출 수 있었는데. 아아!"

안타깝고 슬프도다. 실수만 하지 않았어도 15점은 더 맞았을텐데. 하지만 다음 시험에서 또 실수하는 상황이 반복된다. 실수를 하고 나서 반성도 많이 하고 다시는 실수하지 않겠다고 다짐도 한다. 하지만 또 이런 일이 일어난다.

수학 문제를 푸는 과정에서 실수는 다양하게 나타난다. 부호를 처리하는 과정에서 실수를 한다. 문제를 읽는 과정에서 의미를 잘못 파악하는 실수도 있다. 개념을 적용하는 과정에서 착각하기도 한다. 숫자를 계산하는 도중에 실수하기도 한다. 왜 이런 실수를 하게 되는 걸까? 왜 고쳐지지 않을까?

실수를 하는 가장 큰 원인은 마음 때문이다. 마음을 차분하게 갖고 문제를 풀어야 하는데, 실수를 거듭하는 친구들의 내면을 살펴보면 우선 마음이 차분한 상태가 아니다. 어딘가 불안하다. 그럼 어떤 친구는 무슨 노력이 있었기에 안정된 마음 상태에서 문제를 푸는 걸까?

차분하고 안정된 마음은 자신감에서 나온다. 시험 대비를 착실하게 하였다. 시험 범위에 있는 다양한 문제도 충분히 풀어 보았다. 그렇다면 마음이 불안하지 않다. 안정된 마음 상태로 문제를 풀게 된다. 이런 상태에서는 모르는 문제도 푸는 능력이 생기게 된다. 계산 과정에서도 실수가 생기지 않는다.

그러나 시험 대비 공부가 부족했다. 문제를 보니 풀었던 것 같기도 한데 정확히 생각나지 않는다. 하지만 문제는 맞추고 싶다. 이런 절박한 마음은 아는 문제도 실수하게 만든다. 학습이 부족한 상태에서 마음은 문제의 답을 맞추고 싶다는 생각으로 엉켜 있다. 이런 상태가 계산을 틀리게 만들고, 부호 처리를 잘못하게 만들고, 문제를 바르게 읽지 못하게 만드는 원인이 된다.

반면에 시험공부를 이전의 시험 대비 때보다 더 많이 했다. 그래서 자신감도 생겼다. 하지만 습관적으로 실수하는 경우도 있다. 이런 경우에는 실수를 극복하기 위해 평소에 자신이 얼마나 집중해서 문제를 풀어 왔는지 생각해 봐야 한다. 실수도 노력 없이는 극복하지 못한다.

  "어떻게 실수를 극복해요. 노력은 어떻게 하죠?"

  "무조건 노력하라. 집중하여 풀어라."는 말은 실수를 줄이는 데에 효과적인 방법이 아니다. 실수를 줄이려면 실수의 패턴과 그것의 내용이 무엇인가를 살펴봐야 한다. 이번 파트에서는 실수의 다양한 유형과 그것을 극복하는 방법을 생각해 보려 한다. 이 파트의 내용만 잘 실천해도 점수는 20점 오를 수 있다.

02

부호 처리 실수 방지하기

"세 살 버릇 여든까지 간다." 잘못된 습관은 쉽게 고치기 어렵다는 뜻을 알 것이다. 습관을 쉽게 고치기 어렵다는 말은 그만큼 더 많은 노력과 집중을 해야만 고칠 수 있다는 것이다. 양수와 음수 부호를 잘못 붙이는 경우에도 여러 가지 상황을 생각해 볼 필요가 있다. 왜냐면 부호를 틀리게 만드는 상황이 다를 수 있기 때문이다.

부호 실수를 만드는 상황들

첫째, 이항 계산의 부호 처리 실수
둘째, 식의 전개 오류에서 오는 부호 처리 실수
셋째, 문자에 값을 대입하여 계산할 때 하는 부호 처리 실수
넷째, 계산하는 문자의 조건에 따른 부호 처리 실수

"더하기, 빼기는 이항하면 부호가 바뀌는데, 왜 곱하기 나누기는 부호가 바뀌지 않나요?"

위 질문에 뭐라고 답할 것인가? 위 질문은 질문 자체에 오류가 있다. 그 이유를 바로 말할 수 없다면 이 글을 계속 읽어 보자. 부호 처리 실수를 하는가? 보통은 실수였다고 말할 것이다. 물론 이항할 때 평소에 부호 실수가 거의 없다면 정말 실수가 맞다. 하지만 이항에서 부호 실수가 자주 발생한다면 그것은 '등식의 성질'에 대한 개념을 명확히 이해하지 않았기 때문이다. 혹시 잘 알고 있어도 꼭 읽어 주기 바란다.

"$2 \times x = 5$가 $x = 5 \div 2$가 되면 2를 이항한 것일까요? 아닐까요?"

위 질문의 답은 '이항이 아니다'. 이유를 알아보자. '이항'이란 등식에서 한 쪽 변에 있는 항을 다른 쪽 변으로 옮기는 것을 말한다. 이항을 안다는 것은 '등식의 성질'을 안다는 것과 같다.

등식의 성질

$a = b$일 때,

(1) $a + c = b + c$　　　　(2) $a - c = b - c$

(3) $a \times c = b \times c$　　　　(4) $a \div c = b \div c$ (단 $c \neq 0$)

해설

(1) $x - 3 = 7$에 성질 (1)을 적용 : $x - 3 + 3 = 7 + 3$, $x = 7 + 3$, $x = 10$
위 계산을 보자. 등호의 양변에 $+3$을 더하면
식 $x - 3 = 7$이 $x = 7 + 3$으로 바뀐다. 우리는 이것을
왼쪽 변의 -3이 오른쪽 변으로 옮겨져 $+3$이 되었다고 한다.

즉 항을 이항하여 부호가 바뀌었다고 생각하는 것이다.

(2) $x+3=7$에 성질 (2)를 적용 : $x+3-3=7-3$, $x=7-3$, $x=4$
등호의 양변에 -3을 하면 $x+3=7$이 $x=7-3$이 되어
$+3$이 -3으로 이항되었다고 생각하는 것이다.

위의 '등식의 성질'에서 (1)과 (2)의 원리로 항의 위치가 바뀌는 것을 '이항'이라고 한다. (3)과 (4)의 원리는 이항의 원리가 아니다. 그 이유를 알아보자.

(3) $-\dfrac{1}{2}x=5$에서 $-\dfrac{1}{2}$을 제거하고자 양변에 -2를 곱한다.

$\left(-\dfrac{1}{2}\right)\times x\times(-2)=5\times(-2)$, $x=5\times(-2)$, $x=-10$이다.

식 $-\dfrac{1}{2}x=5$는 $x\div(-2)=5$이다.

위의 등식의 성질(3)을 사용하자.

양변에 $\times(-2)$를 곱하면

$x\div(-2)\times(-2)=5\times(-2)$는 $x=5\times(-2)$이다.

위의 식의 변화를 보면 좌변의 $\div$가 우변에서 $\times$로 바뀌었다.

(4) $2x=10$의 양변을 2로 나누면 $\dfrac{2x}{2}=\dfrac{10}{2}$, $x=5$이다.

$2x=10$은 $2\times x=10 \Rightarrow x\times 2=10$이다.

등식의 성질 (4)번인 '양변을 같은 수나 식으로 나눌 수 있다'를
사용하자 $2\times x\div 2=10\div 2$는 $x=10\div 2$이다.

위의 좌변의 $\times 2$가 우변에서 $\div 2$가 되어 있다.

이항은 항이 옮겨진다는 것이다. '항은 수나 문자의 곱으로 이루어진 식'이라고 중1에서 배운다. 위의 식 $2x=10$에서 2는 항인가? 아니다. $2x$가 일차식인 항이다. 따라서 위의 (3)과 (4)에서 곱셈이나 나눗셈으로 붙어

있는 수나 값이 다른 변으로 옮겨진 것은 이항이 아닌 것이다. 만약 지금까지 이것을 이항이라고 생각했다면 아주 엄청난 오류인지도 모른 채 공부하고 있는 것이다.

> **중1. 이항** − 등식의 성질을 이용하여 어느 한 변에 있는 항을 부호만 바꾸어 다른 변으로 옮기는 것을 이항이라 한다.

이항을 처음 배울 때 이항은 부호가 바뀐다고 교과서에 나온다. 위의 등식의 성질 (1)과 (2)를 사용한 결과이기 때문이다.

$x-4=7-3(x-2)$에서 $-3(x-2)$는 하나의 항이다.
이항하면 $x-4+3(x-2)=7$이다.
항의 부호가 좌변에서 바뀌었다.

등식의 성질(3)과 (4)는 이항이 아닌 것이다. 물론 아래의 것도 이항이라고 말하면 틀린 말이 된다. 이항은 부호가 바뀌어야 한다. 그런데 등식의 성질(3)과 (4)를 이용하여 아래처럼 식이 변하는 것을 이항이라고 말한다면 부호가 바뀐다는 말과 어긋나게 된다. 그래서 중1 때, 방정식을 처음 배우는 도중에 혼선이 생기게 된다.

$ax=b$의 양변을 0이 아닌 a로 나누면 $x=\dfrac{b}{a}$이다.

부등식에서도 이항이라는 말을 쓰는 것은 틀린 표현이다. 틀린 표현을 사용하다 보니 계산할 때 순간적으로 개념들이 엉키게 된다. 그래서 부호처리의 실수가 일어나는 것이다.

(1) 부등식의 양변에 같은 수를 더하거나 같은 수를 빼도
부등호의 방향은 바뀌지 않는다.

$a < b$이면 $a+c < b+c$, $a-c < b-c$

(2) 부등식의 양변에 같은 양수를 곱하거나 같은 양수로 나누어도
부등호는 변하지 않는다.

$a < b$, $c > 0$이면 $ac < bc$, $\dfrac{a}{c} < \dfrac{b}{c}$

(3) 부등식의 양변에 같은 음수를 곱하거나 같은 음수로 나누면
부등호의 방향이 바뀐다.

$a < b$, $c < 0$이면 $ac > bc$, $\dfrac{a}{c} > \dfrac{b}{c}$

부등식을 풀 때는 부등식의 성질을 이용해야 한다. 하지만 많은 친구들이 부등식에서 이항이라는 잘못된 단어를 사용한다. 인터넷에서 '부등식 이항'을 검색해 보라. 많은 자료가 뜨는 것을 볼 수 있다. 모두 잘못된 것이다. 잘못된 개념을 그대로 사용하다 보니 부호 실수가 일어나는 것이다.

부등식을 마치 방정식에서처럼 이항의 개념으로 잘못된 접근을 하는 경우가 있다. 이런 경우에는 부호 처리 실수로 그칠 문제가 아니다. 이런 오류 때문에 부등식에 대한 개념이 정확히 서지 않는 것이다. 부등식 문제는 반드시 '부등식의 성질'을 이용해 풀어야 한다는 것을 명심하기 바란다.

위 부등식의 성질(1)과 (2)에서는 부등호 방향이 왜 바뀌지 않는가? (3)번은 왜 바꾸어야만 하는가? 이것을 생각해 보기 바란다. 고등수학을 배울 때도 이런 기본 개념 공부를 명확하게 하기 바란다.

개념을 읽고 외우기에 앞서 개념에 의문을 가져라. 그리고 의문을 해결하라. 이것이 진짜 개념 공부이다. 수학에서는 식의 모든 문자와 기호 변화에 의문을 가져라.

식을 전개할 때
오류를 없애려면?

수학 문제에서 계산을 할 때 마이너스를 만나면 무조건 집중해야 한다. 잘못된 계산 방식을 적용하면 잘 풀었다 한들 쓸모없기 때문이다. 풀이에서 실수한 곳이 계산 부분이라면 계산 원리 공부를 다시 해야 한다.

"$(-3)^2$과 -3^2의 차이를 아나요?"

"당연히 알죠. 그런데 가끔 실수하기도 합니다. 하하..."

이것은 웃을 일이 아니다. 학년이 높아져도 반복되는 계산 실수는 원리를 몰라서 그런다기보다 처음에 잘못 이해한 개념이 버릇처럼 나타나는 현상이다. 중3에서 무리수 계산 원리를 처음 배운다. 고1에서 다양한 방정식 계산 원리를 배우고, 고2에서는 지수, 로그, 삼각함수 계산 원리를 배운다. 따라서 기본 계산 원리를 처음 배울 때에 올바른 계산 원리를 알아야 한다. 위 질문을 생각해 보자.

$(-3)^2$은 -3을 2번 곱한다는 뜻이다.

즉 $(-3)^2=(-3)\times(-3)=3^2=9$이다.

-3^2은 $-1\times3\times3=-1\times9=-9$이다.

$(-3)^3$은 -3을 3번(지수가 3임) 즉 홀수번 곱한다.

음수를 홀수번 곱하면 음수이다.

따라서 $(-3)^3=(-3)\times(-3)\times(-3)=-27$이다.

음수의 거듭제곱은 그 음수를 곱하는 개수(지수의 숫자)가

홀수개이면 계산값은 음수가 된다.

그리고 음수를 짝수개 곱하면(지수가 양수) 값은 양수가 된다.

문제 : 중1

$$\frac{-x+4}{2}-\frac{6-2x}{3}=1$$의 값을 구하시오.

위 문제를 풀어 보라. 답은 자연수이다. 위 문제는 중1에서 배우는 방정식 문제이다. 처음 배울 때 많은 실수가 일어나는 문제 유형이다. 고1이 위 문제를 틀렸다면, 모르는 것이 아닌 실수라고 말할 수 있다. 왜 실수가 일어날까?

"맞아요. 저도 가끔씩 틀려요. 어떻게 고치죠?"

중1 과정에서 식을 정리하는 부분만 풀어 보기 바란다. 만약 책이 없다면 '일차식 계산 연습하기', '이차식 계산 연습하기' 등을 인터넷에서 쉽게 찾아 연습해 볼 수 있다. 계산 실수는 주로 잘못된 개념 이해 혹은 암산의 오류에서 일어난다. 개념을 바로잡자. 개념을 알고 있다면 암산이 아닌 보조장치를 사용해 보자. 아래의 풀이를 보자.

풀이 1

분수식 $\dfrac{-x+4}{2} - \dfrac{6-2x}{3} = 1$을 하나씩 각 항으로 분리하여 계산한다.

$\dfrac{6}{3} - \dfrac{2x}{3}$ 는 두 개의 항 $\dfrac{6}{3} - \dfrac{2x}{3}$ 가 묶여 있는 것이다.

$\dfrac{-x+4}{2} - \dfrac{6-2x}{3} = 1$은 $-\dfrac{x}{2} + \dfrac{4}{2} - \left(\dfrac{6}{3} - \dfrac{2x}{3}\right) = 1$이다.

마이너스(−)를 괄호 안의 값에 분배하면

$-\dfrac{1}{2}x + 2 - \dfrac{6}{3} + \dfrac{2x}{3} = 1$이다.

이 식을 계산하면 $x = 6$이다.

"혹시 위 계산에서 $-\dfrac{3}{6}x + \dfrac{4}{6}x = 1$, $\dfrac{1}{6}x = 1$, $x = 6$이라고 계산했는가?"

"아니요. 양변에 6을 곱했는데요!"

아마도 양변에 6을 곱하여 계산한 경우가 많을 것이다. 하지만 통분하여 계산하는 것이 기본 원리이다. 원리로 푸는 법을 정확히 알아야 한다. 그러나 빠른 방법으로 계산하는 것도 중요하다. 만약 통분하여 계산하는 기본 원리로 풀었다면 다음 풀이를 잘 읽어 보자.

양변에 분모들의 최소공배수를 곱하여 계산해 보자.

$$\dfrac{-x+4}{2} - \dfrac{6-2x}{3} = 1$$의 분모 2와 3의 최소공배수를 양변에 곱한다.

주의할 것은 우변에 6을 곱하는 것을 잊지 말아야 한다. 가끔씩 급하게 계산하다 보면 우변에 6을 곱하는 것을 잊어버리는 경우가 있다. 이것은 '양변에 곱한다'라는 기본 원리가 습관화되지 않아서다. 분모들의 최소공배수를 우변에 곱하는 것을 잊어버리는 습관은 어떻게 고치는가? 방법은 아래의 풀이(2)처럼 곱하는 수를 각 식에 써놓는 것이다. 이것이 실수를 방지하는 장치가 된다. 대체로 실수는 암산을 하다가 틀리기 때문이다.

"수학 계산은 머리가 아니라 손이 하는 것이다."

무슨 말일까? 실수를 하지 않으려면 암산이 아니라 쓰는 것을 많이 하라는 것이다. 문제를 바르게 읽고 푸는 방법을 생각하는 것은 머리로 한다. 하지만 계산을 할 때는 지나치게 암산하지 않는 것이 좋다. 실수를 자주 하는 부분은 그 부분의 계산 과정을 꼭 써가며 계산해야 한다. 실수가 많다면 꼭 실천해 보기 바란다. 실수가 줄어들 것이다.

$$\dfrac{-x+4}{2} - \dfrac{6-2x}{3} = 1 \quad - (1)$$

$$6\dfrac{-x+4}{2} - 6\dfrac{6-2x}{3} = 1 \times 6 \quad - (2)$$

$$3(-x+4) - 2(6-2x) = 6 \quad - (3)$$

$$-3x + 12 - 12 + 4x = 6 \quad - (4)$$

$$\therefore x = 6$$

암산으로 (1)에서 (4)번 식을 바로 쓰면 실수가 일어난다. (2)와 (3)번 과정을 꼭 쓰라는 것이다. 만약 (2)번 과정을 더 빨리 하고 싶다면 (1)번 식의 각 항 옆에 (2)번처럼 꼭 써라. 주의할 것은 우변에도 꼭 6을 써야 한다는 것이다. 계산 실수가 많을 때는 과정(3)도 꼭 사용하라. 괄호는 계산 실수를 줄여 주는 특효약이다. 괄호는 암산으로 약분과 분배법칙을 동시에 사용하다가 틀리는 경우를 막아 준다.

한 줄 더 쓰는 것은 2~3초의 시간이 추가될 뿐이다. 그 보답은 답이 틀리지 않는다는 것이다. 기억하자. 풀이를 쓰는 것을 귀찮아하는 습관에서 계산 실수가 만들어진다. 잠깐! 계산 과정을 모두 세밀하게 쓰라는 말은 아니다. 실수가 일어나는 부분만 꼭 쓰라는 것이다.

대입할 때
항상 주의해야 할 것들

중등과정부터 문제를 계산할 때는 '대입하다'라는 풀이 방법이 많이 사용된다. '대입'이란 말은 '어떤 것 대신에 다른 것을 넣다. 대수식에서 문자 대신에 특정한 수치를 바꾸어 넣다'라는 뜻이다.

"대입하다를 잘 하면 대입에 성공할 수 있습니다."

엄청 재미없는 농담이다. '대입하다'를 잘 사용할 줄 알면 수학 실력은 분명히 좋아질 거라 확신한다. '대입하다'는 숫자만 대입하는 것이 아니다. 고등수학에서는 '대입'이라는 풀이법이 더 많이 쓰인다. 주로 어떤 문자 대신에 다른 문자식을 대입하는 경우가 많다.

'대입하다'를 사용할 때는 항상 주의해야 한다. 대입을 하는 과정에서 항이 2개 이상인 식을 대입하거나 음수를 대입할 때에 계산 실수가 자주 일어나기 때문이다. 무엇인가를 대입할 때 실수하지 않는 가장 좋은 방법은 괄호를 사용하는 것이다.

"괄호를 안 쓰면 안 되나요? 난 귀찮은데… 왜 괄호를 사용해요?"

'괄호'란 '여러 연산 기호가 섞여 있는 계산식에서 먼저 계산할 부분을 표시하기 위해 사용되는 기호'이다. 한글 맞춤법 문장 부호 규정에서는 '묶음표'로 불리기도 한다. 괄호 안의 값이 모두 수치로 되어 있을 때에는 괄호 계산을 먼저 한다.

$$10-(4-2)=10-2=8 \Rightarrow \text{괄호 안 } (4-2)\text{를 먼저 계산}$$
$$10-(x-2)\text{는 어떻게 계산하는가?}$$

$10-(x-2)$에서 $(x-2)$는 하나의 묶음이다. 이 묶음 앞에 마이너스$(-)$가 있다. 이때는 분배법칙으로 마이너스$(-)$를 괄호 안의 값에 분배한다. 왜 분배해야 할까? 분배하는 이유는 괄호 안의 숫자 2와 괄호 밖의 숫자 10이 계산이 가능하기 때문이다. 수학에서 풀이과정이 변하는 것은 모두 이유가 있다. 그 이유를 알아가는 것이 수학공부다. $-(x-2)$의 마이너스$(-)$는 분배법칙에 의해 $-(x-2)=-x+2$가 된다. 즉 괄호가 사라진다.

"$2 \times 3^2=(2 \times 3)^2=6^2$이 왜 틀렸어요?"

중1 학생이 물었다면 무엇이라고 답할 것인가?

"$3^2=9$니까 $2 \times 3^2=2 \times 9=18$이야"

"왜? 내가 한 것은 틀렸어요?"

지수가 있을 때는 지수를 먼저 계산해야 한다. 지수가 없어져야만 다른 기호와의 계산이 가능하기 때문이다. 즉 2×3^2은 3^2을 먼저 계산해야만 곱셈 계산이 가능한 것이다. 문자로 된 식이 지수를 갖고 있어도 지수를 먼저 계산해야 다른 계산이 가능하다. 다음 문제에서 그 이유를 알아보자.

문제 : 중2

> $a=x-2$일 때, $4-a^2$을 x에 관한 식으로 써라.

풀이

(1) 항의 부호가 마이너스이거나 항이 2개 이상인 식을 대입할 때는 반드시 괄호를 사용해야 한다. 식 $a=x-2$에서 a와 $x-2$는 같다('=')이다. 따라서 $4-a^2$의 a에 $x-2$를 대입한다. 그러면 식은 $4-a^2$이 $4-(x-2)^2$이 된다.

(2) $(x-2)^2$의 지수를 먼저 계산해야 다음 과정의 계산이 가능하다. $4-(x-2)^2$에서 지수를 먼저 계산하면 $4-(x^2-4x+4)$이다. 괄호를 반드시 써야만 한다. 이제 분배법칙으로 전개하여 괄호를 없앤다. $4-(x^2-4x+4)$는 $4-x^2+4x-4=-x^2+4x$이다.

이 정도는 대부분의 친구들이 잘 알고 있다. 하지만 실수로 잘 틀리기도 한다. 틀리는 원인은 중간 과정을 암산하기 때문이다. 이제부터라도 실수가 생기는 부분은 암산으로 계산하지 말고 꼭 쓰도록 노력하자. 그럼 실수가 줄어들 것이다.

고등과정도 마찬가지다. 고등과정에서 처음 배우는 새로운 연산 기호들이 있다. 지수 계산이나 로그 계산 그리고 미분과 적분들이다. 이것들을 계산할 때에도 풀이 과정을 정확하게 이해하고 가급적 암산을 줄이기 바란다. 아울러 기본 계산 원리를 정확하게 이해하기 바란다.

앞에서 지수 계산을 먼저 처리해야만 다른 계산이 가능하다는 규칙을 알아보았다. 이처럼 고등과정에서 배우는 새로운 계산 원리도 모두 각자의 규칙을 갖고 있다. 이 규칙을 정확하게 이해하고 사용해야만 계산 실수가 일어나지 않는다.

괄호를 반드시 써야 하는 경우

(1) 음수를 대입할 때 : $a=-3$을 $x-a$에 대입하면 $x-(-3)$
   즉 $x+3$

(2) 2개 이상의 항을 대입할 때 : $x=2a-3$을 $2a-x$에 대입하고
   분배하면 $2a-(2a-3)=2a-2a+3=3$

수학에서 사소한 규칙은 없다. 아주 작은 규칙도 정확하게 사용하지 않으면 답은 틀리게 된다. 답이 틀리면 점수는 없는 것이다. 어려운 수학 원리나 개념을 많이 알고 있어도 막상 계산에서 틀린다면 점수를 얻을 수 없어 속상할 것이다. 그러니 계산의 기본 원리를 충실하게 학습하는 것이 계산 실수를 줄이는 첫걸음이다.

05

문자의 조건에 따른 부호 처리 방법

수학 문제에서 어떤 문자가 갖는 수의 범위를 알아야 할 경우가 많다. 이것은 중등과정에서 거의 없고 고등수학 문제에서 많이 나타난다. 대부분의 학생들이 문제에서 조건으로 주어지는 문자의 범위를 소홀히 다루는 습관이 있다. 그리고 문자의 범위가 주어진 문제를 대체로 어려워한다.

절댓값에 관한 것은 중1에서 배운다. 그리고 중3과 고1에서 또 나온다. 고1에서는 절댓값이 있는 부등식 문제나 함수로 내용이 확장된다. 절댓값 원리는 고1, 고2, 고3에서 배우는 모든 함수 문제에 사용될 수 있다. 또한 극한이나 적분 같은 영역에서도 사용될 수 있다. 하지만 걱정하지 말라. 그 기본 원리는 중1, 중3에서 배운 내용과 모두 같기 때문이다.

(1) 절댓값 기호 : | |
(2) 절댓값 기호의 뜻 : 수직선의 0인 점에서 절댓값 기호 안의 값까지의 거리.

> 예 $|-5|$는 수직선 0에서 -5까지의 거리를 말한다. 거리는 5이므로 절댓값 -5는 5($|-5|=5$)라고 한다.
> 절댓값 기호를 없애면서 괄호로 바꾸어 보겠다.
> $|-10|+|3|-|-4|=(10)+(3)-(4)=9$

중1 때 절댓값에 숫자가 있으면 부호를 떼어 내면 된다고 생각했을 것이다. 하지만 그것은 개념이 아니다. 정확한 개념을 모르는 상태에서 중3이 되었을 때 아래의 식을 보면 무슨 의미인지 모르게 된다. 만약 이런 상태로 고1, 고2가 되면 절댓값이 나오는 모든 문제를 포기하게 된다.

절댓값 개념, 중3

$x \geq 0$일 때, $|x|=x$
$x < 0$일 때, $|x|=-x$

절댓값은 절댓값 안에 있는 숫자나 문자가 원점 0에서 그 지점까지 이르는 거리라고 했다. 따라서 절댓값이라는 공장에서 나온 모든 문자나 숫자의 값은 무조건 양수가 되어야 한다. 왜? 거리는 음수가 될 수 없기 때문이다.

$x \geq 0$일 때, $|x|=x$ 에 대한 비유적 해설

$|x|$ 안의 문자 x라는 녀석이 절댓값 기호라는 껍질을 깨부수고 밖으

로 나왔다. 보안 검색원이 묻는다.

"x! 너는 누구냐?"

"여기 이름표 $x \geq 0$요. 나 x 속에는 0보다 큰 양수만 들어 있오."

"그래 절댓값은 거리라서 양수만 통과야. 넌 통과!"

$x < 0$일 때, $|x| = -x$에 대한 비유적 해설

$|x|$ 안의 문자 x라는 녀석이 절댓값 기호라는 껍질을 깨부수고 밖으로 나왔다. 보안 검색원이 묻는다.

"x! 너는 누구냐?"

"내 이름표는 $x < 0$요. 나 x 속에는 0보다 작은 음수만 들어 있오."

"이런 큰일 날 뻔했군. 절댓값은 거리라서 양수가 되어야 하네.

너 x 안에 음수만 있다고 하니 앞에 마이너스($-$)를 붙이고 있게.

그래야 자네 안의 음수들이 모두 양수로 바뀌지 않나.

만약에 x 안에 -3이 있다면 자네가 $-x$라는 모양을 하고 있어야

$-(-3) = 3$이라는 양수가 된다네. 알겠지."

중3 과정 : $x \geq 0$일 때, $\sqrt{x^2} = x$, $x < 0$일 때, $\sqrt{x^2} = -x$

루트 안의 문자가 제곱이면 루트가 없어지고 루트 안의 문자를 위와 같이 쓸 수 있다는 성질이 있다. 이것도 절댓값과 같은 원리이다. 따라서 두 식은 서로 같은 식이라고 할 수 있다.

$$\sqrt{x^2} \text{은 } |x| \text{와 같다. 따라서 } \sqrt{x^2} = |x| \text{라고 쓸 수가 있다.}$$

절댓값 안의 문자값이 음수이면 이것을 양수로 바꾸어 주기 위해 마이너스를 미리 장착하고 있는 것이다.

$$x<0일 때, \sqrt{x^2}=-x, \sqrt{(-3)^2}=-(-3)=3$$

수학은 문자와 기호로 이루어져 있다. 그래서 문자의 조건과 특성을 파악하려는 자세가 매우 중요하다. 초등수학은 단순한 숫자의 계산이다. 중등수학은 단순한 식의 계산이다. 하지만 고등수학에서는 식을 이루는 문자들이 다양한 특성을 갖고 있다. 그리고 그 특성을 이용하여 답을 구해야하는 경우가 너무나 많다.

문자의 조건은 직접 주어지기도 하지만 감추어져 있기도 하다. 예를 들어 양수라는 말이 있다면 그 문자의 값이 양수라고 직접 주어진 것이다. 또는 $1<x<3$처럼 범위가 주어지기도 한다.

그럼 문자의 조건이 감추어진 경우를 생각해 보자. 무리수 $\sqrt{x-2}$라는 표현이 식에 주어져 있다고 하자. 이때는 문자 x의 범위가 숨겨져 있는 것이다. 무리수는 루트 안의 값이 음수가 될 수 없다. 음수가 되면 허수이기 때문이다. 따라서 $x-2\geq0$이다. 즉 $x\geq2$이어야 한다. 만약 이 문제에서 x값을 구했는데 음수라면 그 숫자는 답이 될 수 없다.

고2의 로그방정식이나 부등식도 로그의 밑과 진수 조건이 지켜지는 수만 해가 된다. 이런 기본 조건을 잘 이해하고 사용해야만 한다. 그리고 문제에 함수 그래프가 그려져 있다면 그 그래프의 모양을 통해 함수식에서 각 문자가 갖는 조건이 정해진다. 예를 들어 이차함수가 아래로 볼록한 모양이라면 이차함수의 최고차항의 계수는 무조건 양수이어야 한다. 함수는 그래프의 특성과 함수식의 관계를 정확하게 이해하는 것이 가장 중요하다. 함수에 약한 학생은 이 책의 함수 파트를 꼭 공부하기 바란다.

수학에 나오는 모든 공식이나 각 문제에 제시된 문자들은 그 문자에 대입이 가능한 숫자 범위가 존재한다. 따라서 공식이나 문제의 문자를 볼 때는 그 문자들의 숫자 범위가 무엇인가를 항상 생각해 봐야 한다. 이제부터라도 각 문자가 갖는 숫자의 특성을 생각하면서 공부하기 바란다.

06

계산법을 바꾸면
실수가 줄어든다

사람은 자신에게 익숙한 습관에 따라 행동한다. 수학 문제를 계산할 때도 자신에게 익숙한 방법을 주로 사용하게 된다. 그러나 그 방법이 어떤 결함으로 실수를 자주 일으키고 있다면 더 좋은 계산법을 찾아야 한다.

많은 프로 운동선수들이 경기 시즌이 끝난 후 자신의 운동 자세를 교정하곤 한다. 세계적인 운동선수들도 최고의 실력을 보여 준 시즌이 끝나면, 비시즌 동안에는 자신의 이전 경기 상황을 체크하고 잘못된 것들을 수정한다. 수학 문제를 풀 때에도 계산 실수가 자주 일어난다면 계산 방법의 문제점을 찾아야 한다. 그리고 더 좋은 계산법도 고민해야 한다.

예를 들어 숫자의 크기가 크면 실수가 많이 생긴다. 따라서 숫자의 크기를 줄이는 계산법을 쓰는 것이 좋다. 숫자가 크면 사칙연산에서 받아올림이나 받아내림이라는 중간 단계의 계산이 더 생기기 때문이다. 또한 자릿수가 많아져 암산 단계가 더 늘어난다. 그러나 숫자의 크기를 줄이면 그런 과정이 줄어든다. 즉 실수할 확률이 줄어든다.

숫자의 크기를 줄이면 실수가 줄어든다.

(1) 분수 계산은 반드시 약분하여 계산한다.

분수 곱셈이나 나눗셈은 반드시 약분을 한다. 만약 약분하는 습관이 없다면 무조건 습관을 만들어야 한다. 약분은 숫자 크기를 줄이는 작업이다.

아래의 약분법은 학생들이 잘 사용하지 않는 방법이다. 하지만 잘 이해하여 사용하면 엄청 편하다.

예 $\dfrac{10}{3}x = \dfrac{30}{6}$의 숫자 크기 줄이기

1) 양변 각 항에 $\dfrac{1}{10}$을 곱한다 : $\dfrac{10}{3}x \times \dfrac{1}{10} = \dfrac{30}{6} \times \dfrac{1}{10}$

단순화한 약분법 : 분자끼리 약분한다. $\dfrac{\overset{1}{10}}{3}x = \dfrac{\overset{3}{30}}{6}$

2) 양변 각 항에 3을 곱한다. : $\dfrac{10}{3}x \times 3 = \dfrac{30}{6} \times 3$

단순화한 약분법 : 양변 분모끼리 약분한다. $\dfrac{10}{\underset{1}{3}}x = \dfrac{30}{\underset{2}{6}}$

3) 양변의 분모끼리, 분자끼리 최소공배수로 나누어 크기를 줄이자.

위 식은 $\dfrac{1}{1}x = \dfrac{3}{2}$이 된다.

(2) 방정식도 계수의 크기를 줄여라.

$2x^2 - 6x - 20 = 0$의 모든 숫자가 2의 배수이다. 따라서 2로 양변을 나눈다.

$x^2 - 3x - 10 = 0$, $(x+2)(x-5) = 0$, $\therefore x = -2$, $x = 5$이다.

참고 **문자로 양변 나누기 금지**

$x^2 - 2x = 0$의 양변은 x로 나눌 수 없다. 양변은 0이 아닌 특정 숫자로 나눌 수 있다.

이 식은 $x(x-2) = 0$이고 해는 $x = 0$과 $x = 2$이다.

만약 위 식을 x로 나누면 식이 $x - 2 = 0$으로 해가 $x = 2$ 하나만 생겨서 틀린 답이 된다.

계산 방법은 식에 따라 여러 가지가 있을 수 있다. 그럼 어떤 방법으로 계산하는 것이 가장 좋을까? 첫째, 가장 빠르게 계산할 수 있는 방법을 쓰는 것이 좋다. 둘째, 계산 실수가 생기지 않는 계산법을 사용한다. 여기서 중요한 것은 가급적 2단계 이상을 암산으로 계산하지 않는 것이다.

아래 문제는 가감법을 설명하려는 것이 아니다. 식에 따라 다양한 계산법이 있다는 것을 이해하자는 것이다.

다음 연립방정식의 해를 구하여라.

(1) $\begin{cases} 2x - 3y = 4 \\ x + 1 = 3y \end{cases}$ (2) $\begin{cases} y = 2x + 5 \\ y = -x + 2 \end{cases}$

중2 이상은 위 문제를 모두 알 것이다. 위 문제를 보고 아래와 같이 식을 정리하여 가감법을 사용해 풀어야겠다고 생각했는가?

가감법 : 각 방정식에 적절한 상수를 곱한 다음 방정식끼리 더하거나 빼서 미지수를 소거해 방정식의 해를 구하는 방법이다.

가감법을 위한 식의 기본 형태 : $\pm \Big)\begin{array}{l} ax + by = c \\ a'x + b'y = c' \end{array}$

문제의 식을 보고 1초의 생각도 없이 풀기 시작하는 것은 아주 나쁜 습관이다. 우선 주어진 식을 먼저 살펴보라. 그리고 가장 적당한 풀이 방법이 무엇인가를 생각해 보라. 약 3~5초의 시간을 들여 문제를 살펴보는 것이 문제풀이를 더 빠르게 할 수도 있다.

(1) $\begin{cases} 2x - 3y = 4 \cdots \text{㉠} \\ x + 1 = 3y \quad \cdots \text{㉡} \end{cases}$

보통은 ㉡을 이항하여 $\begin{cases} 2x - 3y = 4 \\ x - 3y = -1 \end{cases}$ 로 변형한 후 두 식을

뺀다. 하지만 가감법 뺄셈은 부호 실수가 잘 일어난다.

따라서 다른 방법도 생각해 보자.

위의 식 ㉠과 ㉡에는 $3y$가 있다. 그런데 ㉡의 $3y = x + 1$이다.

㉠의 $3y$에 $x + 1$을 대입한다.

㉠식 $2x - 3y = 4$는 $2x - (x + 1) = 4$이다.

풀면 $x = 5$, $y = 2$이다. 가감법 하나만 생각하는 것은 좋은

계산법이 아니다.

(2) $\begin{cases} y = 2x + 5 \cdots \text{㉢} \\ y = -x + 2 \cdots \text{㉣} \end{cases}$

위 식을 가감법의 기본 형태가 되도록 이항을 하여 정리하면

$\begin{cases} -2x + y = 5 \\ x + y = 2 \end{cases}$ 이다. 여기서 가감법을 쓰는 것은 기본이다.

그런데 가감법을 쓴다고 해도 꼭 기본형으로 고칠 필요는 없다.

계산법을 너무 기계적으로 사용하지 말자.

가감법은 ㉢과 ㉣식이 x 아래에 x가, y 아래에 y가,

상수 아래에 상수가 있으면 모두 가능하다.

즉 위 (2)번 식은 아래 식의 3가지 방법으로 가감법을 쓸 수 있다.

(a) $\begin{array}{r} y = 2x + 5 \cdots \text{㉢} \\ -)\,y = -x + 2 \cdots \text{㉣} \\ \hline 0 = 3x + 3 \end{array}$

(b) $\begin{array}{r} -2x + y = 5 \\ -)\quad x + y = 2 \\ \hline -3x \quad\;\; = 3 \end{array}$

(c) $\begin{array}{r} -2x + y - 5 = 0 \\ -)\quad x + y - 2 = 0 \\ \hline -3x \quad\;\; -3 = 0 \end{array}$

해는 $x = -1$, $y = 3$이다.

다른 방법으로도 계산이 가능하다.

ⓒ의 $y=2x+5$에서 우변을 ⓔ식 $y=-x+2$에 대입한다.

즉 ⓔ식은 $2x+5=-x+2$이다. $3x=-3$, $x=-1$이다.

대입법을 사용했다.

어떤 식을 계산하는 방법이 하나라고만 생각하지 말자. 더 생각해 보면 다른 방법들이 있을 수 있다. 선생님이나 답지가 여러 가지 방법을 다 설명해 주지 않는다. 기본적인 풀이 원칙을 설명해 주는 것뿐이다. 따라서 자신의 풀이가 틀리지 않는 한 더 좋은 계산법을 생각해 보는 자세가 필요하다.

··· 꿀 빠는 수학

07

착각이
오답을 만든다

인간의 눈은 실제 사실과 다르게 다른 것을 볼 때가 있다. 왜 그런 일이 일어날까? 어두운 밤길을 혼자 걷다가 덜컥 겁이 나서 뒤돌아 보고 무엇인가를 느꼈다고 하자. 이런 두려움이 헛것을 보게 만든다.

수학 문제를 풀 때 문제에 써진 기호나 숫자를 실제와 다르게 보고, 그것을 계산하는 경우가 있다. 문제를 푸는 과정에서도 자신이 써 놓은 숫자나 식을 다르게 보는 경우가 자주 일어난다. 왜 이런 일들이 일어날까?

이유는 둘 중 하나다. 집중력 부족이거나 아직 개념 이해가 부족한 것이다. 그런데 개념 이해가 완벽한데도 틀리는 경우가 생긴다. 아래 문제를 놓고 틀린 학생과 대화를 해보았다. 그리고 틀린 이유를 알게 되었다. 그 학생이 왜 착각했는지 보자. 등비수열을 모르는 학생은 아래의 참고 내용을 먼저 읽어 보기 바란다.

등비수열이란 연속한 두 항의 비가 r로 일정한 값을 갖는 숫자들의 나열이다.

a_1, a_2, a_3, a_4, ..., a_n일 때, 1, 2, 4, 8, ..., $1 \times 2^{n-1}$

$r=2$를 공비라고 하고, 이런 숫자 나열을 등비수열이라 한다.

또한 $a_1=1$을 첫째 항이라 하고, 일반항은 $a_n=a_1 \cdot r^{n-1}$이다.

따라서 위 수열은 $a_n=1 \cdot 2^{n-1}$이다.

이 식에 항 번호 5를 대입하면 $a_5=1 \times 2^{5-1}=2^4=16$으로 5번째 항의 값을 알 수 있다. 그리고 이 수열의 합을 구하는 공식은

$$a_1+a_2+a_3+a_4+\cdots+a_n=\frac{a_1(r^n-1)}{r-1}(r>1)=\frac{a_1(1-r^n)}{1-r}(r<1)$$

이다.

문제 : 고2

좌표평면에서 직선 $y=x$와 곡선 $y=2^x$이 직선 $x=n$과 만나는 점을 각각 P_n, Q_n이라 하자. 선분 P_nQ_n의 길이를 a_n이라 할 때, $a_1+a_2+a_3+a_4+\cdots+a_{10}$의 값은? (단, n은 자연수)

풀이

직선 $x=n$은 세로 직선이다. 이것이 직선 $y=x$와 만나는 점 P_n의 y좌표는 $y=n$이다. P_n은 (n, n)이다.

그리고 $y=2^x$과 만나는 y좌표는 $y=2^n$이다. Q_n은 $(n, 2^n)$이다.

두 점은 세로로 일직선이므로 선분 P_nQ_n의 길이는 $a_n=2^n-n$이다.

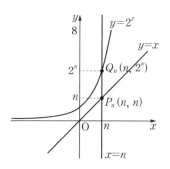

따라서 $a_1=2^1-1$, $a_2=2^2-2$, $a_3=2^3-3$, $a_4=2^4-4$, …이다.

$a_1+a_2+a_3+a_4+\cdots+a_{10}$

$=(2^1-1)+(2^2-2)+(2^3-3)+\cdots+(2^{10}-10)$

$=(2^1+2^2+2^3+\cdots+2^{10})-(1+2+3+\cdots+10)$

$=\dfrac{2^1(2^{10}-1)}{2-1}-55$

$=2046-55$

$=1991$

위 문제를 고3 학생이 풀었다. 그런데 틀렸다. 틀린 부분을 보았다. 위 풀이 과정의 식 $\dfrac{②^{1}(2^{10}-1)}{2-1}$ 을 $\dfrac{①(2^{10}-1)}{2-1}$ 라고 썼다. 왜 이렇게 썼는가 를 물었다.

"공식 $\dfrac{a_1(r^n-1)}{r-1}$ 에서 $a_1=2^1-1=1$이 순간적으로 보였어요. 하하…"

왜 순간적으로 그런 생각이 들었을까? 그 학생이 풀어야 하는 것은 위 풀이 과정에서 밑줄이 그어진 곳이다. 이것을 아래의 풀이처럼 써야 한다. 그런데 순간적으로 $a_1=2^1-1$이라서 $a_1=1$이라는 착각을 했다. 즉 순간 적으로 공식의 a_1이라는 문자의 값이 생각난 것이다. 머릿속에 혼선이 일어난 것이다.

$$(2^1) + 2^2 + 2^3 + \cdots + 2^{10} = \frac{(2^1)(2^{10}-1)}{2-1}$$

왜 이런 혼선이 생기는 걸까? 집중력이 흐트러졌기 때문이다. 문제를 풀 때에는 풀이를 쓰고 있는 현재의 과정에 집중해야 한다. 풀이 중에는 오직 현재의 계산 내용에 집중해야 한다. 앞서서 생각하는 것도 절대로 하면 안 된다. 두뇌에 여러 가지 생각이 섞이면 순간적으로 착각하는 현상이 발생하기 때문이다.

지금까지 수학 문제 풀이에서 실수하게 되는 이유를 설명했다. 딱 두 가지로 정리해 보자. 개념을 정확하게 알자. 그리고 계산 과정에서는 계산에만 집중하여 풀자. 잡념이 많다는 말을 알 것이다. 아는 것을 틀리는 이유는 모두 잡념 때문이라고 인정할 것이다.

현재 계산하는 내용에만 집중하라. 현재 어떤 계산을 하고 있다. 그런데 머릿속에서는 다른 과정도 생각한다. 이때 뇌는 혼선을 겪는다. 그러면 결과는 오류로 나타난다. 오직 자신이 쓰고 있는 계산 내용에 집중할 때 실수가 줄어든다는 것을 명심하자.

··· 꿀 빠는 수학

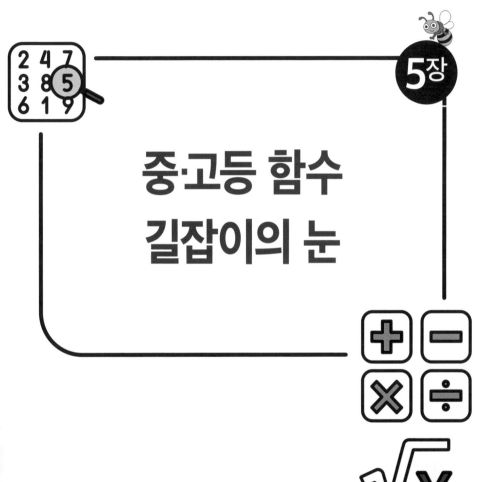

중·고등 함수
길잡이의 눈

5장

MATH

함수가 어려워
미칠 것 같다면…

중·고등 수학 내용을 큰 틀에서 보면 방정식과 함수로 나눌 수 있다. 그럼 방정식과 함수 중에서 어느 것이 더 어려운가? 대다수의 학생들은 함수라고 말한다. 왜 함수를 어려워할까? 그 이유를 생각해 보자.

함수가 어려운 이유는 학습 기간이 방정식보다 짧기 때문이다. 방정식과 관련된 수학 학습은 초등 6년 과정 동안 이루어진다. 그리고 초등과정의 문제들은 주로 계산 문제나 네모칸의 값을 구하는 것들이다. 그런데 여기서 네모칸을 문자로 바꾸면 방정식 문제가 된다. 또한 도형에서 넓이나 길이 혹은 부피를 구하는 문제도 모두 방정식이다. 즉 방정식 공부 기간은 함수 내용을 공부하는 기간보다 6년이나 더 길다. 그래서 함수보다는 방정식이 더 친숙하거나 쉽다고 느껴질 것이다.

그러면 함수를 배우는 기간이 짧아 함수가 어려운 것일까? 꼭 그렇지는 않다. 음수(마이너스)에 관한 것도 중1 때 처음 배운다. 처음에는 익숙하지 않아 많이 틀리기도 할 것이다. 하지만 곧 대다수의 학생들이 음수 개념에 적응하게 되고, 시간이 지나면서 음수 계산 정도는 곧잘 한다.

그럼 함수는 왜 적응이 힘든 걸까? 음수는 중등수학 모든 단원에서 계속 사용된다. 덕분에 어렵지 않게 학습이 된다. 하지만 함수는 각 학년 2학기 기간 중에 짧게 배운다. 방정식은 모든 단원에서 계속 사용되지만 함수 문제는 함수 단원에서만 잠깐 나오는 것이다.

이것이 함수가 어려운 이유 중 하나다. 중1 2학기 마지막 단원에서 함수를 잠깐 배운다. 처음인데다 어렵고 낯선 함수가 잠깐 휘리릭~ 하고 지나간다. 함수를 제대로 배워 자신의 것으로 만들 시간이 부족한 것이다. 중2 때도 마찬가지다. 그런데 중3에서는 중1과 중2의 함수 내용을 모두 알고 있어야 풀 수 있는 문제들이 주어진다. 친구들에게 물어보라. 중1, 중2 때 배운 함수를 기억하느냐고.

"쌤! 1년 전에 배운 것을 어떻게 기억해요."

새학기 새학년이 되었다. 반 친구들이 모두 바뀌었다. 친구들을 사귀고 친해지기 위해서는 몇 주간의 시간이 필요하다. 공부도 마찬가지다. 배운 것은 자주 들여다보고 익혀야 한다. 그런데 학년 중에 잠깐 함수를 배우면 1년 후에나 다시 함수를 배운다. 함수가 어려운 것은 어쩌면 당연할 수도 있다.

"함수는 방정식보다 개념이 어려워요. 미쳐 버려요."

함수는 정말 개념이 어려워 배우기도 힘든 것일까? 고3의 고난도 함수 문제에서 개념을 사용하기가 어렵다는 말은 맞다. 하지만 보통의 함수 문제는 그다지 어렵지 않다. 그럼 왜 무조건 함수를 어려워할까? 그것은 함수의 기본 개념을 충실하게 공부하지 않아서다.

방정식이나 부등식 같은 계산 문제들은 평소에 엄청 많이 푼다. 그러니 기본 개념이 부족해도 문제를 풀어 가면서 계산에 필요한 개념도 얻게 된다. 하지만 함수는 그렇지 않다. 함수 문제는 방정식을 공부할 때처럼 풀이 방식이나 공식을 외우는 것만으로는 해결하기 어렵다. 함수는 그래프다. 함수 그래프나 도형 문제를 풀 때에는 기본 개념을 바탕으로 문제를 다양한 각도에서 접근하는 시도가 필요하다.

도형의 합동이나 닮음에 관한 문제들을 생각해 보라. 이런 문제에서 길이나 각도 혹은 넓이를 구할 때에는 여러 가지 방법으로 접근해야 했다. 함수도 마찬가지다. 함수 문제를 풀 때에는 함수가 그려지는 좌표평면을 잘 파악해야 한다. 각 사분면에 있는 좌표(점)의 특성, 축 위에 있는 점의 특성, 각 함수들이 갖는 함수 그래프 모양의 특성, 각 함수식의 특성 등을 모두 살펴봐야 한다. 함수는 방정식에서처럼 계산법만 안다고 답이 구해지는 게 아니다.

함수는 기본 개념에 대한 공부가 가장 중요한 단원이다. 그럼 함수에는 어떤 개념이 필요할까? 함수 개념을 어떻게 문제에 적용할 수 있는가? 이번 파트의 설명과 해설을 잘 공부하여 함수 문제의 어려움을 극복하자.

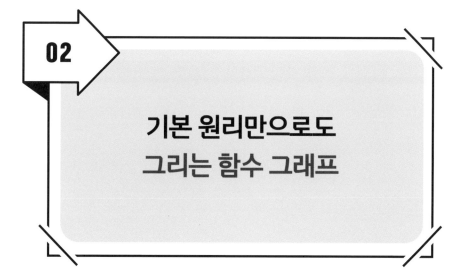

중3 학생에게 물었다.

"$y=\dfrac{1}{x+1}$ 그래프를 그려 보세요."

"샘! 안 배운 함수인데, 어떻게 그리라는 거죠?"

고1 학생 중에 위의 함수를 못 그리는 학생이 있다. 물론 고2 학생은 그릴 수 있을 것이다. 위 함수는 고1 2학기 중에 배우기 때문이다. 고1 학생에게 $y=x^3$ 함수를 그려 보라고 하면 이것 또한 그리지 못한다. 배우지 않은 거라서 그렇다고 말한다.

누구나 '수학은 개념을 잘 이해해야 한다'고 말한다. 만약 함수 그래프의 기본 개념을 정확히 안다면, 중1 학생도 위의 두 식 $y=\dfrac{1}{x+1}$ 과 $y=x^3$

함수의 그래프를 모두 그릴 수 있다. 정말 그런지 알아보자.

함수 그래프의 의미

함수 그래프는 주어진 식의 좌변과 우변이 같아지는 점 혹은 좌표 (x, y)값들을 좌표평면 위에 나타낸 것이다.

문제 : 중2

다음 일차함수 $y=x+1$을 그리시오.

풀이

위 식의 좌변과 우변을 같게 만드는 (x, y)값들은
$(1, 2), (2, 3), (3, 4), ..., (-1, 0), (-2, -1), (-3, -2), ...$이다.
점을 이루는 x와 y의 값이 자연수가 아닐 수도 있다.
예를 들면 $(1.1, 2.1), (2.1, 3.1), (3.1, 4.1), ...$ 등도
함수식 위의 점들이다. 이처럼 위의 식을 만족시키는
점들은 무수히 많다.
함수 그래프를 그릴 때, 위 함수식을 만족시키는 모든 점을
구할 수는 없다.
그래서 함수 그래프는 주어진 함수식을 만족시키는 일부 점을 구한다.
그리고 그 점들을 선으로 연결한다.
모든 함수 그래프는 이 규칙으로 그릴 수 있다.

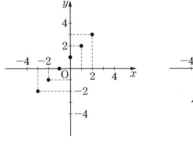 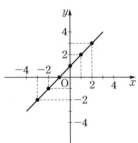

다시 질문해 보겠다.

　　"중3 과정에 있는 함수 $y=x^2$, $y=x^2+3$을 그릴 수 있는가?"

　　"고1 과정에 있는 함수 $y=\dfrac{1}{x+1}$, $y=\sqrt{x+1}$을 그릴 수 있는가?"

　　"고2 과정에 있는 함수 $y=2^x$, $y=x^3+1$을 그릴 수 있는가?"

아마도 무리식을 배우지 않았다면 무리함수는 그릴 수 없을 것이다. 하지만 위 질문에서 다른 함수들은 중1 학생이라도 충분히 그릴 수 있는 것이다. 함수식은 주어진 식을 만족시키는 점들을 몇 개 구하여 그 점들을 연결하면 되는 것이다. 정말인지 확인해 보자.

문제 : 고2 ✏️

삼차함수 $y=x^3$ 그래프를 그리시오.

함수 그래프는 주어진 식이 참이 되는 x, y값들의 순서쌍 혹은 점 또는 좌표 (x, y)로 그린다. 바로 이 점들을 좌표평면에 찍어 주고 선으로 이으면 그래프가 된다.

풀이

함수 $y=x^3$ 위의 점을 구하여 그래프를 그려 보자.

x값을 1이라고 하면 $y=1^3=1$이다.
따라서 $(1, 1)$은 함수 $y=x^3$ 위의 점이다.
x값이 2이면 점은 $(2, 8)$이다.
x값이 0이면 $y=0^3=0$이므로
점은 $(0, 0)$이다.

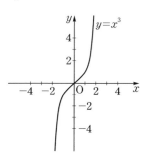

x값이 -1이면 $y=(-1)^3=-1$이므로
점은 $(-1, -1)$이다.
x값이 -2이면 $y=(-2)^3=-8$이므로 점은 $(-2, -8)$이다.
이제 이 점들을 좌표평면에 찍은 후 선으로 연결한다.

무리함수나 지수함수도 무리수와 지수 계산을 할 수만 있다면 그릴 수 있는 것이다. 물론 위 그래프의 곡선 모양처럼 함수 그래프를 정확하게 그리지는 못할 것이다. 그러나 정확하지 않아도 그래프가 어떤 모양이 되는가는 충분히 알 수 있다.

"아~ 그냥 점을 구해서 좌표를 표시하고 선으로 이으면 함수 그래프인 거네요?"

물론이다. 함수 그래프를 그리는 것은 쉽다. 그런데 왜 처음 질문했을 때는 함수 그래프를 그리지 못한다고 했을까? 아직 안 배운 거라서 그릴 수 없다는 부정적인 생각 때문이다.

"어! 이 함수 그래프 어떻게 그리더라… 에이~ 모르겠다."

이런 생각을 해본 적 있는가? 부정적인 생각은 자신의 뇌 속에 이미 들어 있는 아는 지식도 사용하지 못하게 만든다. 항상 긍정적인 마음을 갖도록 하자. 수학에서 기본 개념을 잘 사용할 줄 알면 아직 배우지 않은 내용의 문제도 풀 수 있다. 함수 그래프에도 이런 원리가 적용된다. 그래프를 그리는 기본 원리만 사용해도 모든 함수 그래프를 그릴 수 있다. 5장 함수 파트의 내용을 모두 익히면 함수가 쉬워질 것이다.

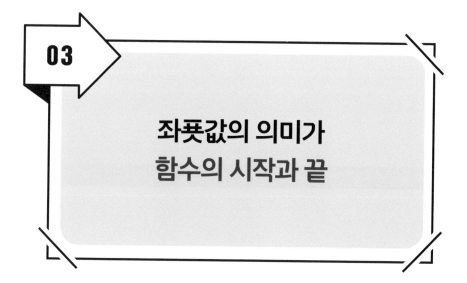

03 좌푯값의 의미가 함수의 시작과 끝

중2에서 일차함수를 배울 때 함수의 뜻이 나온다. 기억나는가? 중등수학에서 함수란 "x의 값에 따라 y의 값이 오직 하나씩 주어지는 식"이라고 배운다. 이후 함수에 대한 자세한 설명은 고1 2학기 때에 배운다.

중·고등과정에 있는 함수

(1) $y=2x+1$ ⇒ 일차함수 (중2 과정)

(2) $y=x^2+4,\ y=-x^2+3x+1$ ⇒ 이차함수 (중3 과정)

(3) $y=\sqrt{x+1},\ y=\dfrac{3}{x+1}$ ⇒ 무리함수, 유리함수 (고1 과정)

(4) $y=3^x,\ y=\log_2 x,\ y=\sin x$ ⇒ 지수함수, 로그함수, 삼각함수 (고2 과정)

   $y=x^3-2x^2+4x+5,\ y=x^4+2x+5$ ⇒ 삼차함수. 사차함수(고2 과정)

함수식을 표현하는 것은 두 가지 방법이 있다.

$y=2x+1$과 $f(x)=2x+1$이다. 두 식은 같은 함수식이다. 즉 y와 $f(x)$는 같은 값이다. 이것을 $y=f(x)$라고 한다. 위의 식 (1), (2), (3), (4)의 모든 y를 $f(x)$로 바꾸어 써도 된다. 즉 (2)의 $y=x^2+4$를 $f(x)=x^2+4$라고 써도 된다.

함수 $y=x^2+4$

$y=x^2+4$의 x에 2를 대입하면
$y=2^2+4$, $y=8$이다. 이때 엑스와
와이의 두 값은 이 그래프에서 위의
점 (x, y)인 $(2, 8)$을 뜻한다.

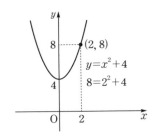

함수 $f(x)=x^2+4$

$f(x)=x^2+4$의 x에 2를 대입하면
$f(2)=2^2+4$, $f(2)=8$이다.
이때 $f(2)=8$에서 $x=2$일 때, $y=8$을
의미한다. 그리고 이 두 값은 이
그래프에서 위의 점 (x, y)인 $(2, 8)$을
뜻한다. $(2, 8)$은 $(2, f(2))$와 같다.

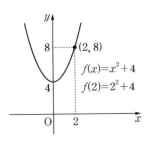

함수 $y=f(x)$에서 $f(x)$란 x라는 문자로 만들어진 어떤 식을 뜻한다. 다시 말해 $y=f(x)$는 $y=(x$로 써진 어떤 식)이라는 뜻이다.

즉 $y=x^2+2x-1$ 또는 $y=3x+5$처럼 써진 식을 뜻한다. 만약 $y=f(a)$

⋯⋯ 꿀 빠는 수학

라면 $y=a+1$, $y=a^3+2a+1$처럼 y는 a라는 문자로 표현되는 식을 의미한다.

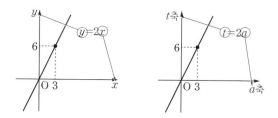

위의 왼쪽 그래프 $y=f(x)$와 오른쪽 그래프 $t=f(a)$에는 아주 중요한 것이 하나 숨어 있다. 그것은 함수 그래프를 그릴 때, 함수식의 문자에 따라 좌표평면의 두 축의 이름이 달라진다는 것이다. $y=2x$는 $f(x)=2x$와 같다. $f(3)=6$이다. $t=2a$는 $t=f(a)$이다. t는 a라는 문자로 된 함수이다. $f(a)=2a$라고 써도 된다. 위 그래프를 통해 함수식에 있는 문자와 좌표평면에서 축의 이름이 어떻게 연결되는가를 기억하자.

　"함수라는 말과 함숫값이라는 말에는 어떤 차이가 있을까요?"
　"하하하… 값이라는 글자가 하나 더 붙어 있군요."

당연히 뜻에서 차이가 있다. 수학 개념에서는 아주 작은 차이도 커다란 문제가 된다. 그래서 개념을 확실하게 알아 둬야 한다.

'함수'란 두 문자의 관계식을 말한다. 즉 함수 $y=2x$ 혹은 $y=f(x)$라 한다.
'함숫값'이란 함수의 한 점 (x, y)에서 가로축 위의 좌푯값(x값)에 의해 만들어진 y의 값을 말한다.

함수 $y=f(x)$가 있다. 이 함수에 $x=a$를 계산한 $f(a)$값이 생긴다. 이때, $f(a)$는 함숫값 즉 y좌푯값을 의미한다. 즉 점 $(a, f(a))$는 함수 $y=f(x)$를 그린 그래프 위의 한 점이다.

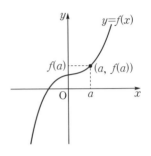

함수식과 점의 좌푯값의 관계는 함수 이해의 첫걸음이다. 함수 문제는 바로 이런 점을 사용하여 길이, 넓이 또는 다른 어떤 점의 좌푯값을 계산하는 것이다. 함수의 기본을 확실히 알자.

함수 문제의 유형

(1) 좌표 혹은 점 (x, y)값과 주어진 함수식과의 관계
(2) 함수 그래프 위의 점들 사이의 거리 또는 도형의 길이
(3) 함수 그래프 위의 점들 사이의 거리를 이용한 넓이나 부피
(4) 각 함수식에서 숫자들이 갖는 의미
(5) 각각의 함수 그래프가 갖는 함수 그래프 모양의 특성 혹은 성질을 이용한 문제

앞에서 예시한 다섯 가지 유형의 함수 문제는 함수 그래프 위의 점 (x, y)를 나타내는 것에서 문제 해결이 시작된다. 당연히 그래프 위의 점 x, y값에 대한 이해가 필수이다.

그러면 함수 문제를 해결하는 데에 꼭 필요한 능력은 무엇일까? 이제부터는 이러한 것들을 일러주겠다. 함수에서 그동안 신경쓰지 않았던 부분도 배울 수 있을 것이다.

220

함수 문제의 응용은 거리 혹은 길이에서 출발

함수식과 점의 관계를 이해하는 것이 함수의 시작이다. 함수 그래프 위의 점 (x, y)에서 x와 y값은 좌푯값이다. 그리고 이 좌푯값은 점과 점 사이의 거리를 구할 때 사용된다. 거리 혹은 길이를 구하는 것이 함수 응용 문제의 출발이다.

두 숫자 사이에는 간격이 존재한다. 이 간격이 거리 혹은 길이인 것이다. 그래서 중1 때 수직선 위의 두 점 사이의 거리를 구하는 문제를 배웠다. 함수에서 거리 개념에는 아래처럼 세 가지 유형이 있다.

함수 문제와 거리

(1) 수직선 위의 두 점 사이의 거리 (중1)

(2) 좌표평면에서 두 점 사이의 거리 (중3)

(3) 한 점에서 어떤 직선에 이르는 거리 (고1)

두 수 2와 5 사이의 거리의 차를 구하시오.

풀이

$$2-5=-3$$

위 문제 풀이의 답은 틀렸다. '차'라는 값은 무조건 양수여야 하기 때문이다.

"너는 형과 나이 차이가 얼마니?"
"두 살 차이야."

수학에서 두 수의 '차'는 '차이'에서 '이'라는 글자가 빠진 거라고 생각하자. 그래서 2와 5의 차도 3이고 5와 2의 차도 3이다. 따라서 '차'를 구할 때는 큰 수에서 작은 수를 빼야만 한다. 그래야 양수의 값이 되기 때문이다. 만약 두 수 중 어느 것이 큰 수인지 모를 때는 어떻게 할까?

예 두 수 2와 x의 차를 구하시오.

x가 2보다 크다면 $x-2$라고 써야 값이 양수가 된다. 반대로 x가 2보다 작다면 $2-x$라고 써야만 한다. 그런데 위 문제에서는 x가 2보다 큰지 작은지를 알 수 없다. 어떻게 써야 할까? 수학 기호 중에 숫자의 값을 무조건 양수로 바꾸어 주는 기호가 있다. 절댓값 기호이다. 2와 5의 거리도 $|2-5|=|-3|=3$이라고 쓸 수 있다. 따라서 위 문제의 답은 $|2-x|$ 혹은 $|x-2|$가 된다.

두 점 A$(3, 4)$, B$(-5, -6)$의 의미 (중1)

(1) x값의 의미

　　$x=3$의 뜻 : y축을 기준으로

　　　　오른쪽(양수)로 3칸

　　　　떨어진 지점

　　$x=-5$의 뜻 : y축을 기준으로

　　　　왼쪽(음수)로 5칸

　　　　떨어진 지점

(2) y값의 의미

　　$y=4$의 뜻 : x축을 기준으로 위쪽(양수)로 4칸 떨어진 지점

　　$y=-6$의 뜻 : x축을 기준으로 아래쪽(음수)로 6칸 떨어진 지점

　좌표평면에서 축 위에 있는 두 점 사이의 거리를 생각해 보자. 가로선 즉 x축 위에 있는 두 점의 x값 중 오른쪽에 있는 숫자가 왼쪽에 있는 숫자보다 크다. 세로선 즉 y축 위의 y값 중 윗쪽 값이 아랫쪽 값보다 크다. 따라서 x값은 오른쪽 숫자에서 왼쪽 숫자를 빼면 양수이고, 두 점 사이의 가로선 길이가 된다. 또한 y값은 윗쪽 값에서 아랫쪽 값을 빼면 항상 양수이고 이 값은 두 점 사이의 세로선 길이가 된다.

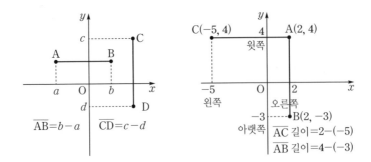

따라서 만약 a, b의 값 중 어떤 문자 값이 큰 수인지 모를 때는 절댓값 기호를 사용한다.

$$\overline{AB}=|a-b| \text{ 혹은 } \overline{AB}=|b-a|$$
$$\overline{CD}=|c-d| \text{ 혹은 } \overline{CD}=|d-c|$$

앞의 설명은 좌표평면 위의 두 점이 가로로 일직선 위에 있거나 세로로 일직선일 때, 두 점 사이의 거리를 구하는 방법이다. 그럼 두 점이 가로나 세로로 일직선이 아닐 때 두 점 사이의 거리는 어떻게 구하는가?

"공식으로 구하는 방법은 아는데요. 왜 그렇게 구하는지는 몰라요."

두 점 사이의 거리 공식은 중3에서 배운다. 그리고 이 공식은 피타고라스 정리를 이용하여 만든 것이다.

"피타고라스요. 그거 '에이 제곱 더하기 비 제곱은 씨 제곱' 아닌가요?"

틀렸다. 피타고라스 정리를 정확하게 말하면 다음과 같다.

··· 꿀 빠는 수학

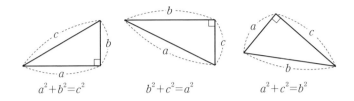

$$a^2+b^2=c^2 \qquad b^2+c^2=a^2 \qquad a^2+c^2=b^2$$

피타고라스 정리 : 직각을 낀 양 변의 제곱의 합은 빗변의 제곱과 같다.

참고 무리수를 배우지 않은 중1·중2 학생을 위해 잠깐~!

4는 2를 두 번 곱해 만들어지는 숫자다. 그럼 3은 무엇을 두 번 곱하면 만들어지는가? 같은 수를 두 번 곱해 3이 되는 수는 없다. 그래서 한 수학자가 다음과 같은 약속으로 무리수를 만들었다.

약속 : 숫자에 지붕 같은 모양(영어: 루트, 한글: 제곱근)을 씌워 주고

이 놈이 두 번 곱해지면 지붕이 없는 숫자라고 한다.

$$\sqrt{2} \times \sqrt{2} = (\sqrt{2})^2 = 2, \ (-\sqrt{2}) \times (-\sqrt{2}) = (-\sqrt{2})^2 = 2$$

이때 루트 이($\sqrt{2}$) 혹은 제곱근 이($\sqrt{2}$)를 '무리수'라고 한다.

또한 $(\sqrt{2})^2 = \sqrt{2^2} = 2$라고 한다.

오른쪽 그래프를 보면

$\overline{AC}^2 = (x_2 - x_1)^2$,

$\overline{BC}^2 = (y_2 - y_1)^2$이다.

이 값을 피타고라스 정리로

만들어지는 식 $\overline{AB}^2 = \overline{AC}^2 + \overline{BC}^2$에

대입을 한다.

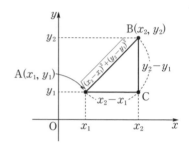

$\overline{AB}^2 = (x_2 - x_1)^2 + (y_2 - y_1)^2$

$\overline{AB} = \sqrt{(x_2 - x_1)^2 + (y_2 - y_1)^2}$

참고 $x^2 = a$일 때(단, $a > 0$), $x = \sqrt{a}$ 또는 $x = -\sqrt{a}$이다.

이유 : $\sqrt{a} \times \sqrt{a} = a$, $(-\sqrt{a}) \times (-\sqrt{a}) = a$

두 점 A$(2, 3)$, B$(5, 7)$ 사이의 거리 $\overline{AB}$의 값을 구하여라.

풀이

(1) 공식 이용하기

$$\overline{AB}=\sqrt{(5-2)^2+(7-3)^2}=\sqrt{9+16}=\sqrt{25}=5$$

(2) 원리로 구하기

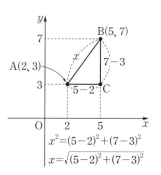

$x^2=(5-2)^2+(7-3)^2$
$x=\sqrt{(5-2)^2+(7-3)^2}$

그림의 △ABC는 ∠B가 직각인
직각삼각형이다. 따라서
피타고라스 정리에 의해
$\overline{AB}^2=\overline{AC}^2+\overline{BC}^2$이다.
$\overline{AB}$ 길이는 $\overline{AB}=\sqrt{\overline{AC}^2+\overline{BC}^2}$이다.
가로선 $\overline{AC}=5-2$,
세로선 $\overline{BC}=7-3$을 대입한다.

$$\begin{aligned}\overline{AB}&=\sqrt{\overline{AC}^2+\overline{BC}^2}\\&=\sqrt{(5-2)^2+(7-3)^2}\\&=\sqrt{9+16}=\sqrt{25}=\sqrt{5^2}=5\end{aligned}$$

두 점 사이의 거리를 구하는 공식을 배웠을 것이다. 그리고 그 공식을
$\sqrt{(x_2-x_1)^2+(y_2-y_1)^2}$(루트 엑스 빼기 엑스 제곱 더하기 와이 빼기 와
이 제곱)이라고 열심히 외웠을 것이다. 그런데 막상 관련 문제를 풀려고
하는 순간, 그 공식이 생각나지 않는다면? 열심히 외운 공식이 제때 생각
나지 않는 것은 공식이 갖고 있는 성질, 즉 원리를 이해하고 있지 않아서
다. 어떤 공식이든 처음 배울 때에는 위의 원리 풀이처럼 원리와 관련된
문제를 반드시 많이 풀어 봐야 한다. 이렇게 공부를 해야 공식도 잘 생각
나고 응용문제도 풀 수 있기 때문이다.

거리와 관련된 것이 하나 더 있다. 이것은 고1 함수 단원에서 배운다. 아래 그래프의 한 점 A에서 직선에 수선의 발(점 H)을 내렸을 때, 한 점 A와 수선의 발(점 H) 사이의 거리를 구하는 공식은 $d=\dfrac{|ax_1+by_1+c|}{\sqrt{a^2+b^2}}$이다. 자세한 설명은 생략하고 그 사용법만 말해 보겠다.

한 점에서 직선에 이르는 거리 공식

한 점 $A(x_1, y_1)$에서 직선 $ax+by+c=0$에 이르는 거리 d는?

$$d=\frac{|ax_1+by_1+c|}{\sqrt{a^2+b^2}}$$

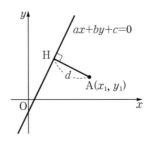

문제 : 고1

한 점 $(2, 1)$에서 직선 $y=3x+4$에 이르는 거리는?

풀이

우선 주어진 직선의 방정식을 일차함수 일반형인

$ax+by+c=0$ 꼴로 변형한다. $y=3x+4$에서 y를 우변으로

이항하여 정리하면 $3x-y+4=0$이다.

주어진 문제를 아래의 공식 틀로 나열해 보자.

공식 틀 : 한 점 (x_1, y_1)에서 직선 $ax+by+c=0$에 이르는 거리 d

문제 틀 : 한 점 $(2, 1)$에서 직선 $3x-y+4=0$에 이르는 거리 d

$x_1=2, y_1=1, a=3, b=-1, c=4$

$$d=\frac{|ax_1+by_1+c|}{\sqrt{a^2+b^2}}=\frac{|3\times 2-1\times 1+4|}{\sqrt{3^2+(-1)^2}}=\frac{9}{\sqrt{10}}$$

지금까지 함수에서 길이를 구하는 세 가지 유형에 대해 설명했다. 이 세 가지를 안다면 함수식을 이용하여 그린 그래프 문제에서 거리나 길이를 모두 구할 수 있다. 기본을 확실하게 익혔을 때 응용문제도 풀 수 있다는 것을 명심하자.

함수식에
숨겨진 숫자를 찾아라

사람은 자신이 모르는 것이나 낯선 것을 만나면 경계하고 두려워한다. 인간만이 그리하는 건 아니다. 동물들도 모르는 것과 마주하면 본능적으로 방어 자세를 취한다. 동물들이 모르는 것을 보게 되면 처음에는 경계하다가 호기심이 생기면 발로 건드려 보거나 다른 어떤 행동을 한다. 겁먹고 도망치기도 한다.

무엇이든 처음 보는 것은 낯설다. 그래서 두려움을 갖게 되고 부정적인 생각도 하게 된다. 그러면 낯선 것은 결국 모르는 것이 되고 만다. 수학 문제를 풀 때에도 이런 현상이 일어난다. 특히 함수 문제에서 이런 현상이 일어난다. 문제집 문제를 잘 풀어 나가다가 함수 문제를 만났다. 이때 문제를 읽어 보기도 전에 모르는 문제라고 단정한 적이 있는가? 이것은 명백히 판단 오류다.

함수 문제를 보니 복잡해 보인다. 일단 모르는 문제라고 제쳐놓는다. 이렇게 접근하지 않도록 하자. 동물들이 낯선 것과 마주하면 두드려 보고, 차 보고, 만져 보듯이, 무엇을 알고자 한다면 경험해 봐야 한다. 함수 문제를 극복하려면 도전하는 마음부터 갖자.

문제 : 중2

다음 삼각형 ABC의 넓이가 4이고, $\overline{AC}$와 x축이 수직일 때 점 A의 좌표를 구하시오.

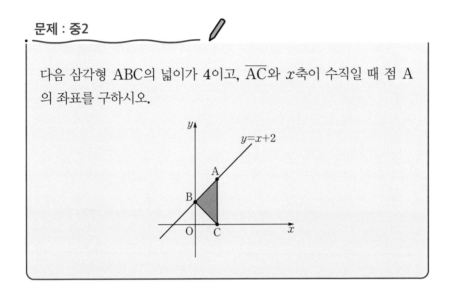

위 문제 풀이를 잠시 생각해 보라. 혹시 어떻게 풀어야 할지 막연한가? 함수 문제에는 숫자들이 숨겨져 있다. 그것을 찾아야 한다. 위 문제를 읽어 보면 삼각형의 넓이가 주어져 있다. 이 넓이로 뭘 하라는 거지? 삼각형의 넓이는 밑변과 높이로 식을 세운다. 따라서 밑변과 높이가 위 그림의 함수와 어떤 관계가 있는가를 생각해 본다.

"샘! 점 B는 알아요. 직선의 y절편이니까 2네요. 하하..."

맞다. 직선 $y=ax+b$에서 a는 직선의 기울기이고, b는 직선이 y축과 만나는 점이다. 그리고 y축과 만나는 점은 $(0, y)$ 꼴이다. 식 $y=x+2$에 $x=0$을 대입하여 $y=0+2$다. 즉 점 B$(0, 2)$이다. 그럼 "삼각형 ABC 의 넓이가 4이고"라는 문장은 어떻게 사용할까?

"점 A와 점 C의 좌표가 없는데요. 모르겠어요."

"점 A와 점 C의 좌표가 없다"는 답변은 아주 훌륭하다. 바로 이 두 점 이 알아내야 할 값이기 때문이다. 그럼 질문해 보자. 함수 그래프의 점은 어떻게 생겼는가? 당연히 함수식을 사용하여 만들었다. 따라서 점 A와 점 C의 좌푯값도 함수식을 이용하여 구해야 한다.

함수 그래프 문제에서 어떤 점 (x, y)의 x값과 y값을 모를 때는 미지 수(문자)로 표현한다. 그리고 이 미지수를 함수식에 적용한다. 이것이 함 수 문제를 해결하는 데에 가장 중요한 사항이다. 무슨 말인지 아래 설명을 보자.

함수 $y=f(x)$ 그래프 위에 있는 어떤 점의 좌푯값이 필요할 때

(1) 알아야 할 점 (x, y)에서 $x=t$와 같이 x값을 미지수로 정한다.
(2) 주어진 함수식 $y=f(x)$의 x에 t를 대입하여 $y=f(t)$로 y의 값 을 정한다. 즉 $(t, f(t))$라고 점을 정한다.
(3) 점 $(t, f(t))$가 사용되는 문제에 주어진 조건을 찾아 t 문자로 이 루어진 방정식을 세운다. 식을 계산하면 t의 값이 된다.

예를 들어 $y=2x$ 위의 어떤 점의 x값을 t라고 하자. 함수식의 x에 t를 대입하면 $y=2t$이다. 따라서 $y=2x$ 위의 어떤 점을 $(t, 2t)$라고 정할 수 있다.

이차함수 $y=x^2+3x+2$ 위의 어떤 한 점도 (t, t^2+3t+2)라고 정할 수 있다.

함수 문제에서 어떤 모르는 점 (x, y)가 있다. 그럼 x값을 미지수(예 : $x=t$)로 정한다. 그리고 이 x값을 함수식($y=f(x)$)에 대입하여 y값(예 : $y=f(t)$)을 구한다. 그럼 점 (x, y)는 $(t, f(t))$가 되는 것이다. 꼭 기억하자.

풀이

앞의 문제에서 식 $y=x+2$ 위의 한 점 A(x, y)에서 $x=t$라고 하면 $y=t+2$이다.

따라서 점 A$(t, t+2)$이다. 이때 x값 좌표 t는 삼각형의 높이가 된다. 그리고 y값 $t+2$는 삼각형의 밑변의 길이가 된다.

문제에서 제시한 삼각형의 넓이가 4이다. 삼각형 넓이 공식을 사용하자.

밑변 길이 $\overline{AC}=(t+2)-0$,
높이는 $\overline{BH}=t-0$이다.

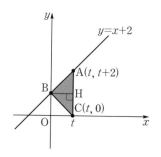

$\dfrac{1}{2} \times (t+2) \times t=4$

$t(t+2)=8$

$t^2+2t-8=0$

$(t+4)(t-2)=0$

$\therefore t=-4, t=2$

점 A$(t, t+2)$는 1사분면 위의 점이므로 $t>0$이다.

따라서 $t=2, y=t+2=2+2=4$, 점 A$(2, 4)$이다.

함수 문제는 그래프 위의 점 (x, y)의 값을 구하는 것이 문제 해결의 출발점이다. 예를 들어 직선 $y=x+1$이 x축과 만나는 점은 함수식의 y에 0을 대입하여 알아낸다. 즉 $0=x+1$, $x=-1$이다. 따라서 함수 $y=x+1$은 x축 위의 점 $(-1, 0)$을 지난다. 그리고 함수 $y=x+1$이 지나가는 y축 위의 점을 알고 싶다면 $x=0$을 $y=x+1$에 대입한다. $y=0+1$이다. 따라서 $y=x+1$은 y축 위의 점 $(0, 1)$을 지난다.

두 함수 $y=f(x)$와 $y=g(x)$가 만나는 점은 $f(x)=g(x)$라고 식을 세운 후 이 식의 근인 x값을 구한다. 그리고 구한 x값을 두 식 중 한 식에 대입하여 두 그래프가 만나는 점의 y좌푯값을 구한다.

예를 들어 $y=x-1$과 $y=-x+3$이 만나는 점의 좌푯값을 알고 싶다면 $x-1=-x+3$이라고 식을 세운다. $2x=4$, $x=2$이다. 이 $x=2$를 두 함수 $y=x-1$과 $y=-x+3$ 중 하나에 대입한다. 어느 식에 대입해도 y값은 같다. $y=2-1$, $y=1$이다. 따라서 두 함수 $y=x-1$과 $y=-x+3$이 만나는 교점은 $(2, 1)$이 된다.

만약 $y=2x-1$의 어떤 한 점의 y좌푯값이 1이라 하자. 이 점의 x좌푯값을 알고 싶다면 $y=1$을 식 $y=2x-1$에 대입한다. $1=2x-1$, $2x=2$, $x=1$이다. 점은 $(1, 1)$이 된다.

위의 내용들은 대체로 많은 친구들이 잘 해결한다. 그러나 함수 위의 어떤 점을 미지수로 설정하여 점을 나타내는 것은 어려워한다. 그것은 어쩌면 문자에 대한 두려움 때문인지도 모르겠다. 미지수로 식을 만드는 것을 두려워하지 마라. 함수 활용 문제들은 앞의 문제 풀이에서처럼 함수식을 이용하여 미지수로 점을 나타내야만 한다. 이것을 하지 않으면 문제를 해결할 방법을 찾을 수 없다. 이것을 꼭 기억하자.

06

원은 왜
함수가 아닐까?

일차함수는 중2, 이차함수는 중3 때 배웠다. 하지만 함수의 정확한 의미는 고1 교과에서 배운다. 약간 모순이 있지만 어쩌겠는가. 힘이 없으니 참고 공부하자. 중2 때, 함수는 x값에 y값이 하나만 대응되는 식이라고 배웠다. 고1 과정에 나오는 함수의 뜻을 잠깐 보자.

고1에서 함수란 "정의역의 원소마다 공역의 원소가 오직 하나씩 대응되는 관계"라고 정의한다. 도대체 무슨 말이지? 자세히 알아보자.

중·고등 과정에서 배우는 모든 함수

중1 ⇒ 정비례 $y=x$, 반비례 $y=\dfrac{1}{x}$ (반비례는 고1의 유리함수이다.)

중2 ⇒ 일차함수 $y=ax+b$,

중3 ⟹ 이차함수 $y=ax^2+bx+c$

고1 ⟹ 유리함수 $y=\dfrac{a}{x}$, 무리함수 $y=\sqrt{ax}$, 상수함수 직선 $y=b$

고2 ⟹ 지수함수 $y=a^x$, 로그함수 $y=\log_a x$,

　　　삼각함수 $y=\sin x$, $y=\cos x$, $y=\tan x$

　　　삼차함수 $y=ax^3+bx^2+cx+d$

　　　사차함수 $y=ax^4+bx^3+cx^2+dx+e$

함수식 표현 $y=f(x)$의 이해

$y=f(x)$에서 $f(x)$는 x라는 문자로 써진 어떤 식이란 뜻.

함수 f는 어떤 값을 받는다. 그리고 그 값을 변형하여 새로운 값 y를 만들어 낸다. $f(x)$에서 'f'는 'function'이란 단어의 첫 문자로 기능, 역할 이라는 뜻을 가진 영어 단어이다. 함수 f는 x라는 값을 받아서 오직 하 나의 y라는 값을 만든다.

"어떤 함수 f가 x값을 2배 하고 3을 더하는 기능이 있다고 하자. 이때 이 함수가 만든 새로운 수를 y라고 한다."

위 문장을 식으로 표현하면 $y=2x+3$이다. 이때 '$2x+3$'을 x값으로 만든 값이라 하여 $f(x)$라고 한다. 즉 $f(x)=2x+3$이다.
따라서 '$y=2x+3$'이라는 식은 '$f(x)=2x+3$'이라고 써도 된다. 또한 '$f(x)=2x+3$'은 '$y=2x+3$'이라고 써도 된다.

함수란 "정의역의 원소마다 공역의 원소가 오직 하나씩 대응되는 관계" 라고 했다.

정의역 : 주어진 함수에 넣을 수 있는 모든 x값들의 영역(수의 구간)

공역 : 주어진 함수가 가질 수 있는 모든 y값들의 영역(수의 구간)

치역 : 주어진 함수가 정의역 안에 있는 모든 x값을 사용하여 만들어 낸 모든 y값들의 영역

문제 : 고1

함수 $y=2x$, $f(x)=2x$라 하고, 정의역: {1, 2},
공역: {1, 2, 3, 4, 5, 6}일 때, 치역을 구하시오.

풀이

정의역은 함수식에 대입하는 x값을 말한다.

문제에서 정의역 {1, 2} 안에 x가 1, 2가 있다.

이것을 함수식의 x에 대입하면

$y=2 \times 1=2$, $f(1)=2 \times 1=2$이고 $y=2$이다.

이 값은 그래프에서 $(1, f(1))=(1, 2)$라는 점이 된다.

다시 $x=2$를 대입하면 $y=4$가 된다.

이때 정의역의 원소 1과 2가 새로 만든 y값은 2와 4이다.

이 값을 치역 {2, 4}라고 한다.

결국 치역은 함수식을 사용하여 만들어지는 모든 y값을 뜻한다.

x와 y라는 문자로 만든 모든 식이 함수는 아니다. 예를 들어 $y^2=x$는 함수가 아니다. 정의역의 x값이 4라고 하자. 이 값을 식에 넣으면 $y^2=4$ 이다. $y^2=4$가 성립하는 y값은 무엇인가? $y=2$, $y=-2$로 두 개의 숫자가 가능하다. 함수는 "하나의 x값에 하나의 y값이 만들어진다"는 정의에 맞지 않아 $y^2=x$는 함수가 아니다.

"아~~ 이걸 왜 배워요? 엄청 짜증나게..."

열받지 말자. 함수의 원리는 일상생활뿐만 아니라 다양한 분야에서도 많이 사용된다. 이와 관련한 설명은 않겠다. 이 책은 학교 수학 공부에 도움을 주자는 것이 목적이기 때문이다.

문제 : 고1

식 $x^2+y^2=13$은 함수인가? 함수가 아닌가?

풀이

이 식에 $x=2$를 대입하자.

$4+y^2=13$이므로 $y^2=9$이다.

즉 y의 값은 3과 -3이다.

하나의 x값에 두 개의 y값이 생긴다.

따라서 원은 함수가 아니다.

식 $x^2+y^2=13$은 오른쪽 그래프로

그려지는 원의 방정식이다.

이 원 위의 점 (x, y) 중에 $(2, 3)$, $(2, -3)$은 주어진 식이 참이 되는 원 그래프 선 위의 점이다. 이 점을 식에 대입하면

$2^2+3^2=13$, $2^2+(-3)^2=13$이 되는 것을 알 수 있다.

"질문 있어요. '직선 $y=2$'는 함수인데 '직선 $x=2$'는 왜 함수가 아니죠?"

아주 훌륭한 질문이다. 이 질문에 관한 내용은 중2에서 배운다. 확실히 알아 두는 것이 좋을 것 같아 설명해 보겠다. 직선을 나타내는 식은 3가지가 있다. 그 형태 중 2개는 함수이고 다른 하나는 함수가 아니다.

"어! 직선은 일차함수 아닌가요? 이건 뭔 소리죠?"

직선과 일차함수는 다르다. 직선 중에 일차함수가 있는 것이다.

직선의 종류, 중2

(1) 기울기가 0이 아닌 직선 $(a \neq 0)$

　　$y = ax + b$ 꼴 $\Rightarrow$ 일차함수이다.

(2) 기울기가 0인 직선

　　$y = b$ 꼴 $\Rightarrow$ 함수이다. 하지만 x가 없어 일차함수는 아니다.

　　기울가 0인 직선 $y = b$ 꼴은 상수만 있어서 상수함수이다.

(3) 기울기가 존재하지 않는 직선

　　$x = p$ 꼴 $\Rightarrow$ 함수가 아니다.

직선을 그래프로 보는 예

(1) $y = ax + b$ $(a \neq 0)$　　　　(2) 직선 $y = b$

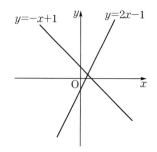
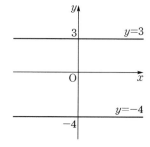

(3) 직선 $x=p$

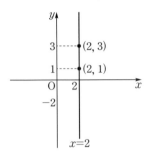

위의 그래프 (1)을 보면 기울기(x의 계수)가 양수일 때와 음수일 때의 그래프 방향이 다르다. 그래프 (3)은 직선 $x=2$를 그린 것이다. 이 그래프 위의 점을 보자. 이 세로선 위의 모든 점의 x값은 2이다. 직선 위의 점은 (2, 0), (2, 1), (2, 2), ..., (2, -1), ...로 하나의 x값 2에 대응되는 y의 값은 무수히 많다. 그래서 이 직선 $x=2$는 함수가 아니다.

위 그래프의 (2)번 모양은 상수함수이다. 고등수학 문제를 풀다 보면 이 상수함수가 함수 문제에서 중요하게 사용된다는 것을 알 수 있다. 이 책 함수 파트의 다른 글에서 상수함수에 대해 더 많은 설명이 있을 것이다. x와 y를 이용하여 만든 모든 식이 함수는 아니다. x와 y로 만든 식에 하나의 x값을 대입할 때 하나의 y값만 있어야 함수이다.

··· 꿀 빠는 수학

07

함수 안에
방정식이 있다

함수 문제와 방정식 문제는 서로 전혀 다른 문제라고 생각하는 친구들이 있는가? 다르지 않다. 방정식이 곧 함수이다. 이 둘의 관계를 알면 수능이든 내신이든 어렵다는 문제도 해결할 수 있다.

"아~ 벌써 어렵게 느껴져요."

그렇지 않다. 지금부터 설명하는 것은 중2 때 모두 배운 내용이다. 엄청 어려울 것 같은 고2나 고3 문제들도 사실 중학교 때 배운 기본 개념으로 풀이를 시작하는 것이다.

예1 방정식 : $2x-2=0$의 해(근) $x=1$

예2 연립방정식 : $\begin{cases} x+y=3 \\ x-y=1 \end{cases}$의 해 $x=2,\ y=1$

위의 예1 방정식 $2x-2=0$의 해의 의미를 일차함수 그래프로 설명할 수 있는가? 예2 연립방정식의 근의 의미를 그래프로 설명할 수 있는가?

"방정식인데 그래프로 설명이 가능해요?"

위의 두 문제를 그래프로 설명할 수 있다. 만약 이것을 할 수 있으면 함수와 근, 함수와 축과의 교점, 그래프와 그래프가 만나는 점의 의미를 모두 아는 것이다. 더불어 인수분해와 근(인수정리) 개념을 함수식과 연결하면 더 어려운 문제도 풀 수 있다.

"도통 무슨 말씀이신지... ㅠㅠ"

그렇다면 무슨 말인가 알아보자. 함수 $y=f(x)$ 그래프가 x축과 만날 때, 함수가 x축과 만나는 교점의 x좌푯값은 방정식 $0=f(x)$의 근이다. 앞의 예1을 보자. 함수 $y=2x-2$에 $y=0$을 대입하면 방정식 $2x-2=0$이다. 다시 말하면 방정식 $2x-2=0$의 근인 $x=1$은 함수 $y=2x-2$가 x축과 만나는 교점의 x좌푯값이라는 말이다. 아래 문제를 통해 확실하게 이해하자.

일차함수 $y=2x-2$가 x축과 만나는 점 (a, b)를 구하시오.

풀이

좌표평면에서 x축 위의 점들이 갖는 y좌푯값은 모두 0이다.

즉 x축 위의 모든 점은 $(x, 0)$의 형태이다.

또한 y축 위의 점들이 갖는 x좌푯값도 모두 0이다. 즉 $(0, y)$의 형태이다.

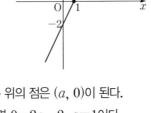

따라서 함수 $y=2x-2$가 x축과 만나는

점이 (a, b)라 할 때 $b=0$이다. 따라서 x축 위의 점은 $(a, 0)$이 된다.

이때 $x=a$, $y=0$을 $y=2x-2$에 대입하면 $0=2a-2$, $a=1$이다.

함수 그래프는 점으로 표현된다. 그리고 그 점은 좌표평면 위에 존재한다. 따라서 함수 문제를 풀 때에는 좌표평면이 갖는 특성을 잘 사용해야 한다.

좌표평면, 중1

(1) 원점은 $(0, 0)$인 점이다.

(2) x축 위의 점은 $(x, 0)$으로 y값이 0이다.

(3) y축 위의 점은 $(0, y)$로 x값이 0이다.

(4) 각 사분면 위의 점 (x, y)는 오른쪽 그림과 같은 x와 y 부호를 갖는다.

(5) 사분면에는 x축, y축이 포함되지 않는다.

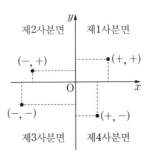

예를 들어 보자. 점 $(x-2, y+3)$이 제4사분면 위의 점이라고 하자. 제4사분면의 점은 $(+, -)$ 부호를 갖는다. 따라서 $x-2>0$가 되어야 한다. 즉 $x>2$라는 조건이 생긴다. 마찬가지로 $y+3<0$이다. 따라서 $y<-3$라는 조건이 생긴다. 이처럼 아주 기본적인 내용을 잘 정리하는 것이 개념 공부다.

함수 $y=2x-2$는 x축과 $(x, 0)$에서 만난다. y에 0을 대입하면 $0=2x-2$가 된다. 이 식은 일차방정식이다. 이때 방정식의 근 $x=1$은 함수 $y=2x-2$ 그래프가 x축과 만나는 점의 x좌푯값이다.

"아하! 일차함수의 x절편이 방정식의 근이네요."

땡큐다. 그런데 정확하게 맞는 말은 아니다. 그것은 일차함수에서만 맞고 다른 함수에서는 틀린 말이 된다. 다른 함수들은 그 함수가 x축과 만날 때, 그 x값을 x절편이라고 하지 않는다. 왜 그럴까?

"어? 그것도 x절편 아닌가요? 처음 듣는 말인데요."

절편이란 일차함수인 직선이 '절단되는 지점'을 말한다. 그래서 x축에 의해 잘리는 x축 위의 x값을 x절편이라고 한다. 또한 직선이 y축에 의해 잘리는 y축 위의 값을 y절편이라 한다. 하지만 다른 함수에서는 절편이란 말을 사용하지 않고 'x축과 만나는 점' 또는 'y축과 만나는 점'이라고 한다.

함수가 y축과 만날 때 그 점은 $(0, y)$모양이다. 따라서 $x=0$을 함수식에 대입한다. 예를 들어 함수 $y=2x+3$에 $x=0$을 대입하면 $y=2\times0+3$,

$y=3$이다. 이 함수는 y축 위 3을 지나는 그래프가 된다.

어쩌면 모두 아는 내용일 수도 있다. 그럼 왜 설명하는가. 지금까지 설명한 원리가 모든 함수에 적용되기 때문이다. 예를 들어 이차함수 식에서 $y=0$을 대입하면 이차방정식이 된다. 그리고 이 이차방정식의 근은 이차함수가 x축과 만나는 점의 x좌푯값이 된다.

문제 : 중3, 고1

이차함수 $y=x^2-x-2$가 x축과 만나는 두 점 사이의 거리를 구하시오.

풀이 1

x축 위의 점 $(x, 0)$은 y좌푯값이 0이다.
따라서 $y=x^2-x-2$에 $y=0$을 대입하면
$x^2-x-2=0$이라는 이차방정식이 된다.
인수분해하면 $(x-2)(x+1)=0$이다.
이 방정식의 근은 $x=2$, $x=-1$이다.
이 근을 함수 $y=x^2-x-2$에 대입하면
$y=2^2-2-2$로 $y=0$이다.
마찬가지로 $x=-1$을 대입해도 $y=0$이다.
따라서 점 $(2, 0)$과 $(-1, 0)$ 사이의 거리는 3이다.

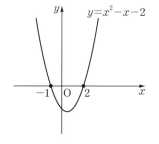

풀이 2

$x^2-x-2=0$의 두 근을 α, β라 하자.
$\alpha+\beta=-\dfrac{b}{a}$, $\alpha\beta=\dfrac{c}{a}$에서 $\alpha+\beta=-\dfrac{-1}{1}=1$, $\alpha\beta=\dfrac{-2}{1}=-2$이다.
곱셈 공식 $(\alpha-\beta)^2=(\alpha+\beta)^2-4\alpha\beta$에 대입하자.
$(\alpha-\beta)^2=1^2-4\cdot(-2)=9$이고 $|\alpha-\beta|=3$이다.

방정식 문제를 보면 해(근)이 문제에 주어지고 식을 완성해야 하는 것들이 있다. 함수 문제에서도 함수 그래프가 주어지고 그 그래프에 주어진 숫자들을 이용하여 함수식을 구하라는 문제들이 있다. 이런 문제들은 방정식의 근을 구하는 과정이나 함수식으로 그래프를 그리는 과정을 알게 되면 풀 수 있다. 이런 내용을 다음 문제로 알아보자.

이차함수 식의 형태

(1) 이차함수 식의 일반형 : $y=ax^2+bx+c\ (a\neq0)$

(2) 이차함수 식의 표준형 : $y=a(x-p)^2+q$

(3) 근을 이용한 표현 : $y=a(x-\alpha)^2$ 또는 $y=a(x-\alpha)(x-\beta)$

문제 : 중3

이차함수의 최고차항의 계수가 3이고, x축과 한 점 $(2, 0)$에서 접할 때, 이차함수의 식을 구하시오.

풀이

이차함수가 'x축과 접한다'는 말은 아래 그림처럼
곡선과 x축이 한 점에서 만난다는 말이다.
이때 만나는 점을 접점이라고 한다.
즉 접점이 $(2, 0)$이다.
이차함수 $y=f(x)$에 $y=0$을 대입하면
방정식 $0=f(x)$가 된다. 문제에 주어진 접점의
$x=2$는 방정식 $0=f(x)$의 근이다. 그런데 근이 1개이다.
따라서 식의 형태는 완전제곱식이 되어야 한다. 따라서
방정식은 $(x-2)^2=0$이다. 그리고 문제에서 이차함수의
최고차항의 계수가 3이라고 한다.
따라서 함수식은 $y=3(x-2)^2$이 된다.

이차함수 그래프가 x축 위의 1과 2를 지나고, y축의 4를 지난다.
이차함수 식을 완성하시오.

근이 $x=1$, $x=2$이다. 이 근이 나오는
이차방정식은 $(x-1)(x-2)=0$이다.
하지만 $3(x-1)(x-2)=0$,
$5(x-1)(x-2)=0$들도
근은 $x=1$, $y=2$이다.
위 방정식을 함수로 바꿀 때, 이차함수의
최고차항의 계수가 정해지지 않는다.
따라서 함수식은 $y=a(x-1)(x-2)$라고 쓴다.
그리고 y축 위의 4는 점으로 $(0, 4)$이다.
이 점의 값을 식에 대입하자.
$4=a(0-1)(0-2)$, $2a=4$, $a=2$이다.
구하는 답은 $y=2(x-1)(x-2)$가 된다.

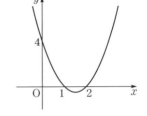

함수 그래프 $y=f(x)$가 x축과 만나는 점은 어떻게 구하는가? 함수식
$y=f(x)$의 y에 0을 대입하여 방정식 $0=f(x)$를 만든다. 그리고 이 방정
식의 근인 x값을 구한다. 이렇게 구한 점 $(x, 0)$이 함수 $y=f(x)$가 x축
과 만나는 점이 된다. 이것은 함수 문제에서 아주 중요한 것이다. 반드시
함수 그래프와 방정식과의 관계를 잘 이해하자.

08

부등식 문제도
함수로 이해하자

목표를 알면 성공이 보인다는 말이 있다. 수학 문제의 목표는 무엇인가? 당연히 주어진 문제가 구하라고 요구하는 내용이다. 따라서 수학 문제는 문제가 요구하는 내용이 무엇인가를 반드시 확인한 후 풀기 시작해야 한다.

부등식은 두 가지 방법으로 해를 구할 수 있다. 첫째 숫자 개념으로 구하는 것이다. 둘째는 함수 개념으로 해를 구하는 것이다. 부등식 문제는 대부분 숫자 개념으로 해를 구한다. 이번에는 함수 개념으로 부등식의 해를 구하는 방법을 알아보자.

248

(1) 일차부등식 $x-3>0$의 해를 구하여라.

(2) 이차부등식 $(x+2)^2 \geq 0$의 해를 구하여라.

(3) 이차부등식 $(x+2)^2 \leq 0$의 해를 구하여라.

(4) 이차부등식 $(x+2)^2 < 0$의 해를 구하여라.

직관적으로 $x-3>0$를 만족하는 x값은 3보다 큰 숫자들이다.

3보다 큰 숫자를 x에 대입하면 $3.1-3>0$, $3.01-3>0$, ...이다.

따라서 정답은 $x>3$이다.

부등식 $(x+2)^2 \geq 0$에 숫자를 넣어 보자.

$(1+2)^2 \geq 0$, $(-1+2)^2 \geq 0$, $(-2+2)^2 \geq 0$, ...이다.

식의 모양이 $(x+2)^2$으로 제곱이 붙어 있어서 실수인 어떤 숫자를

넣어도 항상 그 값이 0보다 크거나 같다.

따라서 정답은 'x는 모든 실수'이다.

부등식 $(x+2)^2 \leq 0$의 해는 '$x=-2$'이다.

-2를 대입하면 등호($=$)가 성립한다.

하지만 다른 어떤 숫자를 대입하면 모든 값이 0보다 크게 된다.

따라서 이 부등식의 해는 $x=-2$이다.

부등식 $(x+2)^2 < 0$의 해는 '해가 없다'이다.

어떤 숫자를 x에 대입해도 값이 0보다 작지는 않기 때문이다.

위의 부등식 풀이는 숫자를 대입하여 부등식이 참이 되는 경우를 알아본 것이다. 이차부등식을 배우지 않았어도 위의 풀이는 이해될 것이다. 풀이에 있는 답을 보자. 문제의 답이 '범위로 나오는 경우', '숫자로 결정되는 경우', '해가 없는 경우', '해가 무수히 많은 경우' 등 여러 가지 형태이다. 이제 위의 문제에서 빠진 것을 하나 더 알아보자.

문제 : 고1

다음 부등식 $(x-2)(x+1)>0$와 $(x+1)(x-2)<0$의 해를 구하시오.

풀이

부등식의 해는 방정식의 근과 연관이 있다. 일단 위의 식에서 부등호를 등호(=)로 고쳐 보자. $(x-2)(x+1)=0$이다. 해는 $x=2$ 또는 $x=-1$이다. 방정식의 해인 2와 -1를 기준으로 수직선을 세 개의 영역으로 나누자.

수직선 A영역의 숫자들인 -1.1, -1.2, ..., -2, -2.1, ..., -3, ..., -4, ...를 식 $(x-2)(x+1)$에 대입해 보겠다.

$x=-1.2$를 대입하면 $(-1.2-2)(-1.2+1)=0.64$로 0보다 크다.

$x=-2$를 대입하면 $(-2-2)(-2+1)=4$로 0보다 크다.

즉 $x<-1$인 A영역에 있는 수직선 위의 어떤 수를 x에 대입해도 $(x-2)(x+1)>0$이다.

따라서 $x<-1$는 부등식 $(x-2)(x+1)>0$의 해이다.

수직선 C영역의 숫자들인 2.1, ..., 2.2, ..., 3, ..., 3.2, ..., 4, ..., 5, ...를 식 $(x-2)(x+1)$에 대입하여 보자.

$x=2.1$을 대입하면 $(2.1-2)(2.1+1)=0.31$로 0보다 크다.

$x=3$을 대입하면 $(3-2)(3+1)=4$로 0보다 크다.

즉 $x>2$인 C영역에 있는 수직선 위의 모든 숫자를 x에 대입하면 $(x-2)(x+1)>0$이다.

따라서 $x>2$는 부등식 $(x-2)(x+1)>0$의 해이다.

결국 이차부등식 $(x-2)(x+1)>0$의 해는 A와 C영역에 있는 $x<-1$, $x>2$이다.

이제 수직선의 B영역, 즉 $-1<x<2$에 있는 -0.9, ..., 0, ..., 0.1, ..., 1, 1.9, ... 등을 $(x-2)(x+1)$에 대입해 보자.

모든 값이 0보다 작다는 것을 알 수 있다.

따라서 부등식 $(x-2)(x+1)<0$의 해는 $-1<x<2$이다.

이와 같은 부등식의 해에 대한 설명은 고등학생이 아니어도 이해할 것이다. 그럼 고등학생은 위의 부등식 문제를 다른 방법으로 풀기도 하는가?

"아! 그거요. $(x-2)(x+1)>0$처럼 부등호가 크다(>)이면 위의 수직선 A, B, C영역에서 해는 바깥쪽 A, C영역이니 $x<-1$, $x>2$이죠.

그리고 $(x+1)(x-2)<0$처럼 부등호가 작다(<)이면 해는 A, B, C영역 중 안쪽의 B영역이니 $-1<x<2$이죠.

저는 풀이 방법을 외웠습니다."

답을 쓰는 방법만 외우는 것은 수학 공부가 아니다. 부등식의 해는 그 부등식을 참이 되게 하는 모든 숫자들이 답이다. 풀이 방법을 외우는 것도 개념의 기본을 이해한 것에서 출발해야 살아 숨쉬는 수학 공부가 된다.

부등식의 기본을 살펴보았다. 이제 부등식 문제를 함수 그래프로 이해하여 보자. 부등식을 함수 그래프와 연결해 이해하는 것은 고등수학을 공부하는 데에 매우 중요하다. 여기서 꼭 알아 두자.

문제 : 중2

일차부등식 $x-2>0$와 $x-2<0$의 해를 구하여라.

풀이

앞에서는 숫자를 대입하는 방법으로 부등식의 해를 구했다.
이제는 함수 개념으로 이해하여 보자.
문제 $x-2>0$의 $x-2$를 y라고 하면 $y=x-2$라는 일차함수가
된다.

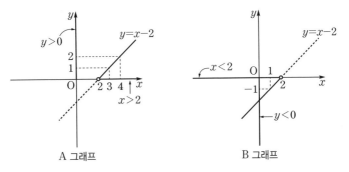

A 그래프   B 그래프

위의 A 그래프를 보자.
$x-2>0$의 $x-2$를 y라 하면 $y>0$가 성립하는 x값의 범위를
구하는 것이다.
$x=3$을 $x-2$에 대입하면 $y=1$로 $y>0$이다. 즉 $x-2>0$이다.
$x=4$을 $x-2$에 대입하면 $y=2$로 $y>0$이다. 즉 $x-2>0$이다.
그래프에서 x축 위의 값 중 2보다 큰 수를 $x-2$에
대입하면 $x-2>0$가 참이다. 따라서 부등식 $x-2>0$의 해는
함수 $y=x-2$의 y값이 양이 되게 하는 x축 위의 값들이므로
$x>2$인 숫자들이다. 이제 B 그래프를 보자.
x축 위의 숫자 중에 2보다 작은 숫자를 함수 $y=x-2$에 대입하면
y값(예 $y=1-2$, $y=0-2$, ...)들이 $y<0$는 것을 알 수 있다.

따라서 $x-2<0$의 해는 함수 $y=x-2$의 y값이 음($y<0$)이
되게 하는 x축 위의 값들이므로 $x<2$가 된다.

"왜 그렇게 해요? $x-2>0$에서 -2를 우측으로 이항하면 $x>2$로
끝인데요."

쉽게 공부하면 쉽게 잊혀진다. 수학 공부는 답을 쉽게 구하는 방법을 익히는 것이 아니다. 쉬운 해결책만 외워 공부하다가 처음 보는 변형문제를 만나면 풀지 못한다. 또한 응용문제도 풀지 못한다. 왜 그럴까? 쉬운 해결책만 알 뿐 개념이 부족하기 때문이다.

문제 : 고1

다음 이차부등식의 해를 구하시오.
(1) $(x-2)(x+1)>0$
(2) $(x-2)(x+1)<0$

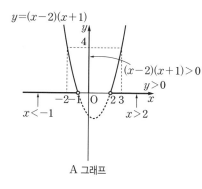

A 그래프

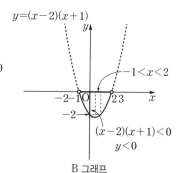

B 그래프

A 그래프를 보자.

$(x-2)(x+1)>0$에서 $(x-2)(x+1)$을 y라고 하자.
부등식 $(x-2)(x+1)>0$는 $y>0$이다.

우리가 구하는 부등식의 해는 함수식 x에 어떤 숫자를 넣었을 때, $y > 0$를 만족하는 x의 범위이다.

위 그래프 $y = (x-2)(x+1)$에서 x축 위의 굵은 선 위의 숫자, 즉 $x > 2$와 $x < -1$에 해당하는 숫자를 함수에 대입해 보자.

$x < -1$에 있는 $x = -2$를 대입하면

$y = (-2-2)(-2+1) = 4$로 $y > 0$이다.

$x > 2$에 있는 $x = 3$을 대입하면 $(3-2)(3+1) = 4$이다.

즉 $(x-2)(x+1) > 0$이다. 위의 그래프에서 x축 위의 굵은 선 위의 다른 숫자들을 대입해도 부등식 $(x-2)(x+1) > 0$가 항상 성립한다.

따라서 부등식의 해는 $x < -1$, $x > 2$이다.

B 그래프를 보자.

$y = (x-2)(x+1)$에 B 그래프의 x축 위의 굵은 선인 $-1 < x < 2$에 해당하는 숫자를 함수식에 대입해 보자.

범위 $-1 < x < 2$ 안에 있는 $x = 0$을 대입하면

$(0-2)(0+1) = -2$로 음수이다.

또 $x = 1$을 대입해도 $(1-2)(1+1) = -2$로 음수이다.

따라서 부등식 $(x-2)(x+1) < 0$의 해는 $-1 < x < 2$이다.

"샘! 이차부등식 > 0이면 그래프 선이 x축 위에 그려진 x값 범위가 답이고, 이차부등식 < 0는 그래프 선이 x축 아래로 내려간 부분에서 x값 범위가 답이네요."

물론 맞는 말이다. 하지만 그렇게만 외우면 안 된다고 했다. 위의 설명에서 y값의 의미를 잘 이해해야 한다. 위 부등식 $(x-2)(x+1) > 0$에서 부등호 왼쪽의 $(x-2)(x+1)$은 이차함수의 y값이다. 이차부등식 $(x-2)(x+1) > 0$의 해는 이차함수에서 함숫값(y)이 양수가 되게 하는 x의 범위이다. 함숫값 개념과 부등식을 연결시켜서 이해하기 바란다.

··· 꿀 빠는 수학

09

두 함수
그래프와 부등식

함수 응용문제는 주로 하나의 문제에 두 개 이상의 함수 그래프가 동시에 주어지는 경우다. 그래서 좌표평면 위에 여러 개의 그래프가 주어질 때에는 그래프들 사이의 관계를 이해해야 한다. 이것은 함수에서 점수를 높이는 데에 꼭 필요한 사항이다.

함수에 대한 설명을 쉽게 하려고 한다. 아직 배우지 않은 학생도 이해할 수 있을 것이다. 이차함수를 먼저 이해하고 싶다면 이 책 차례에서 찾아 살펴보기 바란다.

아래의 두 문제는 서로 다른 문제인가? 얼핏 그리 보일 수 있으나 사실은 같은 문제다. 이 문제에 어떤 의미가 숨어 있는가를 잘 생각해 보자.

이차함수 $f(x)=x^2-x+1$과 $g(x)=2x-1$일 때, $f(x)<g(x)$의 해를 구하시오.

풀이

함수 $f(x)=x^2-x+1$과 $g(x)=2x-1$ 식을 부등식에 대입하여 푼다.

$f(x)<g(x)$

$x^2-x+1<2x-1$ ⇒ 우변 식을 좌변으로 이항한다.

$x^2-3x+2<0$ ⇒ 인수분해한다.

$(x-1)(x-2)<0$ (이차부등식이 작다(<)이면, 해는 두 근의 사잇값)

$\therefore 1<x<2$

이차함수의 x^2 계수가 1인 $y=f(x)$와 일차함수의 기울기가 양수인 일차함수 $y=g(x)$라 할 때, 두 함수의 그래프는 $x=1$과 $x=2$에서 만난다. 부등식 $f(x)<g(x)$의 해를 구하시오.

풀이 1

위 문제를 다시 읽어 본 후, 아래 해설을 읽기 바란다.

$y=f(x)$는 x^2 계수가 1이므로 $y=x^2+ax+b$라고 한다.

$y=g(x)$는 기울기가 양수인 일차함수이므로 $y=cx+d$라고 한다.

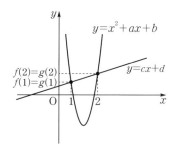

두 함수가 $x=1$, $x=2$에서 만난다. 근은 함수에 대입할 수 있다.

따라서 $f(1)=g(1)$ 또한 $f(2)=g(2)$이다.

식 $y=x^2+ax+b$는 $f(x)=x^2+ax+b$이다.

따라서 $f(1)=1+a+b$이다.

$y=cx+d$는 $g(x)=cx+d$이므로 $g(1)=c+d$이다.

같은 방법으로 $f(2)=4+2a+b$, $g(2)=2c+d$이다.

이 값들을 $f(1)=g(1)$과 $f(2)=g(2)$에 대입하면

$1+a+b=c+d$이고 $4+2a+b=2c+d$이다.

"어라! 문자가 4개인데... 식이 2개밖에 없어요. 어쩌라는 거죠?"

미지수 문자의 개수와 식의 개수가 같아야 연립방정식으로 각 문자의 값을 구할 수 있다. 각 문자의 값을 구하려면 미지수 개수와 식의 개수가 일치해야 한다. 다만 각 문자의 값을 몰라도 문제가 요구하는 답이 구해지는 방정식 문제들도 있다. 하지만 위의 풀이는 미지수가 a, b, c, d로 4개이고, 방정식은 $1+a+b=c+d$, $4+2a+b=2c+d$로 2개이다. 결국 방정식이 미지수 개수보다 적어 위 문제는 해결되지 않는다.

함수 문제를 풀 때, 이차함수는 $y=ax^2+bx+c$, 일차함수는 $y=dx+e$라고 함수식을 세운다. 그리고 주어진 문제가 제시한 조건을

사용하여 각 미지수 값을 구한다. 이 방법을 **풀이1**에서 적용해 보았다. 하지만 문제가 풀리지 않았다. 따라서 문제에 접근하는 다른 방법을 생각해 보아야 한다.

위의 함수 문제에 근이 주어져 있다. 함수 문제에서 근은 함수식과 무슨 관계가 있는가를 생각해 보자. 아래의 **참고** 내용은 **풀이2**의 이해를 돕기 위한 것이다.

참고 두 함수 그래프의 교점의 의미를 알아보자. (중2)

$f(x)=x+1$과 $g(x)=-x+5$가
있다.

이 식은 $y=x+1$, $y=-x+5$이다.

그리고 두 그래프가 한 점에서 만나는
순간 y의 값은 같다.

따라서 두 그래프가 만나는 교점의 x값은

$f(x)=g(x)$, $f(x)-g(x)=0$의 해(근)이다. 함수식을 대입하면

$$f(x)-g(x)=(x+1)-(-x+5)$$
$$=2x-4=2(x-2)\text{이다.}$$

$f(x)-g(x)=0$은 $2(x-2)=0$이다.

근 $x=2$는 두 그래프가 만나는 교점의 x값이다.

만약 어떤 두 일차식 그래프 $y=f(x)$와 $y=g(x)$가 $x=5$에서
만난다면 $f(x)-g(x)=a(x-5)$라고 식을 세울 수 있다.

이차함수의 x^2 계수가 1인 $y=f(x)$와 기울기가 양수인
일차함수 $y=g(x)$가 $x=1$과 $x=2$에서 만날 때,
부등식 $f(x)<g(x)$의 해를 구하시오.

이 문제는 함수 개념, 방정식 개념, 부등식 개념을 모두 사용하는
문제이다. 위 문제의 부등식 $f(x)<g(x)$를 이항하면
$f(x)-g(x)<0$이다.
부등호를 등호로 바꾸면 $f(x)-g(x)=0$이다.
문제에서 두 그래프가 만나는 교점의 x값이 $x=1$과 $x=2$라고 한다.
이 두 근은 방정식 $f(x)-g(x)=0$의 근(해)이다. 따라서
$f(x)-g(x)$는 $(x-1)(x-2)$라는 인수분해 모양을 갖고 있다.
문제에서는 이차항의 계수가 1이라고 했다.
만약 계수가 3이라면 식은 $3(x-1)(x-2)$이다.
결국 부등식 $f(x)-g(x)<0$는 $(x-1)(x-2)<0$이고
해는 $1<x<2$이다.

잠깐! 위 문제를 5초 안에 답해 보자. 어떤 문제는 방정식이나 부등식 같은 식을 이용하지 않고 그 문제가 갖고 있는 개념을 이용하여 훨씬 빠르게 풀 수도 있다. 수학을 좀 한다는 친구들이 이 방법을 쓴다. 그래서 이런 친구들의 풀이는 아주 짧다. 고등수학 문제를 다음과 같은 방식으로 풀 수 있다면 수학 고수가 된다.

이차함수의 x^2계수가 1인 $y=f(x)$와 기울기가 양수인 일차함수 $y=g(x)$
가 $x=1$과 $x=2$에서 만날 때, 부등식 $f(x)<g(x)$의 해를 구하시오.

함수 그래프 문제는 그래프를 그리면서 분석하는 습관을 꼭 가져야 한다.
그래프를 그리면서 문제를 파악하면 도중에 쉬운 풀이법이 떠오를 수
있기 때문이다.
이차함수의 계수가 1이면 그래프가 아래로 볼록하다.
기울기가 양수인 일차함수는 오른쪽 방향으로 증가하는 그래프이다.
두 그래프가 만나는 점은 두 개이고, 그 점의 x좌표값인 $x=1$, 2이다.

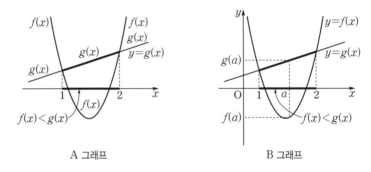

A 그래프   B 그래프

그래프를 그릴 때 좌표축이나 숫자를 자세히 쓸 필요는 없다.
문제를 빨리 파악해 문제 풀이의 방향을 찾는 것이 중요하기 때문이다.
필요한 것만 간단히 그려라.
위의 A 그래프를 보면 답이 $1<x<2$는 것을 알 수 있다.
그림을 그리는 순간, 바로 답이 보이는 문제이다.

"왜 그게 답이죠? 모르겠는데요..."

B 그래프를 보자.
x축 위의 굵은 선 $1<x<2$에서 임의의 점 $x=a$를 선택하여
함숫값을 써 보면 위의 그래프와 같다.
즉 $f(a)<g(a)$가 된다.

즉 $1 < x < 2$ 안의 숫자들은 $f(x) < g(x)$가 성립한다.

따라서 $1 < x < 2$가 위 문제의 답이다.

"아~ 그러니까 $f(x) < g(x)$는 $f(x)$ 그래프가 $g(x)$보다 작다($<$)이면 $f(x)$ 그래프가 $g(x)$ 그래프보다 아래쪽에 있는 x범위가 답이네요."

맞는 말이다. 그렇다고 해서 답을 쉽게 찾는 방법만 외우지 말자. 물론 외우는 것도 필요하다. 하지만 먼저 내용을 이해하고 외워야 한다. 문제를 많이 풀어도 성적이 오르지 않는 이유는 개념을 정확히 이해하지 않은 채 푸는 방법만 외워서 그렇다. 그러니 개념 이해 중심으로 공부하기 바란다. 만약 위 문제의 부등식이 $f(x) > g(x)$라면 해는 $x < 1$, $x > 2$가 된다.

부등식과 방정식을 함수 그래프와 연관지어 이해할 수 있다면 부등식이나 방정식뿐만 아니라 함수에 대한 이해를 더욱 높일 수 있다. 함수는 생각하기조차 싫다는 부정적인 마음부터 버리자. 함수는 이해만 잘하면 계산 문제보다 쉬울 수 있다.

10

일차함수는
빛의 속도로 구하라

일차함수는 함수 문제에서 구구단과 같은 존재이다. 구구단은 어떤가? 바로바로 답이 나온다. 구구단을 모르면 아무런 계산을 할 수 없다. 마찬가지로 일차함수를 모르면 함수 문제는 시작도 할 수 없다.

함수에서는 그래프의 기본 개형을 기억해야 한다. 개형에서 함수 문제의 해석이 시작되기 때문이다. 일차함수를 보면 떠오르는 내용이 무엇인가? 이때 떠오르는 것이 기본 개념이다. 만약 아무 개념도 떠오르는 것이 없다면 이번 장을 읽고 개념을 다시 정리하자.

"그런데 개형이 뭐죠? 설마 욕하신 건 아니죠?"

개형이란 그 함수 그래프를 간략하게 핵심만 그린 것이다. 국어 시간에 글의 개요라는 말을 들어보았을 것이다. 개요란 글 전체에서 핵심 내용만을 간략하게 정리한 것을 말한다. 개형이란 말, 절대로 욕이 아니니 오해 없길 바란다.

일차함수의 개형

첫째, 일차함수는 직선이다. 그럼 직선의 방향은?

둘째, 대문자 X자에서 '/'방향은 기울기가 양수, '\'방향은 기울기가 음수이다.

셋째, 직선이 원점 (0, 0)을 지나는가? 아니면 y축 위의 양수인 점을 지나는가, 음수인 점을 지나는가? (y절편이 무엇인가?)

일차함수를 그릴 때에는 위의 세 가지 기본 사항을 파악하여 그래프를 그린다. 일차함수는 왜 중요할까? 이차함수와 직선, 원과 직선, 유리함수와 직선, 무리함수와 직선 등과 같이 모든 함수 문제에서 일차함수인 직선이 함께 등장하기 때문이다

일차함수 $y=ax$ 꼴, 중1

(1) $y=ax$는 원점 (0, 0)을 지난다. a를 기울기 (중1은 정비례상수) 라고 한다.

(2) $y=ax$는 기울기가 양수이면 즉 $a>0$이면 제1사분면과 제3사분면을 지난다.

(3) $y=ax$는 기울기가 음수이면 즉 $a<0$이면 제2사분면과 제4사분면을 지난다.

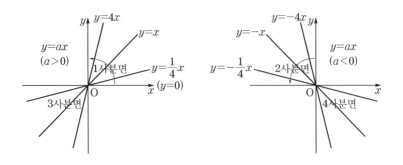

일차함수 식이 $y=ax$ 꼴이면 무조건 원점 $(0, 0)$을 지나게 그린다. 이때 기울기 $a(x$의 계수)가 양수이면 '/'로, 음수이면 '\'로 방향을 그린다. 위의 두 그래프에 있는 화살표를 보자. 기울기가 양수(왼쪽 그래프)일 때는 숫자가 클수록 그래프 선이 y축에 다가간다. 음수일 때는 숫자가 클수록 x축에 다가간다. 혹은 $|a|$가 클수록 그래프 선이 y축에 다가간다.

일차함수 $y=ax+b\,(b\neq0)$ 꼴, 중2

(1) a는 직선의 기울기, b는 직선이 y축과 만나는 점으로 y절편이라 한다.

(2) y축 위의 점 $(0, b)$에 점을 찍고 (3)의 상황에 맞게 직선을 그린다.

(3) 기울기가 $a>0$이면 그래프는 '/'로, 오른쪽 위로 증가하는 모양이다.

기울기가 $a<0$이면 그래프는 '\'로, 오른쪽 아래로 감소하는 모양이다.

함수 $y=ax+b\,(b\neq0)$에 $x=0$일 때 $y=x\times0+b$, $y=b$이다. 일차함수는 $(0, b)$를 지난다. 이때 b를 y절편이라 한다. 직선이 x축과 만나는 점은 x절편이라 한다. 그래프가 x축과 만나는 점을 구할 때는 함수식의 문자 y에 0을 대입한다. 왜? x축 위의 모든 점은 $(x, 0)$꼴이다. 즉 y값이 항상 0이기 때문이다. 따라서 $0=ax+b$, $x=-\dfrac{b}{a}$이며 이것은 x절편이다. 이 식은 외우는 것이 아니다. 축과 만나는 점은 영(0)을 대입하여 계산한다는 것만 기억하자.

문제 : 중2

> (1) $y=2x+4$와 x축, y축으로 둘러싸인 삼각형의 넓이를 구하시오.
> (2) $y=-x+3$에서 기울기를 a, y절편을 b라 할 때, $a+b$의 값은?

풀이

(1) $y=2x+4$에서 기울기는 x의 계수인 2이다. y축 위의 점 B인 y절편은 $x=0$을 식에 대입해 구한다.
$y=2\cdot0+4$, $y=4$이다. 그래프는 기울기가 2인 양수라서 '/'모양이고 y절편 4를 지난다.
점 A인 x축 위의 점은 함수식 y에 0을 대입하여 구한다. 따라서 $0=2x+4$, $2x=-4$, $x=-2$이다.
$x=-2$는 좌표이므로 길이 $\overline{\text{AO}}=2$이다.
삼각형 OAB의 넓이는 $\dfrac{1}{2}\times2\times4=4$이다.

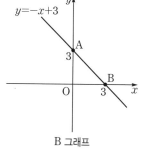

A 그래프

(2) $y=-x+3$에서 x의 계수 -1은 기울기이며 음수이다. 그래프는 '\' 모양이다. 또한 $+3$은 그래프가 지나는 y축 위의 점인 y절편이다.
따라서 그래프는 '\'모양으로 y축 3을 지나도록 그린다.
모든 함수의 x축 위의 점은 함수식의 y에 0을 대입하여 구한다. 따라서 $0=-x+3$이라는 방정식으로 푼다.
x절편은 3이다.

B 그래프

"샘! 죄송요 ㅠㅠ... 제가 외우는걸 싫어하는데, 꼭 외워야 하나요?"

물론 외우지 않아도 된다. 하지만 이렇게 생각해 보자. $6 \times 7 = 42$라는 것을 외우지 않았다면 어떻게 할 것인가?

$$6+6+6+6+6+6+6=42$$

어떤가? 수학의 모든 문제를 개념만으로 풀 수는 없다. 학년이 올라갈수록 수학 내용 자체가 더 어려워진다. 게다가 로그, 지수, 미분, 적분 같은 새로운 내용들도 배운다.

세계적인 운동선수가 누가 물으면 자신은 운동을 즐긴다고 말한다. 하지만 그도 온몸의 아픔을 참고 연습하며 경기를 치른다. 그리고 매일같이 많은 시간을 운동에 쏟는다. 수학 공부도 고통을 참고 많은 시간을 투자해야 성과가 있다. 단순한 것조차 외우려 하지 않는 것은 놀면서 수학은 잘하고자 하는 헛꿈과 같다.

참고

일차함수를 그릴 때, '/'과 '\'의 방향이 혼동되지 않도록 오른쪽 그림처럼 X자를 그리면서 외워라. 손을 들고 허공에 X자를 쓰면서 외친다. '양수', '음수'.

그래도 잊어버릴까 걱정된다면 다음 문장을 외워라.

"일차함수는 점을 두 개 구한 후 직선으로 긋는다."

예를 들어 $y=2x$에 $x=0$을 대입하면 $y=0$이다. 점 $(0, 0)$이다. $x=1$을 대입하면 $y=2$로 점 $(1, 2)$이다. 두 점을 찍고 선을 그으면 아래의 A 그래프가 된다. $y=\frac{1}{2}x+1$이 있다고 하자. 여기에 $x=2$를 대입하면 $y=\frac{1}{2}\times 2+1$, $y=2$이다. 즉 점 $(2, 2)$이다. y절편이 1이므로 점 $(0, 1)$를 지난다. 두 점 $(2, 2)$와 $(0, 1)$을 찍고 직선을 긋는다. 그러면 아래의 B 그래프가 그려진다. 일차함수는 두 개의 점의 값을 구한 후, 두 점을 이으면 그래프가 된다.

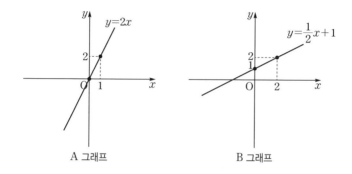

A 그래프   B 그래프

일차함수를 배운 후에도 그래프를 그리지 못하는 경우가 있다면? 가장 큰 원인은 "함수는 어려운 것이다. 나는 모르겠다"라는 선입견 때문이다. 이젠 이런 마음을 버리자. 다른 모든 함수도 일차함수처럼 몇 개의 점을 구하여 이으면 그래프가 된다.

일차함수의 기울기

기울기란 '직선이 x축을 기준으로 기울어진 정도'를 숫자로 나타낸 것이다.

좌표평면에서 한 직선 위에 있는 두 점이 $A(x_1, y_1)$, $B(x_2, y_2)$일 때

$$\text{기울기} = \frac{y \text{ 값의 증가량}}{x \text{ 값의 증가량}}, \quad \text{기울기} = \frac{y_2 - y_1}{x_2 - x_1}$$

$$\text{또는 기울기} = \frac{y_1 - y_2}{x_1 - x_2}$$

직선의 기울기는 직선의 왼쪽 점에서 오른쪽 점의 방향으로 x의 값이
증가할 때, y의 값이 증가하면 기울기 값은 양수가 되고, y의 값이 감소
하면 기울기 값은 음수가 된다.

예 (1) 두 점 $(1, 2)$, $(3, 4)$의 기울기는 $\dfrac{4-2}{3-1} = \dfrac{2}{2} = 1$이다.

(2) 두 점 $(1, 5)$, $(2, 4)$의 기울기는 $\dfrac{4-5}{2-1} = \dfrac{-1}{1} = -1$이다.

기울기의 특징

하나의 일직선 위에서 어떤 두 점을 선택하여 기울기 값을 구하여도
그 직선 위에서의 기울기 값은 모두 동일하다.

참고 우측 도형은 다음 페이지의 문제 풀이 그래프의 일부분이다.

△ABD와 △ACE에서

∠A는 두 삼각형의 공통각이다.

∠B=∠C(동위각)이다.

따라서 두 삼각형은 닮은 삼각형
(AA 닮음)이다.

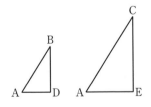

$\overline{AD} : \overline{AE} = \overline{BD} : \overline{CE}$

$\overline{AE} \times \overline{BD} = \overline{AD} \times \overline{CE}$

$\therefore \dfrac{\overline{BD}}{\overline{AD}} = \dfrac{\overline{CE}}{\overline{AE}}$

··· 꿀 빠는 수학

하나의 직선 위에서 오른쪽과 같은 삼각형을 만들면 그 삼각형들은 모두 닮은 삼각형 관계이다. 이 닮은 삼각형에서 밑변과 높이의 길이비는 같다. 닮음비의 원리로 기울기 값은 항상 같게 된다.

문제 : 중2

아래 그래프 $y=2x+1$의 $\overline{AB}$의 기울기와 $\overline{AC}$의 기울기를 구하시오.

풀이

하나의 직선 위에서 임의의 두 점의 기울기 값은 항상 같다.
직선 식 $y=2x+1$에서 x의 계수가 기울기이므로 답은 2이다.
$A(1, 3)$, $B(2, 5)$, $C(3, 7)$이다.
$\overline{AB}$의 기울기는 점 A에서 점 B로
그래프가 증가하고 있다.

기울기 $=\dfrac{y_2-y_1}{x_2-x_1}$이므로 $\overline{AB}$의 기울기는

$\dfrac{5-3}{2-1}=\dfrac{2}{1}=2$이다.

$\overline{AC}$의 기울기는 $\dfrac{7-3}{3-1}=\dfrac{4}{2}=2$이다.

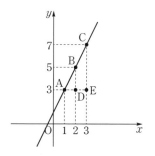

하나의 좌표평면에 두 개의 그래프 그리기

하나의 좌표에 두 개의 함수 그래프를 그릴 때, 중요한 것 중 하나는 두 그래프의 교점이다. 쉬운 이해를 위해 중2 과정의 일차함수로 설명하겠다. 하지만 다른 학년에서 배우는 모든 함수에서도 이 원리가 동일하게 적용된다.

다음 두 개의 그래프 개형을 하나의 좌표평면에 그려 보자.

$$y=-2x+4, \ y=4x$$

(1) $y=-2x+4$

    $a)$ x의 계수 -2는 기울기이다. 기울기
       가 음수이므로 그래프는 오른쪽 아래
       방향으로 내려가는 '\' 모양이다.

    $b)$ y축과 만나는 점은 $x=0$을 함수식에
       대입한다. $y=-2 \times 0+4$, $y=4$이
       다. 즉 $(0, 4)$를 지난다.

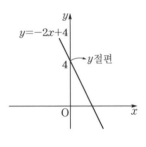

(2) $y=4x$

    $a)$ 직선 $y=ax$꼴은 이 식에 $x=0$을 대입
       하면 $y=a \times 0$, $y=0$이다. 즉 $(0, 0)$이
       라는 원점을 항상 지난다.

    $b)$ x계수 4는 기울기이다. 기울기 값이 양
       수이므로 직선은 '/' 모양이다.

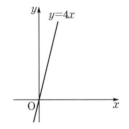

그래프를 그릴 때에는 y축 위의 점 혹은 x축 위의 점을 구한 후, 직선의 기울기 값으로 방향을 정하여 그래프를 그린다. $y=-2x+4$에서 $y=0$을 대입하면 $0=-2x+4$라는 방정식이 된다. 이 방정식의 해(근)인 $x=2$이다. 이 값은 $y=-2x+4$가 x축과 만나는 점 $(2, 0)$의 x값을 의미한다. 그래프를 그릴 때는 '그래프의 기본 형태'와 '축과 만나는 점', 이두 가지 사실을 파악하여 그린다.

하나의 좌표평면에 두 개의 그래프를 그릴 때는 두 그래프가 만나는 교점을 반드시 생각해야 한다.

두 개의 함수 $y=f(x)$, $y=g(x)$ 그래프의 교점은 연립방정식 $\begin{cases} y=f(x) \\ y=g(x) \end{cases}$ 의 근(해)이다. 해는 $f(x)=g(x)$라는 식을 세워 구한다.

$y=-2x+4$, $y=4x$라는 두 그래프가 만나는 교점은 연립방정식 $\begin{cases} y=-2x+4 \\ y=4x \end{cases}$ 의 해이다.

따라서 좌변은 좌변끼리, 우변은 우변끼리 빼거나 더하는 가감법을 사용한다. 하지만 방정식에서 가장 많이 사용되는 대입법으로 풀어 보겠다.

위 연립방정식의 $y=4x$에서 y값 $4x$를 식 $y=-2x+4$에 대입한다.

$4x=-2x+4$, $x=\dfrac{2}{3}$이다.

이 해를 두 개의 식 중에서 계산이 편한 식 $y=4x$에 대입하면 $y=4 \times \dfrac{2}{3}=\dfrac{8}{3}$이다.

따라서 두 그래프의 교점은 $\left(\dfrac{2}{3}, \dfrac{8}{3}\right)$이다.

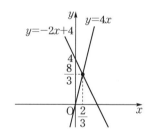

두 함수 $y=f(x)$와 $y=g(x)$ 그래프가 만나는 교점의 좌푯값을 알고 싶다면 $f(x)=g(x)$라는 방정식을 세워 x값을 구하라. 구한 x값을 두 함수식 중 다른 한 식에 대입하면 y값이 구해진다. 이때 두 함수 그래프가 만나는 점은 (x, y)이다. 함수 문제에서 함수 그래프의 교점 개념은 꼭 알아야 한다. 잘 모르겠다면 다시 읽어 보기 바란다.

11

이차함수는
함수의 꽃이다

이차함수는 함수의 꽃이다. 이차함수와 관련된 내용을 모두 안다면 고등수학의 모든 함수 문제를 이해할 수 있다. 반대로 이차함수의 기본 개념을 모르면 모든 함수 문제가 어려울 것이다.

이차함수를 배웠다면 무엇이 생각나는가? 아래로 볼록, 위로 볼록, 꼭짓점, 꼭짓점 만들기 등이 생각날 것이다.

"이차함수가 선대칭도형인 이유는 무엇인가?"
"이차함수는 왜 볼록한 모양이 되는가?"

위 질문에 대답이 고민된다면 함수 개념 이해가 부족한 것이다. 기본을 충실하게 공부해야 응용력이 생긴다.

(1) 그래프는 아래로 볼록인가? 위로 볼록인가?

(2) 꼭짓점은 무엇인가?

(3) 그래프가 y축과 만나는 점은 무엇인가?

이차함수 개형을 그릴 때는 반드시 위의 3가지 사항을 점검해야 한다. 이차함수의 기본 내용을 보자.

$y=ax^2$ (단 $a>0$) 함수의 특징

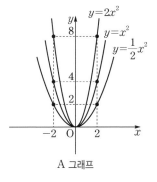

A 그래프

(1) x^2의 계수 a가 양수($a>0$)이면 아래로 볼록한 모양

(2) 오른쪽 A 그래프의 아래로 볼록한 꼭지 부분을 꼭짓점이라 한다. A 그래프에서 꼭짓점은 $(0, 0)$인 원점이다.

(3) y축 (혹은 직선 $x=0$)에 선대칭함수이다.

(4) a의 값이 클수록 그래프 폭이 좁아진다.

$y=ax^2$ (단 $a<0$) 함수의 특징

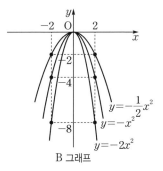

B 그래프

(1) x^2의 계수 a가 음수($a<0$)이면 위로 볼록한 모양

(2) 오른쪽 B 그래프의 위로 볼록한 꼭지 부분을 꼭짓점이라 한다. B 그래프에서 꼭짓점은 $(0, 0)$인 원점이다.

(3) y축 (혹은 직선 $x=0$)에 선대칭함수이다.

(4) a의 절댓값이 클수록(a가 음수이므로 값이 작을수록) 그래프 폭이 좁아진다.

이차함수와 선대칭함수

(1) 이차함수가 꼭짓점 (p, q)일 때, 직선 $x=p$에 선대칭인 함수이다. 이때 $x=p$를 이차함수의 축의 방정식이라 한다.

(2) 꼭지점이 y축 위에 있을 때, 즉 꼭짓점이 $(0, q)$일 때는 축의 방정식은 $x=0$이다. 직선 $x=0$은 y축을 뜻한다.

이차함수는 선대칭함수이다. 이차함수는 대칭축을 기준으로 좌우대칭 모양을 이룬다는 뜻에서 선대칭함수이다. 선대칭과 선대칭함수는 다른 의미이다. 그 차이를 알아보자.

(1) 선대칭
   1) 오른쪽 그래프에서 점 A를 y축 (혹은 직선 $x=0$)에 선대칭하면 점 A′가 된다.

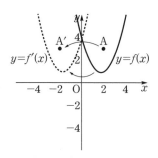

   2) 그래프에서 $y=f(x)$ 함수를 y축 (혹은 직선 $x=0$)에 선대칭하면 점 선으로 그려진 $y=f'(x)$가 된다.
     이때 함수 $y=f(x)$와 $y=f'(x)$는 직선 $x=0$ (혹은 y축)에 선대칭인 함수라고 한다.

274

(2) 이차함수는 꼭짓점이 (p, q)일 때, 직선 $x=p$에 선대칭함수이다.

1) A 그래프의 꼭짓점은 $(0, -3)$이다. 이차함수의 꼭짓점이 y축 위에 있을 때, 이 함수는 y축에 대칭인 함수 혹은 직선 $x=0$에 대칭인 함수라고 한다. 그리고 이 식 $x=0$을 축의 방정식이라 한다. 이 함수는 이 축을 기준으로 좌우가 대칭이다.

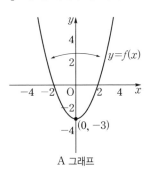

A 그래프

2) B 그래프의 꼭짓점은 $(2, 1)$이다. 꼭짓점의 x좌표 2를 지나는 세로선인 직선 $x=2$에 선대칭인 함수이다.

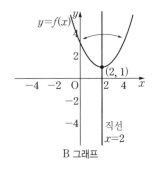

B 그래프

이차함수의 모양

(1) x^2의 계수가 양수이면 그래프는 아래로 볼록한 곡선 $\cup$ 모양이다. $y=③x^2$, $y=④x^2-1$, $y=②x^2-3x+1$ 등의 ○안의 숫자는 x^2의 계수이다. $y=x^2+1$, $y=(x-2)^2$, $y=(x+1)^2+1$처럼 $y=①x^2$, $y=①(x-1)^2$처럼 양수 1이 생략되었다. 이 앞의 식들은 이차식의 계수가 모두 양수이다. 따라서 그래프는 아래로 볼록한 형태이다.

(2) x^2의 계수가 음수이면 그래프는 위로 볼록한 곡선 $\cap$ 모양이다. $y=-x^2$, $y=-2x^2+1$, $y=-2(x+2)^2$, $y=-3x^2+2x$ 등은 x^2의 계수가 모두 음수이다. 따라서 그래프는 위로 볼록한 그래프이다.

(1) 꼭짓점

     $a)$ $y=ax^2$ 모양 − 꼭짓점 $(0, 0)$

     $b)$ $y=ax^2+b$ 모양 − 꼭짓점 $(0, b)$

     $c)$ $y=a(x+b)^2$ 모양 − 꼭짓점 $(-b, 0)$

        $y=a(x-b)^2$ 모양 − 꼭짓점 $(b, 0)$

     $d)$ $y=a(x+b)^2+c$ 모양 − 꼭짓점 $(-b, c)$

        $y=a(x-b)^2+c$ 모양 − 꼭짓점 (b, c)

(2) 꼭짓점 구하기

     $y=(x-1)^2$의 꼭짓점은 $(1, 0)$이다. $y=3(x+1)^2+4$라면 꼭짓점은 $(-1, 4)$라고 한다. 왜 이 점이 꼭짓점이 되는가를 말해 보라.

"공식 아닌가요? 위에는 그렇게 써져 있네요."

꼭짓점은 이차함수가 갖는 y값이 가장 크거나(위로 볼록일 때) 가장 작게(아래로 볼록일 때) 나오는 지점이다. 이차함수의 y좌표는 x^2의 계수에 영향을 받는다. 계수가 양수이면 아래로 볼록, 음수이면 위로 볼록이다. 이유를 간단히 살펴보자.

$y=x^2+3$은 x^2이 0이 되는 $x=0$일 때, $y=0^2+3$으로 y값이 가장 작다. 왜냐면 x에 0이 아닌 수를 대입하면 $x^2+3>3$가 된다. 즉 함숫값 y가 3보다 커진다. 따라서 $y=x^2+3$은 그래프가 아래로 볼록하게 내려가다 증가한다. 그리고 점 $(0, 3)$은 이 그래프의 가장 아래로 내려간 지점으로 꼭짓점이 된다.

$y=x^2+2$의 그래프를 그리고 꼭짓점을 구하시오.

풀이

x^2의 계수가 양수 : 아래로 볼록(∪ 모양), y값이 가장 작게 나오는 점이 꼭짓점이다. 함수 그래프는 점들을 구해 선으로 이으면 된다. 이때 주목해야 하는 것은 y값의 변화이다. 아래 그림에서 꼭짓점은 (0, 2)가 된다.

$x=0$을 대입하면

$y=0^2+2$, $y=2$이다. 점 (0, 2)

$x=1$을 대입하면

$y=1^2+2$, $y=3$이다. 점 (1, 3)

$x=-1$를 대입하면

$y=(-1)^2+2$, $y=3$이다. 점 $(-1, 3)$

$x=2$를 대입하면 $y=2^2+2$, $y=6$이다. 점 (2, 6)

$x=-2$를 대입하면 $y=(-2)^2+2$, $y=6$이다. 점 $(-2, 6)$

함수 그래프는 $y=x^2+2$ 위의 점들을 선으로 이었다. 그런데 점들이 꼭짓점 (0, 2)를 기준으로 좌우가 대칭을 이룬다. 즉 이 함수는 직선 $x=0$ 혹은 y축에 대칭인 함수가 된다.

$y=-(x-1)^2+5$ 위의 점들을 구하여 그래프를 그리시오.

풀이

이차함수 위의 점을 구할 때는 대칭축을 기준으로 좌우대칭인 x값을 대입하는 것이 좋다. 함수식 $y=ax^2+b$ 꼴은 $x=0$을 기준으로, $y=a(x-p)^2+q$ 꼴일 때는 $x=p$를 기준으로 좌우대칭인 x값을 대입하는 것이 좋다.

$x=1$을 대입하면

$y=-(1-1)^2+5=5$, 점 $(1, 5)$

$x=1$보다 1큰 수 $x=2$를 대입하면

$y=5-(2-1)^2$, $y=4$, 점 $(2, 4)$

$x=1$보다 1작은 수 $x=0$을 대입하면

$y=5-(0-1)^2$, $y=4$, 점 $(0, 4)$

$x=1$보다 2큰 수 $x=3$을 대입하면

$y=5-(3-1)^2$, $y=1$, 점 $(3, 1)$

$x=1$보다 2작은 수 $x=-1$을 대입하면

$y=5-(-1-1)^2$, $y=1$, 점 $(-1, 1)$이다.

이 함수의 꼭짓점은 $(1, 5)$이며 대칭축의 방정식은 $x=1$이다.

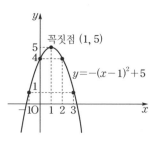

위 문제의 함수 $y=-(x-1)^2+5$의 꼭짓점을 값의 변화를 통해 이해하여 보자.

$y=-(x-1)^2+5$에서 $-(x-1)^2$의 x에 $x=1$을 대입하면 0이다. 따라서 $y=5$이다. 하지만 $-(x-1)^2$의 x에 $x=1$이 아닌 수를 대입하면 $-(x-1)^2+5$는 $-$(어떤 양수)$+5$이다.

교환법칙으로 위치를 바꾸면 5$-$(어떤 양수)로 이 값은 5보다 작은 수가 된다. 그리고 식 $-(x-1)^2+5$는 y값이다. 즉 이 함수의 y값은 5이하의 숫자가 된다.

따라서 점 $(1, 5)$는 함수 $y=-(x-1)^2+5$ 위의 점 중 y값이 가장 크게 나오는 숫자이다. 이 말은 그래프의 모든 점의 y값이 5이하로 내려가는 그래프라는 뜻이다. 그래서 이 함수의 그래프는 위로 볼록한 형태가 된다. 지금까지 꼭짓점과 대칭축에 대해 설명했다. 처음 배워서 이해가 부족하다면 앞 글을 다시 읽어 보자.

이차함수 일반형 $y=ax^2+bx+c$와 꼭짓점

$y=2x^2+4x-3$은 이차식의 계수가 양수이다. 따라서 아래로 볼록이다. 아래로 볼록인 함수는 함숫값 (y값)이 가장 작게 나오는 점이 꼭짓점이다. x에 어떤 값을 대입해야만 y값이 가장 작은 수가 되는지 알 수 있는가?

"$x=0$을 대입하면 $y=2\times 0^2+6\times 0-3$, $y=-3$이 가장 작지 않나요?"

아니다. 함숫값 y가 가장 작은 값을 갖는 x값은 $x=-1$이다. 즉 $y=2\times(-1)^2+4\times(-1)-3$, $y=-5$로 가장 작은 y값이 된다. 따라서 꼭짓점은 $(-1, -5)$가 된다. $x=-1$을 대입할 때, y값이 가장 작다는 것을 어떻게 알았을까? 이차함수 $y=ax^2+bx+c$에서처럼 일차식 x가 존재할 때에는 어떤 x값을 대입해야 가장 작은 y값이 되는가를 알 수 없다. 이차함수의 함숫값이 가장 큰 값이 되거나 가장 작은 값이 되도록 하는 x값은 식의 형태가 표준형 모양일 때 알 수 있다. 이차함수 표준형을 알아보자.

꼭짓점 좌표를 바로 알 수 있는 이차함수 표준형

a) $y=ax^2$ 모양 $-$ 꼭짓점 $(0, 0)$

b) $y=ax^2+b$ 모양 $-$ 꼭짓점 $(0, b)$

c) $y=a(x+b)^2$ 모양 $-$ 꼭짓점 $(-b, 0)$

  $y=a(x-b)^2$ 모양 $-$ 꼭짓점 $(b, 0)$

d) $y=a(x+b)^2+c$ 모양 $-$ 꼭짓점 $(-b, c)$

  $y=a(x-b)^2+c$ 모양 $-$ 꼭짓점 (b, c)

꼭짓점을 바로 알 수 있는 식의 모양은 위와 같다. 위 식은 x^2만 있거나 $(x-b)^2$ 혹은 $(x+b)^2$ 같은 완전제곱식 모양이다. 즉 $y=2x^2+4x-3$처럼 일차식인 x가 없다. 일차식을 갖고 있는 식은 위의 모양처럼 식을 완전제곱식으로 바꿔야 한다. 아직 안 배운 학생을 위해 간단히 설명해 보겠다.

곱셈 공식 중2

$$(a+b)^2=a^2+2ab+b^2$$ "에이플러스비제곱은 에이 제곱 플러스 이에이비 플러스 비 제곱"
$$(a-b)^2=a^2-2ab+b^2$$ "에이마이너스비제곱은 에이 제곱 마이너스 이에이비 플러스 비 제곱"

수학 공식에 있는 문자는 하나의 틀을 의미한다. 초등 때 문제로 말하면 공식의 문자는 네모칸과 같은 것이다. 또한 등호로 연결된 식은 왼쪽 식과 오른쪽 식의 위치를 바꾸어 써도 등호가 성립한다. 위 공식의 좌우를 바꾸어 써 보자. 아래 공식은 인수분해 공식이다.

인수분해 공식

$$a^2+2ab+b^2=(a+b)^2,\ a^2-2ab+b^2=(a-b)^2$$

틀로 보는 공식

$$\square^2+2\square\bigcirc+\bigcirc^2=(\square+\bigcirc)^2 \text{ 혹은 } 앞^2+2앞뒤+뒤^2=(앞+뒤)^2$$

예1 $x^2+2\cdot x\cdot 4+4^2=(x+4)^2,\ (3x)^2+2\cdot 3x\cdot 2+2^2=(3x+2)^2$

예2 x^2+6x+9를 위의 공식 틀에 맞게 고쳐 보자. 포인트는 공식에 있는 숫자 2이다. 이 숫자를 맞춰 줘야 한다.
$$x^2+6x+9=x^2+2\cdot x\cdot 3+3^2$$
$$=(x+3)^2$$

예3 $4x^2+4x+1=(2x)^2+2\cdot 2x\cdot 1+1^2$
$\qquad\qquad\quad =(2x+1)^2$

문제 : 중3

$y=x^2+4x-3$의 꼭짓점과 그래프가 지나는 y축 위의 점을 구하시오.

 풀이

x^2의 계수가 1인 경우에는 주어진 식을

$x^2+2\cdot x\cdot \dfrac{\square}{2}+\left(\dfrac{\square}{2}\right)^2=\left(x+\dfrac{\square}{2}\right)^2$ 형태가 되도록 만든다.

$y=x^2+4x-3$

$y=x^2+2\cdot x\cdot \dfrac{4}{2}+\left(\dfrac{4}{2}\right)^2-\left(\dfrac{4}{2}\right)^2-3$

$\quad =\left(x+\dfrac{4}{2}\right)^2-4-3$

$\quad =(x+2)^2-7$

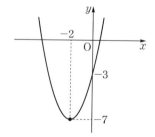

x^2 계수가 1로 양수이다. 그래프 개형은 아래로 볼록한 모양이다.

$y=(x+2)^2-7$에서 $x=-2$이면 $(-2+2)^2$으로 $y=0-7$이다.

즉 $x=-2$를 대입하면 $y=-7$이 가장 작은 y값이 된다.

따라서 축의 방정식은 $x=-2$이고, 꼭짓점은 $(-2,\ -7)$이다.

개형을 그릴 때는 주어진 함수식에 $x=0$을 대입하여 그래프가 y축과 만나는 점을 구한다. $y=0^2+4\times 0-3$, $y=-3$을 지난다.

좀 더 쉽게 말해 보자. x^2 계수가 1이면 $\left(\dfrac{x의 계수}{2}\right)^2$을 일차식의 뒤에 더하고 뺀다. 무슨 말일까? $y=x^2+4x-3$의 x^2 계수는 1이고 x의 계수는 4이다. $\left(\dfrac{x의 계수}{2}\right)^2$ 즉 $\left(\dfrac{4}{2}\right)^2$을 더하고 뺀 값을 아래처럼 식 $4x$와 -3 사이에 끼워 넣는다.

$$y=x^2+4x+\left(\frac{4}{2}\right)^2-\left(\frac{4}{2}\right)^2-3 \qquad \cdots\cdots(a)$$
$$=\left(x+\frac{4}{2}\right)^2-\left(\frac{4}{2}\right)^2-3 \qquad \cdots\cdots(b)$$
$$=(x+2)^2-2^2-3$$
$$=(x+2)^2-7$$

대다수의 학생들이 지금 설명한 내용을 알고 있다. 그러나 이것은 방법을 외우는 것이다. 외운 것은 시간이 지나면 잊혀진다. 완전제곱식 형태를 이용한 풀이 방법을 알아 두는 것이 좋다.

문제 : 중3

$y=2x^2+4x-1$의 꼭짓점의 좌표를 구하시오.

 x^2의 계수가 1이 아닌 경우 즉 $y=ax^2+bx+c$에서
$a\neq1$이면 $y=a\left(x^2+\dfrac{b}{a}x\right)+c$로 고친 후 괄호 안의 $x^2+\dfrac{b}{a}x$를
완전제곱식으로 만든다.

$$y=2x^2+4x-1$$
$$=2\left(x^2+\frac{4}{2}x\right)-1=2(x^2+2x)-1$$
$$=2(x^2+2x+1^2-1^2)-1$$
$$=2\{(x+1)^2-1\}-1$$
$$=2(x+1)^2-2-1$$
$$=2(x+1)^2-3$$

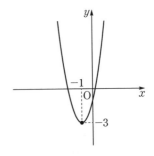

$2(x+1)^2$이 0이 되도록 $x=-1$을 $y=2(x+1)^2-3$에 대입하면
$y=-3$이다. 위 그래프를 보면 함숫값 -3이 가장 작은 y값이다.
꼭짓점은 $(-1,\ -3)$이다.

"샘! 전 바보인가봐요. 너무 어려워요. ㅠㅠ"

음... 힘들어 하는 학생이 있을 수 있다. 아래 풀이를 하나 더 보자. 아래의 식은 이차함수 일반형 $y = ax^2 + bx + c$로 완전제곱식 만들기를 한 것이다.

$$y = ax^2 + bx + c$$
$$= a\left(x^2 + \frac{b}{a}x\right) + c$$
$$= a\left(x^2 + 2 \cdot \frac{b}{2a} \cdot x + \left(\frac{b}{2a}\right)^2 - \left(\frac{b}{2a}\right)^2\right) + c$$
$$= a\left(x + \frac{b}{2a}\right)^2 - \frac{b^2 - 4ac}{4a}$$

위 풀이에서 $\left(x + \frac{b}{2a}\right)^2$이 0이 되도록 하는 x값은 $x = -\frac{b}{2a}$이다. 아래 두 문장을 읽어 보라.

"꼭짓점 엑스는 마이너스 이에이 분에 비"
"구한 엑스 값을 식에 대입하면 꼭짓점 와이가 된다."

예 $y = x^2 - 4x + 1$에서 $a = 1$, $b = -4$이므로
꼭짓점 $x = -\frac{b}{2a} = -\frac{-4}{2 \times 1} = 2$이다. $x = 2$를 식에 대입하면
$y = 2^2 - 4 \cdot 2 + 1 = 4 - 8 + 1$, $y = -3$이며 꼭짓점은 $(2, -3)$이다.
따라서 위 식 $y = x^2 - 4x + 1$은 $y = (x-2)^2 - 3$으로 고쳐진다.

이차함수 $y=f(x)$ 그래프가 다음과 같다.
$f(4)$의 값을 구하여라.

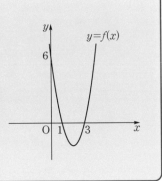

"어~ 배운 거랑 문제가 다른데요? 이건 반칙이죠."

예제는 쉽다. 그런데 연습문제를 풀려고 하면 어렵다. 배운 개념과 문제에 주어진 정보들을 서로 연결하지 못하기 때문이다. 위 문제를 푸는 방법에는 세 가지가 있다. 세 가지 풀이 방법을 다 알고 있는가? 아니라면 다음 내용을 잘 읽어 보기 바란다.

풀이 1

이차함수의 일반형 $y=ax^2+bx+c$를 이용하여 풀어 보겠다.
그래프가 그려진 문제를 풀 때는 그래프 위에 존재하는 점 혹은
좌표를 찾는 것이 첫 번째로 할 일이다.
x축 위의 두 점 : $(1, 0), (3, 0)$　　　y축 위의 점 : $(0, 6)$
$y=f(x)$는 이차함수이다. $y=ax^2+bx+c$라고 쓴다.
함수 그래프 위의 점은 함수식에 대입할 수 있다.
따라서 위의 세 점을 식에 대입하자. $(0, 6)$을 함수에 대입하자.
$6=0+0+c$, $c=6$이다.
c값을 대입하여 함수식을 다시 쓰자.
$y=ax^2+bx+6$이다. 이 식에 x축 위의 두 점을 대입한다.

점 $(1, 0)$의 $x=1$, $y=0$을 대입 : $0=a+b+6$

점 $(3, 0)$의 $x=3$, $y=0$을 대입: $0=9a+3b+6$

연립방정식을 풀면 $a=2$, $b=-8$이다.

$f(x)=2x^2-8x+6$, $f(4)=6$이다.

대다수 학생들이 위와 같은 방법으로 문제를 풀 것이다. 그런데 주의할 것이 있다. 고등수학에서 어떤 문제를 해결하는 한 가지 방법만을 안다는 것은 좋은 공부 방법이 아니다. 문제의 답을 아는 것이 목표이지만 얼마나 빨리 해결하는가도 중요하기 때문이다. 어떤 문제를 해결하는 또 다른 방법이 있다면 그것도 반드시 알아 두는 것이 필요하다.

함수 그래프가 x축과 만나는 점의 x좌푯값은 방정식의 근을 의미한다. $y=ax^2+bx+c$에서 y에 0을 대입하면 $0=ax^2+bx+c$이다. 이 방정식의 근은 이차함수 그래프를 그렸을 때, 그래프가 x축과 만나는 점의 x좌표이다. 이 개념은 겁나게 중요하다.

풀이2

위 문제의 그래프가 x축과 만나는 점 (x, y)는 $(1, 0)$, $(3, 0)$이다.

이때 $x=1$, $x=3$은 방정식 $(x-1)(x-3)=0$의 근이다.

  $(x-1)(x-3)=0$, $x=1$, $x=3$

  $2(x-1)(x-3)=0$, $x=1$, $x=3$

  $3(x-1)(x-3)=0$, $x=1$, $x=3$

  $a(x-1)(x-3)=0$, $x=1$, $x=3$

위의 식에서 a의 값이 달라져도 근은 모두 같다.

따라서 두 근 1과 3으로 함수식을 세우면 $y=a(x-1)(x-3)$이 된다.

이제 y축 위의 점 $(0, 6)$을 식에 대입한다.

$6=a(0-1)(0-3)$, $3a=6$, $a=2$

$f(x)=2(x-1)(x-3)$, $f(4)=2(4-1)(4-3)$, $f(4)=6$

문제에 제시된 정보는 반드시 모두 사용해야만 문제가 해결된다. 이제 위 내용을 다시 정리해 보겠다. 이차함수 $y=f(x)$ 그래프가 있다. 그래프가 $x=\alpha$, $x=\beta$라는 x축 위의 좌표를 지난다. 이것은 $f(\alpha)=0$, $f(\beta)=0$을 뜻한다. 따라서 $x=\alpha$, $x=\beta$는 이차방정식의 두 근이다. 이 두 근으로 함수식을 세우면 $y=a(x-\alpha)(x-\beta)$이다. 물론 a의 값은 그래프 또는 문제에 제시된 어떤 다른 조건을 이용하여 구한다.

풀이 3

이차함수는 꼭짓점을 알면 식으로 표현이 가능하다.
따라서 꼭짓점을 알 수 있는가를 생각해 보자.

수직선 위에 두 수 a와 b가 있을 때, 두 수의 중점은 $x=\dfrac{a+b}{2}$이다.
그리고 이차함수는 꼭짓점을 기준으로 좌우대칭을 이루는 모양을 갖는다.
이차함수의 꼭짓점이 (p, q)일 때
함수식은 $y=a(x-p)^2+q$이다.
오른쪽 그래프를 보면 꼭짓점 $p=\dfrac{1+3}{2}$, $p=2$이다.

함수식은 $y=a(x-2)^2+q$이다.
$(1, 0)$ 또는 $(3, 0)$을 대입하면 $0=a+q$,
$(0, 6)$을 대입하면 $6=4a+q$
연립방정식을 풀면 $a=2$, $q=-2$이다.
$y=2(x-2)^2-2$
$f(x)=2(x-2)^2-2$
$f(4)=2(4-2)^2-2$
$\therefore f(4)=6$

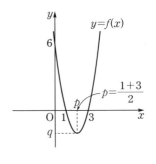

이차함수에서 꼭짓점의 x값을 p라고 할 때, 이 함수는 직선 $x=p$ 혹은 축의 방정식 $x=p$에 대칭인 함수가 된다. 이차함수의 대칭성은 이차함수 문제에서 매우 중요한 것이니 꼭 알아두기 바란다.

12

이차방정식과 판별식

수학 문제를 풀 때 가장 알맞은 방법을 쓸 줄 아는 학생이 능력자다. 가장 알맞은 방법을 선택해 쓰고 싶은가? 그러려면 다양한 풀이 방법을 미리 공부해 둬야 한다.

"이차방정식의 근(해)은 어떻게 구하는가?"
"근의 공식에 대입합니다."

틀린 말이기도 하고 맞는 말이기도 하다. 예를 들어 보자. 사과가 하나 있다. 부엌칼, 중식도, 회칼, 버터칼, 커터 칼, 푸주 칼, 과도(과일 깎는 칼) … 등의 칼이 있다. 무엇을 사용하겠는가? 당연히 '과도'일 것이다. 물론 다른 칼도 가능하다. 하지만 적당하지 않다. 게으른 자는 수학 실력을 높일 수 없다. 꼼꼼하게 다양한 풀이법을 학습하는 것이 필요하다.

(1) 인수분해가 된다면 인수분해로 근을 구한다.

(2) 인수분해가 안 될 때는 x의 계수가 짝수인지 홀수인지 확인한 후에 근의 공식으로 근을 구한다.

　가) x의 계수가 짝수가 아닐 때 : $x=\dfrac{-b\pm\sqrt{b^2-4ac}}{2a}$

　나) x의 계수가 짝수일 때 : $b'=\dfrac{b}{2}$, $x=\dfrac{-(b')\pm\sqrt{(b')^2-ac}}{a}$

　중3 때 근의 공식을 배운다. 그런데 이것을 배울 때, 두 개의 공식을 분리하여 외우지 않는 학생들이 있다. 만약 x의 계수가 짝수일 때, 짝수 근의 공식을 사용하면 계산을 3단계 줄일 수 있다. 또한 계산할 때, 숫자가 커지는 것도 막아 준다. 계산 과정이 길어지거나 숫자가 커지면 계산에서 실수할 확률이 높다. 수학 계산은 실수를 줄이는 방법으로 계산해야 한다.

문제 : 중3

이차방정식의 해를 구하시오.

$$x^2+x-2=0$$

풀이

이차방정식에서 실수인 해의 개수는 0개, 1개, 2개 중 하나이다.

이차방정식의 해는 기본적으로 인수분해로 구한다.

그럼 왜 인수분해를 할까?

$(x+2)(x-1)=0$에 $x=-2$를 대입하면 $0\times(-2-1)=0$이다.

$x=1$을 대입하면 $(1+2)\times0=0$이다.

따라서 방정식 $(x+2)(x-1)=0$의 해가 $x=-2$ 또는 $x=1$임을

쉽게 알 수 있다. x^2+x-2를 $(x+2)(x-1)$과 같은 곱셈의

모양으로 고치는 것을 인수분해라고 한다.

오른쪽 풀이를 보자.

x^2을 $x \times x$라 하여 세로로 썼다.

-2를 $(+2) \times (-1)$로 하여 세로로 썼다.

$$\begin{array}{c} x^2 + x - 2 \quad\longrightarrow\ +2x \\ x \quad\times\quad +2 \quad)\ +)\ -\ x \\ x \quad\diagdown\quad -1 \qquad +\ x \end{array}$$

그리고 화살표 방향으로 곱한 두 값의 합이 이차식 $x^2 + x - 2$의
일차식 $+x$와 일치한다. 그럼 인수분해는 아래와 같이 쓴다.

$x^2 + x - 2 = 0$, $(x+2)(x-1) = 0$이다.

해(근)은 $x = -2$, $x = 1$이다.

대부분의 학생이 이차방정식을 알고 있을 것이다. 여기선 자신이 생각하지 않았던 내용이 있을 수 있다. 편안한 마음으로 읽어 주기 바란다.

문제 : 중3

다음 이차방정식 $x^2 - 4x - 3 = 0$의 해를 구하시오.

풀이

이차방정식이 인수분해되지 않을 때는 근의 공식을 쓴다.

하지만 근의 공식이 아닌 다른 방법도 있다. 바로 제곱근의 원리다.

근의 공식은 바로 이 제곱근의 원리를 이용하여 만든 것이다.

$x^2 = 4$의 해는 $x = +2$, $x = -2$이다.

하지만 $x^2 = 3$이 되는 x값이 없다.

그래서 루트($\sqrt{\ }$)라는 기호로 아래와 같은 약속을 만들었다.

$\sqrt{3} \times \sqrt{3} = (\sqrt{3})^2 = 3$, $(-\sqrt{3}) \times (-\sqrt{3}) = (-\sqrt{3})^2 = 3$

결국 $x^2 = 3$이 되는 x값은 $x = \sqrt{3}$, $x = -\sqrt{3}$ 이다.

또는 $x = \pm\sqrt{3}$ 이다.

$x^2 - 4x - 3 = 0$ ⇒ 3을 우변으로 이항한다.

$x^2 - 4x = 3$ ⇒ $\left(\dfrac{4}{2}\right)^2$을 양변에 더한다.

$x^2 - 4x + 2^2 = 3 + 2^2$ ⇒ $x^2 - 2 \cdot x \cdot 2 + 2^2 = (x-2)^2$

$(x-2)^2 = 7$ ⇒ $X^2 = a$이면 $X = \pm\sqrt{a}$

$$x - 2 = \pm\sqrt{7}$$
$$\therefore x = 2 \pm \sqrt{7}$$

근의 공식은 제곱근의 원리로 만든 것이다. 만약 근의 공식을 잊었다면 인수분해가 되지 않는 이차방정식의 해는 위의 풀이처럼 제곱근의 원리로 구할 수 있다.

"어! 그럼 근의 공식은 외우지 않아도 되죠?"

수학 과목을 좀 더 잘하고 싶은 마음에서 지금 이 책으로 공부하고 있는 것이다. 그렇다면 지금까지 하기 싫어 하지 않았던 것들도 해야 한다. 그것이 실력을 향상시키는 방법이다. 나부터 변해야 나의 수학 실력도 더 나은 방향으로 변할 것이다.

근의 공식 만들기

이차방정식 $ax^2 + bx + c = 0$의 근 구하기 (단, $a \neq 0$)

$ax^2 + bx + c = 0$

$ax^2 + bx = -c$ ⇒ c를 우변으로 이항한다.

$x^2 + \dfrac{b}{a}x = -\dfrac{c}{a}$ ⇒ a로 양변을 나눈다.

$x^2 + \dfrac{b}{a}x + \left(\dfrac{b}{2a}\right)^2 = -\dfrac{c}{a} + \left(\dfrac{b}{2a}\right)^2$ ⇒ x계수를 2로 나눈 $\left(\dfrac{b}{2a}\right)^2$을 양변에 더한다.

$\left(x + \dfrac{b}{2a}\right)^2 = -\dfrac{c}{a} + \dfrac{b^2}{4a^2}$ ⇒ 좌변을 완전제곱식으로 고친다.

$x + \dfrac{b}{2a} = \pm\sqrt{\dfrac{b^2 - 4ac}{4a^2}}$ ⇒ $X^2 = a$이면 $X = \pm\sqrt{a}$를 사용한다.

$$x = -\frac{b}{2a} \pm \frac{\sqrt{b^2 - 4ac}}{2a}$$

$$\therefore\ x = \frac{-b \pm \sqrt{b^2 - 4ac}}{2a}$$

문제 : 중3

다음 이차방정식 $x^2 - 4x - 3 = 0$의 해를 구하시오.

풀이

앞에 있던 문제이다. 앞에서는 인수분해가 되지 않아 제곱근의 원리로 근을 구했다. 여기서는 짝수 근의 공식을 사용해 보자.

$ax^2 + bx + c = 0$

짝수 근의 공식 $b' = \dfrac{b}{2}$, $x = \dfrac{-(b') \pm \sqrt{(b')^2 - ac}}{a}$

문제 $x^2 - 4x - 3 = 0$은 $1x^2 + (-4)x - 3 = 0$이다.

근의 공식에 있는 문자 a는 x^2의 계수이다. $a = 1$이다.

x의 계수 $b = -4$로 짝수이다.

c는 x문자가 없는 숫자, 즉 상수이다.

$c = -3$이다. 짝수 근의 공식에서 $b' = \dfrac{b}{2}$이다.

x의 계수를 2로 나누면 $b' = \dfrac{-4}{2} = -2$이다.

짝수 근의 공식 $x = \dfrac{-(b') \pm \sqrt{(b')^2 - ac}}{a}$에

$a = 1$, $b' = -2$, $c = -3$을 대입하여 근을 구한다.

$$x = \frac{-(-2) \pm \sqrt{(-2)^2 - 1 \cdot (-3)}}{1} = 2 \pm \sqrt{7}$$

'판별식'이란 근을 판정을 하는데 사용하는 식이라는 뜻이다. 그럼 무엇을 판정하는가? 이차방정식을 풀었을 때 x값 즉 근(해)의 상태를 판정한

다는 뜻이다. 근의 공식을 통해 판별식의 의미를 정확하게 이해하여 보자.

　이차방정식은 인수분해가 가능할 수도 있고, 불가능할 수도 있다. 인수분해가 가능하다면 인수분해로 근을 구하는 것이 좋다고 앞서 말했다. 하지만 인수분해가 가능할 때에도 인수분해 대신에 근의 공식을 써도 된다. 물론 인수분해가 불가능할 때에는 근의 공식을 써야 한다.

　　이차방정식 : $ax^2 + bx + c = 0$

　　이차방정식의 근(해) $x = \dfrac{-b \pm \sqrt{b^2 - 4ac}}{2a}$

　　판별식 $D = b^2 - 4ac$

　근의 공식의 일부인 $\sqrt{b^2 - 4ac}$ 의 루트 안에 있는 식 $b^2 - 4ac$를 판별식 D라고 한다. 이때 D는 'discriminant'라는 단어의 첫 글자이다. 단어의 뜻은 '판별의, 식별의'이다. 수학에서는 '판별식'이라는 의미로 쓰인다.

　그럼 식 '비제곱 마이너스 사에이씨($b^2 - 4ac$)'가 왜 판별식이 될까? 무슨 판별을 할까? 바로 실근의 개수를 판별한다. 실근이란 근이 실수인 근을 말한다. 그럼 실근이 아닌 것은 무엇인가? 허근이다. 그리고 허근은 허수인 근을 뜻한다.

　　허수 : 루트 안의 값이 음수인 수

　　약속 : $\sqrt{-1}$을 i라고 한다.

　　$\sqrt{-3} = \sqrt{3} \times \sqrt{-1} = \sqrt{3} \times i = \sqrt{3}\,i$라고 하여 i가 붙은 수가 허수이다.

(1) $b^2 - 4ac > 0$이면 왜 서로 다른 두 실근이 존재한다고 할까?

$$x^2 - x - 1 = 0$$

근의 공식에서 a는 x^2의 계수이다. 따라서 $a = 1$

$\qquad\qquad\qquad$ b는 x의 계수이다. '$-x$'에서 계수 $b = -1$

$\qquad\qquad\qquad$ c는 숫자 부분을 뜻한다. $c = -1$

$$x = \frac{-b \pm \sqrt{b^2 - 4ac}}{2a} = \frac{-(-1) \pm \sqrt{(-1)^2 - 4 \cdot 1 \cdot (-1)}}{2 \times 1}$$

$$= \frac{1 \pm \sqrt{5}}{2}$$

근 $\dfrac{1 \pm \sqrt{5}}{2}$는 $\dfrac{1 + \sqrt{5}}{2}$와 $\dfrac{1 - \sqrt{5}}{2}$라는 서로 다른 두 실수가 된다.

근의 공식 일부인 $\pm\sqrt{b^2 - 4ac}$에서 $b^2 - 4ac$가 0보다 큰 어떤 숫자가 된다면 $\pm\sqrt{\text{어떤 양수}}$가 된다.

따라서 근은 $+\sqrt{\text{어떤 양수}}$, $-\sqrt{\text{어떤 양수}}$라는 두 개가 존재한다.

즉 서로 다른 두 수의 x값이 생기는 것이다.

그래서 이차방정식에서 $b^2 - 4ac > 0$를 서로 다른 두 실근을 갖기 위한 조건이라고 한다.

(2) 근이 1개 (중근)일 때는 $b^2 - 4ac = 0$이어야 한다. 왜?

이차방정식의 근이 1개일 때, 그 근을 중근이라고 한다.

이런 근은 식의 모양이 완전제곱식 모양일 때 가능하다.

완전제곱식이란 식이 $(a+b)^2$, $(a-b)^2$ 모양인 것을 뜻한다.

$$x^2 - 4x + 4 = 0$$

$$(x - 2)^2 = 0$$

$$\therefore x = 2$$

위 방정식의 근을 근의 공식으로 구해 보자.

$$x = \frac{-(-4) \pm \sqrt{(-4)^2 - 4 \cdot 1 \cdot 4}}{2 \times 1} = \frac{4 \pm \sqrt{16 - 16}}{2} = \frac{4}{2} = 2$$

위에서 $\pm\sqrt{b^2 - 4ac}$ 부분인 $\pm\sqrt{16-16} = \pm\sqrt{0} = \pm 0$이다.

즉 $b^2 - 4ac$ 부분이 0이다. 그래서 '±'가 의미 없이 사라진다. 그리고 두 개의 숫자가 아닌 한 개의 숫자만 존재한다. 이 한 개의 근을 중근이라고 한다. 왜 중근일까? 중근이란 '중복된 근'이란 뜻이다.

$(x-2)^2 = 0$은 $(x-2)(x-2) = 0$으로 $x = 2$가 두 번 중복되어 '이중근'이라고도 한다. 물론 $(x-2)^3 = 0$의 $x = 2$는 삼중근이다.

(3) $b^2 - 4ac < 0$일 때는 "실근이 없다." 혹은 허근을 갖는 조건이라고 한다.

어떤 식의 근을 근의 공식으로 구했을 때 $x = \dfrac{1 \pm \sqrt{-3}}{2}$이라고 하자. 이 값의 루트 안의 숫자는 음수이다. 따라서 $x = \dfrac{1 \pm \sqrt{3}i}{2}$가 된다.

이 숫자는 허수이다. 즉 이차방정식이 실근이 아닌 허수인 허근을 갖는다.

근의 공식에서 $\pm\sqrt{b^2 - 4ac}$의 루트 안의 값인 $b^2 - 4ac$가 음수이면 근은 허수가 된다는 것을 알 수 있다. 그래서 $b^2 - 4ac < 0$를 실근을 갖지 않을 조건 또는 허근을 가질 조건이라고 한다.

판별식을 이용하여 풀어야 하는 이차방정식 문제들이 많다. 하지만 여기서는 설명을 생략하기로 한다. 왜? 뒷부분의 함수와 판별식 관계에서 예제로 살펴볼 것이다.

잠깐! 보통 고1 책을 보면 이차방정식이 $ax^2+bx+c=0$일 때 아래처럼 (1)~(3)의 조건이 주어진다. 여기에 하나를 더 추가해서 기억하기 바란다.

(1) 서로 다른 두 실근을 가질 조건 : $b^2-4ac>0$

(2) 중근 또는 실근이 1개일 조건, 식이 완전제곱식일 조건 :
$b^2-4ac=0$

(3) 실근을 갖지 않을 조건 혹은 허근을 가질 조건 : $b^2-4ac<0$

추가: (4) 실근을 가질 조건 : $b^2-4ac \geq 0$

(1)번도 실근이고 (2)번도 실근이다. 따라서 이차방정식이 실근을 가질 조건은 판별식 (1)번의 $b^2-4ac>0$와 (2)번의 $b^2-4ac=0$을 합하여 $b^2-4ac \geq 0$이다.

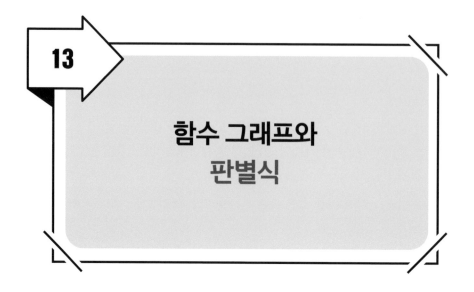

13

함수 그래프와
판별식

판별식을 그닥 중요하게 생각하지 않았는가? 판별식은 아주 중요하다. 고1에서 배우는 이차함수, 유리함수, 무리함수, 원 등의 단원에서 판별식이 쓰인다. 또 고2에서 배우는 지수함수, 로그함수, 삼차함수, 사차함수 문제에서도 판별식이 사용된다. 따라서 판별식과 함수 그래프와의 관계를 이해해야 한다.

판별식은 이차방정식 실근의 개수를 판단하는 데에 사용된다. 이차방정식 $ax^2+bx+c=0$은 인수분해가 되든 안 되든 근의 공식에 대입하여 근을 구할 수 있다. 아래 근의 공식을 보자.

$$근의 \ 공식 : x=\frac{-b\pm\sqrt{b^2-4ac}}{2a}, \ x=\frac{-b'\pm\sqrt{b'^2-ac}}{a} \ (단, \ b'=\frac{b}{2})$$

근의 공식에서 루트 안의 값 b^2-4ac가 양수($b^2-4ac>0$)이면 근은 서로 다른 두 개의 실수가 된다. 예를 들어 $x=\dfrac{-1\pm\sqrt{3}}{2}$이면 $x=\dfrac{-1+\sqrt{3}}{2}$과 $x=\dfrac{-1-\sqrt{3}}{2}$으로 두 개의 숫자이다. 하지만 $b^2-4ac=0$이면 근은 하나이다. 물론 이 근을 중근이라고 한다. 그럼 왜 근이 하나인가? 예를 들어 $b^2-4ac=0$이라 할 때, $x=\dfrac{-1\pm\sqrt{0}}{2}$ 같은 수가 될 수 있다. 이 숫자는 $x=-\dfrac{1}{2}$로 값이 하나가 된다. 그리고 b^2-4ac가 음수($b^2-4ac<0$)이면 실근은 없다. 예를 들어 $x=2\pm\sqrt{-3}$이라면 $x=2\pm\sqrt{3}i$로 실수가 아닌 허수가 된다. 앞 장의 설명을 복습해 보았다.

지금까지 설명한 근의 개념을 이차함수와 연관지어 설명해 보겠다. 함수 그래프를 그리는 좌표평면은 실수만 표시할 수 있다. 즉 허수는 좌표평면에 표시할 수 없다.

$ax^2+bx+c=0$의 '0'을 y로 바꾸면 이차함수 $y=ax^2+bx+c$가 된다.

이차함수에서 x^2의 계수가 양수이면 그래프는 아래로 볼록한 모양이다. 아래로 볼록한 이차함수 그래프는 아래 그림과 같이 x축과 만나는 상황이 3가지 존재한다.

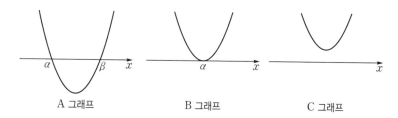

A 그래프   B 그래프   C 그래프

x축 위의 모든 점은 $(x, 0)$으로 y의 값이 '0'이다.

따라서 $y=ax^2+bx+c$의 y에 '0'을 대입하면 $ax^2+bx+c=0$이다. 이때 방정식 $ax^2+bx+c=0$의 근은 이차함수 그래프를 그렸을 때, 이차함수 그래프가 x축과 만나는 점의 x좌푯값이 된다.

위의 A 그래프를 보자. 이차함수가 α와 β라는 서로 다른 두 점에서 만난다. A 그래프의 x좌표인 α와 β는 점으로 $(\alpha, 0)$, $(\beta, 0)$이다. 이 점 $(\alpha, 0)$, $(\beta, 0)$을 $y=ax^2+bx+c$에 대입하면 $a\alpha^2+b\alpha+c=0$과 $a\beta^2+b\beta+c=0$이다. 여기서 α와 β는 이차방정식 $ax^2+bx+c=0$의 근이라는 것을 알 수 있다. 따라서 $a(x-\alpha)(x-\beta)=0$이라는 식을 세울 수도 있다.

다시 정리하자. 함수 $y=ax^2+bx+c$가 A 그래프처럼 x축과 서로 다른 두 점에서 만난다. 그러면 방정식 $ax^2+bx+c=0$이 서로 다른 두 실근을 갖는다는 뜻이 된다.

따라서 방정식 $ax^2+bx+c=0$으로 판별식을 만들면 $b^2-4ac>0$가 되어야 한다는 것을 알 수 있다.

문제 : 고1

> 이차함수 $y=x^2-x+k$가 x축과 서로 다른 두 점에서 만나기 위한 실수 k의 범위를 구하여라.

풀이 이차함수가 x축과 만날 때 y값은 $0(y=0)$이다. 그런데 함수가 x축과 서로 다른 두 점에서 만나려면 $y=0$을 $y=x^2-x+k$에 대입하여 만든 방정식 $x^2-x+k=0$이 서로 다른 두 실근을

······ 꿀 빠는 수학

가져야만 한다. 또한 이차방정식이 서로 다른 두 실근을 갖으려면
판별식의 값이 양수가 되어야 한다. 즉 $b^2-4ac>0$가 된다.

$x^2-x+k=0$에서 x^2의 계수 $a=1$, x의 계수 $b=-1$,
상수항 $c=k$를 $b^2-4ac>0$에 대입하자.

$(-1)^2-4\cdot1\cdot k>0$이다.

$-4k>-1$의 양변을 -4인 음수로 나누면 부등호 방향이 바뀐다.

즉 해는 $k<\dfrac{1}{4}$이다.

앞의 B 그래프는 x축과 한 점에서 만난다. 따라서 함수
$y=ax^2+bx+c$에 $y=0$을 대입하여 만든 $ax^2+bx+c=0$의 근이 1개
이다. 이 근은 B 그래프의 $x=\alpha$가 된다. 방정식 $ax^2+bx+c=0$의 근
이 α로 한 개라는 것은 식 $ax^2+bx+c=0$이 $a(x-\alpha)^2=0$과 같은 모양
이란 뜻이다. 이때 한 근 α는 중근이라고도 한다. 또한 이차함수가 B 그
래프처럼 x축과 한 점에서 만날 때, 이차함수가 x축에 접한다고 표현한
다. 그리고 이차방정식 $ax^2+bx+c=0$이 한 개의 근만 갖으려면 판별식
$b^2-4ac=0$이어야 한다.

문제 : 고1

함수 $y=x^2-x+k$가 x축과 오직 한 점에서 만나기 위한 k의 값을
구하시오.

 이차함수가 x축과 한 점에서 만난다(혹은 접한다)고 하면
함수 $y=x^2-x+k$를 $0=x^2-x+k$로 고친 이차방정식의 근이 1개라는
뜻이다. 이차방정식의 근이 1개(중근)가 되려면 판별식 $b^2-4ac=0$이다.
$x^2-x+k=0$에서 x^2의 계수 $a=1$, x의 계수 $b=-1$,
상수항 $c=k$를 $b^2-4ac=0$에 대입하자.
$(-1)^2-4\cdot1\cdot k=0$, $1-4k=0$, $\therefore k=\dfrac{1}{4}$이다.

위의 C 그래프는 x축과 만나지 않는다. 즉 함수 $y=ax^2+bx+c$에 $y=0$을 대입하여 만든 방정식 $ax^2+bx+c=0$의 근이 존재하지 않는다는 말이다. 그리고 이차방정식의 실근이 존재하지 않을 조건은 판별식 $b^2-4ac<0$이다.

문제 : 고1

이차함수 $y=x^2-x+k$가 x축과 만나지 않도록 하는 실수 k의 범위를 구하여라.

풀이

이차함수가 x축과 만나지 않는다는 것은
함수 $y=x^2-x+k$에 $y=0$을 대입하여 만든
방정식 $x^2-x+k=0$에 실근이 없다는 뜻이다. 즉 이차방정식이
허근을 갖게 된다는 말이다. 따라서 판별식 조건은 $b^2-4ac<0$이다.
$x^2-x+k=0$에서 x^2의 계수 $a=1$, x의 계수 $b=-1$,
상수항 $c=k$를 $b^2-4ac<0$에 대입하자.
$(-1)^2-4\cdot1\cdot k<0$이다. $-4k<-1$의 양변을 -4인 음수로
나누면 부등호 방향이 바뀐다. 즉 해는, $k>\dfrac{1}{4}$이다.

참고 '접한다'의 의미

직선이 곡선과 한 점에서 만날 때를 "직선이 곡선에 접한다."라고
표현한다.
그리고 직선과 곡선이 접할 때 만나는 점을 접점이라 한다.
아래 그래프에서 A점들을 접점이라 한다.

A(a, 0) x　　　A(a, b)　　　A(a, b)

　판별식이 이차방정식 단원뿐만 아니라 이차함수 단원에서도 사용된다는 것을 충분히 이해했을 것이다. 더욱이 판별식은 이차부등식에서도 사용된다.

　"무슨 말이죠? 이차부등식은 인수분해하여 범위를 구하는 것 아닌가요?"

　맞는 말이다. 이차부등식은 인수분해나 근의 공식으로 근을 구한 후 이차부등식이 성립하는 해의 범위를 구하는 것이다. 앞의 말이 무슨 의미인지 알아보자.

이차부등식의 해 구하기

　(1) 유리수로 인수분해하여 해 구하기

　　예 $x^2 - 3x + 2 < 0$를 인수분해하면 $(x-1)(x-2) < 0$이다.
　　해는 $1 < x < 2$이다.

　(2) 유리수로 인수분해되지 않을 때는 근의 공식 이용하기

　　예 $2x^2 - 2x - 1 < 0$에서 식 $2x^2 - 2x - 1$은 유리수로 인수분해되지 않는다.

　　$a = 2, b' = \dfrac{b}{2}$이므로 $b' = \dfrac{-2}{2} = -1$, $c = -1$로 정한 후, x의

　　계수가 짝수일 때 사용하는 근의 공식 $x = \dfrac{-b' \pm \sqrt{b'^2 - ac}}{a}$

에 대입하자.

해는 $x=\dfrac{-(-1)\pm\sqrt{(-1)^2-2\cdot(-1)}}{2}$ 이고 $x=\dfrac{1\pm\sqrt{3}}{2}$ 이다. 따라서 부등식 $2x^2-2x-1<0$를 근의 공식으로 구한 근을 사용해 인수분해하면 $\left(x-\dfrac{1+\sqrt{3}}{2}\right)\left(x-\dfrac{1-\sqrt{3}}{2}\right)<0$ 이다. 부등식의 해는 $\dfrac{1-\sqrt{3}}{2}<x<\dfrac{1+\sqrt{3}}{2}$ 이다.

(3) 이차부등식에서 '이차식＝0'이 허근일 때
    부등식의 해는 '모든 실수' 혹은 '해가 없다'이다.

이차부등식 문제에서 인수분해나 근의 공식으로 실근을 구할 수 없을 때에는 판별식을 이용하여 부등식의 해를 구할 수 있다. 아래 문제를 보자.

문제 : 고1

부등식 $x^2-2x+3>0$의 해를 구하여라.

부등식 $x^2-2x+3>0$를 이차식 $x^2-2x+3=0$이라고 하자.
방정식 $x^2-2x+3=0$은 유리수로 인수분해되지 않는다.
따라서 근의 공식에 대입해 보겠다.

$a=1,\ b'=\dfrac{-2}{2}=-1,\ c=3$을 $x=\dfrac{-b'\pm\sqrt{b'^2-ac}}{a}$

(단, $b'=\dfrac{b}{2}$)에 대입하자.

$x=\dfrac{-(-1)\pm\sqrt{(-1)^2-1\cdot3}}{1}$, $x=1\pm\sqrt{-2}$, $x=1\pm\sqrt{2}\,i$,

$x=1\pm\sqrt{2}\,i$이다. 해가 허수이다. 해가 허수인 이차부등식의 해는

302

'x는 모든 실수'이거나 '해는 없다'이다.

둘 중 어느 것인지 알아보자.

x의 계수를 2로 나눈 $\left(\dfrac{-2}{2}\right)^2 = 1^2$을 아래처럼 추가하여

완전제곱식을 만든다.

$x^2 - 2x + 3 > 0$

$x^2 - 2x + 1^2 - 1^2 + 3 > 0$

$(x-1)^2 + 2 > 0$

좌변 $(x-1)^2 + 2$에 $x = 1$ 혹은 $x \neq 1$인 어떤 수를 대입해도

$(x-1)^2 + 2 > 0$가 성립함을 알 수 있다.

따라서 $x^2 - 2x + 3 > 0$가 성립하는 해(x의 범위)는 'x는 모든 실수'가 된다.

위 문제는 이차부등식을 '이차식$=0$'으로 만들었을 때, 이 방정식의 근이 허근인 상황이다. 이런 경우에는 위의 풀이처럼 식을 완전제곱식의 형태로 만들어 부등식의 해를 판단해야 한다. 만약 위 문제의 부등식 $x^2 - 2x + 3 > 0$에서 부등호 방향을 반대로 하면 어떻게 될까? 식은 $x^2 - 2x + 3 < 0$이다. 위의 풀이처럼 완전제곱식으로 바꾸면 $x^2 - 2x + 3 < 0$는 $(x-1)^2 + 2 < 0$가 된다. 부등식 $(x-1)^2 + 2 < 0$의 x에 어떤 숫자를 대입해도 $(x-1)^2 + 2$는 0보다 작아지지 않는다. 따라서 부등식 $x^2 - 2x + 3 < 0$가 성립하도록 대입할 수 있는 x값은 없다. 즉 해는 '해가 없다'이다.

"이해가 됩니다. 그런데 이차부등식에서 판별식은 어떻게 사용합니까?"

위와 같은 이차부등식 문제는 판별식만으로 해를 판단할 수 없다. 위 문제 $x^2 - 2x + 3 > 0$는 유리수로 인수분해되지 않는다. 이럴 때는 판별식의 값이 양수인지 음수인지 판단해 본다. 이차식 $x^2 - 2x + 3$에서

b^2-4ac는 $(-2)^2-4\cdot1\cdot3=4-12=-8$로 판별식의 값이 음수이다. 따라서 이 방정식은 허근을 갖는다. 이런 경우 위의 풀이는 주어진 식을 완전제곱식 형태로 고쳐서 부등식의 해를 판단했다. 그런데 이것보다 더 빠른 판단법이 있다. 그것은 이차함수 그래프 개념과 연결하여 해를 판단하는 것이다. 다음 문제를 보자.

문제 : 고1

> 부등식 $x^2-2x+3>0$의 해를 그래프를 이용해 구하시오.

풀이

$x^2-2x+3=0$일 때

b^2-4ac는 $(-2)^2-4\cdot1\cdot3=4-12=-8$로 판별식의 값이 음수이다.

그럼 해는 '모든 실수' 혹은 '해가 없다'이다.

문제의 부등식 $x^2-2x+3>0$의 x^2-2x+3을 y라고 하면

부등식은 $y>0$이다. 그리고 이것을 함수로 표현하면

$y=x^2-2x+3$이다. 그리고 부등식 $x^2-2x+3>0$의 해는

함수 $y>0$가 되는 x값을 말한다.

함수를 방정식으로 고쳤을 때, 방정식의 근이 허근이면 실근이 없다는

뜻이다. 이것은 이차함수가 x축과 만나지 않는다는 뜻이다.

그리고 함수 $y=x^2-2x+3$은 x^2
계수가 1인 양수이다. 따라서 아래로
볼록인 그래프로, x축과 만나지 않게
그리면 오른쪽 그림과 같다.

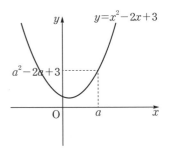

그림에서 x축 위의 a를 함수에 대입하면

$a^2-2a+3>0$가 된다.

다른 어떤 x값을 대입해도 함숫값인

y값은 항상 양수임을 그래프로 알 수 있다.

따라서 $x^2-2x+3>0$에 대입이 가능한 x값은 모든 실수이다.

이차부등식이 유리수로 인수분해되지 않는다. 그러면 판별식의 값이 음수인가를 판단한다. 만약 음수이면 완전제곱식이나 함수 그래프 개념을 사용한다. 근은 '모든 실수' 혹은 '해가 없다' 중 하나가 된다. 이차부등식의 해가 '모든 실수'인 경우의 부등식을 절대부등식이라고 한다. 다음 문제를 보자.

문제 : 고1

(1) 이차방정식 $x^2-x+k=0$이 실근이 존재하지 않기 위한 k값의 범위를 구하시오.

(2) 이차함수 $y=x^2-x+k$가 x축과 만나지 않기 위한 k값의 범위를 구하시오.

(3) 모든 실수 x에 이차부등식이 항상 $x^2-x+k>0$가 성립하기 위한 k값의 범위를 구하시오.

풀이

위의 세 문제의 답은 모두 같다. 그리고 푸는 방법도 판별식을

이용하여 설명할 수 있다. (2)번 문제인 $y=x^2-x+k$가 x축과

만나지 않는다는 말은 함수를 (1)번의 이차방정식

$x^2-x+k=0$으로 고쳤을 때, 실근이 없다는 뜻이다.

즉 허근을 갖는다. 판별식은 $b^2-4ac<0$가 된다.

그런데 (3)번 부등식 $x^2-x+k>0$의 해는 '모든 실수 x'가

되어야 한다. 따라서 이 부등식 $x^2-x+k>0$에서

이차함수 $y=x^2-x+k$는 앞의 문제처럼 x축과 만나지 않아야 한다.

따라서 판별식 조건은 $b^2-4ac<0$이다.

$x^2-x+k=0$에서 x^2의 계수 $a=1$, x의 계수 $b=-1$,

상수항 $c=k$를 $b^2-4ac<0$에 대입하자.

$(-1)^2-4\cdot1\cdot k<0$이다. $-4k<-1$의 양변을 -4인 음수로

나누면 부등호 방향이 바뀐다. 즉 해는, $k>\dfrac{1}{4}$이다.

멀고도 험난한 함수의 길을 동행해 줘서 고맙다. 함수가 어렵다면 함수에 있는 아주 기초적인 것을 이해하지 않고 외워서 그렇다. 이해하려고 하면 그 순간에 집중해야 한다. 무엇에 집중한다는 일이 그리 쉽지만은 않다. 옛 문헌에 불광불급(不狂不及)이란 사자성어가 있다. 겉 뜻은 미치지 않으면 도달하지 못한다는 것이고, 속 뜻은 미치광이처럼 그 일에 덤벼들어 집중해야 무언가를 이룰 수 있다는 것이다.

"전 집중력이 1시간인데요. 강의 그만하시죠. ㅋㅋ"

"옳소!" "맞습니다."라고 동의하는 친구들이 있을 것이다. 하하하... 지금까지 잘 공부했다면 잠시 쉬었다가 정리해 보기 바란다.

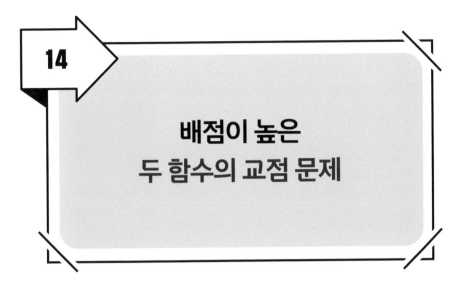

배점이 높은
두 함수의 교점 문제

함수에서는 하나의 문제에 두 개의 함수가 주어지는 경우가 많다. 중2에서 배운 두 일차함수의 교점 문제도 같은 경우다. 이차함수와 일차함수, 혹은 일차함수와 유리함수, 일차함수와 무리함수 등이 서로 만나는 상황의 문제들이 있다. 또 원과 일차함수가 함께 주어지는 문제도 있다.

여기서는 두 개의 함수가 하나의 문제에 주어질 때 두 함수식이 서로 어떻게 연관되는가를 알아보자. 함수 응용문제를 풀 수 있는 중요한 기초지식이다.

"다음 두 함수 $f(x)=x^3+x^2-3x+4$, $y=2x+k$의 교점의 개수가 2개가 되기 위한 k의 값을 구하여라."

이와 같은 문제는 고2 삼차함수 문제이다. 엄청 어려워 보이는가? 그렇지 않다. 이런 문제의 기본 개념은 중2 과정에서 배웠다. 이미 아는 내용을 통하여 위 문제가 어렵지 않다는 것을 알아보겠다.

"$2x-1-x+4=0$의 근을 구하시오."

"$x+3=0$ $\therefore$ $x=-3$이네요. 식은 죽 먹기보다 쉬운데, 놀리시다니 ㅠㅠ."

위 내용을 함수의 관점에서 쉽게 설명하려 한다. 이미 아는 내용일 수도 있다. 그러나 그 쉬운 것을 통해 이해하자는 뜻이다.

문제 : 중2

함수 $y=x+4$와 $y=2x-1$이 만나는 점 (x, y)의 x, y값을 구하시오.

풀이

생각나는가? 위의 내용은 앞에서 설명한 적이 있다.

두 함수 그래프가 만나는 점이 (x, y)일 때, $x=5$, $y=9$이다.

이 값을 문제의 두 함수에 대입하면 $y=x+4$는 $9=5+4$이고, $y=2x-1$은 $9=2 \cdot 5-1$로 두 식이 참이다.

위의 해 $x=5$, $y=9$는 $\begin{cases} y=x+4 \\ y=2x-1 \end{cases}$로 가감법으로 풀면 된다.

두 함수가 만나는 순간에 두 함수의 y값이 같다.

따라서 오른쪽처럼 대입법으로 풀어도 된다.

그리고 $y=x+4$를 $f(x)=x+4$, $y=2x-1$을 $g(x)=2x-1$이라고 해보자. 위의 대입법 풀이는 두 함수가 만나는 순간, 두 함숫값이 같다는 원리이다.

따라서 $f(x)=g(x)$라는 표현이 가능하다.

$$\begin{cases} y=x+4 \\ y=2x-1 \end{cases}$$
$$x+4=2x-1$$
$$5=x$$

308

이 식의 우변을 좌변으로 이항하면 $f(x)-g(x)=0$이라는 방정식이
된다. 여기에 위 식을 대입하면 $(x+4)-(2x-1)=0$이다.
전개하면 $x+4-2x+1=0$이다. 그리고 해는 $x=5$이다.
이 해는 두 함수가 만나는 교점의 x좌표다.

"아는 거군요. 그런데 위 설명 끝부분에 $f(x)-g(x)=0$, 이런 건
쫌?"

일차연립방정식의 해가 두 일차함수의 교점이라는 뜻이다. 중2 내용이
니 모두 알 것이다. 그런데 위의 문제 풀이에서 사용된 수학 개념이 다른
함수 문제를 풀 때에도 사용된다는 것이다. 위의 설명에서 $f(x)=g(x)$라
는 표현을 꼭 이해하고 다음을 읽기 바란다.

문제 : 고1 🖊

> 다음 두 함수가 한 점에서 만날 때 k의 값을 구하시오.
>
> $$f(x)=x^2-x+4,\ g(x)=x+k$$

풀이 1
두 함수가 하나의 점에서 만날 때, 함숫값 즉 y좌푯값은 같다.
따라서 $f(x)=g(x)$이다.

$f(x)=x^2-x+4$와 $g(x)=x+k$를
$f(x)=g(x)$에 대입하면
$x^2-x+4=x+k$이다.
$x^2-x+4=x+k$의 우변을
좌변으로 이항하면
$x^2-2x+4-k=0$이다.
그리고 이 방정식의 해인 x값은 두 함수 $f(x)=x^2-x+4$와
$g(x)=x+k$가 만나는 교점의 x좌표이다.

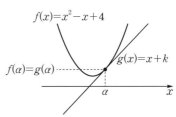

이 x값이 위 혹은 앞 그래프의 α이다.

우리가 구하는 것은 k값이다.

위에서 구한 방정식 $x^2-2x+4-k=0$의 해가 하나이다.

이차방정식의 해가 1개일 때, 이 근을 중근이라 한다.

중근은 판별식이 $b^2-4ac=0$일 때 생긴다.

$x^2-2x+4-k=0$에서 $a=1$, $b=-2$, $c=4-k$이다.

$b^2-4ac=0$에 대입하면 $(-2)^2-4\cdot1\cdot(4-k)=0$이고 $k=3$이다.

x의 계수가 짝수일 때는 판별식 $b'^2-ac=0$을 사용해도 된다.

$b'=\dfrac{b}{2}$로 $b'=-1$이다.

$b'^2-ac=0$에 대입하면 $1-(4-k)=0$이고

$k=3$이다.

다른 풀이도 보자. $x^2-2x+4-k=0$이 하나의 근을 가질 때는 주어진 식이 완전제곱식이어야 한다. x^2의 계수가 1이다.

따라서 $x^2+bx+c=0$일 때 $\left(\dfrac{b}{2}\right)^2=c$이면 완전제곱식이 된다.

식 $x^2-2x+4-k=0$에서 $\left(\dfrac{-2}{2}\right)^2=4-k$, $1=4-k$, $k=3$이다.

위 문제는 이차함수 단원에서 기본적으로 배우는 문제다. 위 풀이를 보면 판별식을 이용한 방법도 있지만 완전제곱식 원리를 이용한 것도 있다. 고등수학을 풀 때는 빠른 풀이 방법을 사용해야 한다. 이유는 간단하다. 고등수학 문제는 어려운 문제가 많아 문제를 풀 때 시간이 많이 걸린다. 그래서 단순한 계산도 빠른 계산법을 쓰는 것이 좋다.

이제 위 문제를 다른 방법으로 풀어 보겠다. 위의 풀이는 기본 풀이법이다. 기본 풀이만 안다면 기본 점수만 받게 된다. 응용할 줄 알아야 한다. 이번 장의 목적은 아래 풀이법을 설명하기 위해서다. 아래의 풀이법은 고2 과정의 삼각함수나 삼차함수에서도 사용되는 풀이법이다. 고1이라면 아래의 풀이법을 아직 모를 수도 있다. 꼭 알아 두자.

두 함수 $f(x)=x^2-x+4$와 $g(x)=x+k$가 만나는 점에서
함숫값이 같다. 그래서 $f(x)=g(x)$라 한다.

그리고 $f(x)-g(x)=0$의 해는 두 함수가 만나는 교점의 x값이다.

조금 다르게 해보자.

$f(x)=g(x)$에 $f(x)$와 $g(x)$를 대입하면 $x^2-x+4=x+k$이다.

위의 식 $x^2-x+4=x+k$에서
우변의 x를 이항하면 $x^2-2x+4=k$가
된다. 위 식의 좌변을
$h(x)=x^2-2x+4$라 하고,
우변을 $p(x)=k$라고 하자.

방정식 $x^2-2x+4=k$의 해가
한 개이므로 $h(x)$와 $p(x)$의 교점도
하나이다.

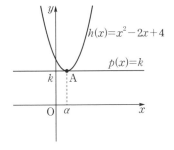

$h(x)=x^2-2x+4$는 아래로 볼록한 이차함수이고, $p(x)=k$는
x축과 평행한 가로 직선이다.

그리고 이 함수는 상수함수라고 한다. 두 함수 $h(x)$와 $p(x)$가
한 점에서 만나는 경우는 그림과 같은 그래프 상황이다.

위 그래프에서 이차함수 $h(x)$의 꼭짓점이 (α, k)이다.

따라서 함수 $h(x)=x^2-2x+4$의 꼭짓점을 구해 보자.

'$1x^2$'의 계수가 1이다. x의 계수를 2로 나눈 값을
더하고 빼면 완전제곱식이 된다.

즉 $+\left(\dfrac{-2}{2}\right)^2-\left(\dfrac{-2}{2}\right)^2$을 식에 끼워 넣자.

$y=x^2-2x+1^2-1^2+4$
$\quad=(x-1)^2+3$

식에서 꼭짓점 (α, k)는 $(1, 3)$이다. 따라서 $k=3$이다.

"어지러운데... ㅠㅠ, 그냥 판별식을 써도 될까요?"

물론 위 문제는 판별식을 써도 된다. 하지만 다양한 문제 풀이 방법을 알아야 한다. 한 문제를 푸는 방법을 다양하게 안다는 것은 다양한 수학 개념을 알게 된다는 뜻이다.

위의 그래프를 다시 보라. 꼭짓점 (a, k)는 함수식 $h(x)=x^2-2x+4$의 꼭짓점이다.

꼭짓점으로 함수식을 세우면 $h(x)=(x-a)^2+k$이다.

전개하면 $h(x)=x^2-2ax+a^2+k$이다. 두 함수는 같은 함수이므로 계수가 같은 숫자다. 따라서 $-2=-2a$, $a=1$이다. $4=a^2+k$이므로 $a=1$을 대입하면 $k=3$이다. 지금 설명한 것도 다른 풀이법이다. 이것은 꼭짓점을 이용해 함수식을 세우는 원리로 푼 것이다. 지금까지 하나의 문제를 4가지 풀이법으로 설명해 보았다.

수학 문제집에 나오는 해설은 다양한 풀이 방법 중 하나를 쓴 것이다. 누군가의 설명도 다양한 방법 중 하나인 것이다. 어떤 문제를 푸는 다양한 방법은 공부하는 사람이 스스로 찾아야 한다. 다양한 풀이법을 모두 알려주는 책은 없다. 다양한 풀이법을 모두 설명해 주는 선생님도 없다. 자신이 아는 수학 개념으로 다양한 문제 풀이가 가능한지 시도해 보라. 그렇게 공부하는 것이 진짜 수학 공부다.

어떤 두 함수 $y=f(x)$와 $y=g(x)$가 어떤 점에서 만날 때, 그 점에서 두 함수의 함숫값은 같다. 함숫값이란 y값을 말한다. 따라서 두 함수가 만나는 순간에 $f(x)=g(x)$가 된다.

그리고 이 식 우변을 이항하면 $f(x)-g(x)=0$이 된다. 이때 방정식 $f(x)-g(x)=0$의 근인 x값은 두 함수 그래프가 만나는 점 (x, y)의 x좌푯값을 의미한다.

"어! 앞에서 설명한 건데요?"

안다. 그래도 다시 반복하는 것이다. 매우 중요한 개념이기 때문이다. 위의 설명을 이해했는가? 그렇다면 함수 문제에 자신감을 가져도 된다. 매우 중요한 핵심 개념을 알게 된 것이다.

문제 : 고1

> 이차함수 $y=f(x)$와 직선 $y=g(x)$가 서로 다른 두 점에서 만날 때,
> 실수 k값의 범위를 구하시오.
> $$f(x)=x^2-x+1, \ g(x)=x-k$$

풀이

두 함수가 만나는 점에서의 함숫값 즉 y값은 서로 같다.
즉 $f(x)=g(x)$이다. 식 $f(x)=g(x)$에 $f(x)=x^2-x+1$과
$g(x)=x-k$를 대입하면 $x^2-x+1=x-k$이다.
우변을 이항하면 $x^2-x+1-x+k=0$이고
$x^2-2x+1+k=0$이다.
이때 방정식 $x^2-2x+1+k=0$의
두 근이 오른쪽 그래프의 α와 β이다.
그리고 방정식이 서로 다른 두 실근을
가질 조건은 판별식 $b^2-4ac>0$이다.
$x^2-2x+1+k=0$에서
$a=1, b=-2, c=1+k$이다.
$b^2-4ac>0$
$(-2)^2-4\cdot1\cdot(1+k)>0$
$4-4\cdot1\cdot(1+k)>0$
$1-(1+k)>0, \ -k>0 \quad \therefore k<0$

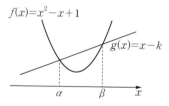

"샘! 이차함수와 직선이 만나지 않는다면 $b^2 - 4ac < 0$를 쓰나요?"

당연하다. 그러나 판별식을 쓰는 이유를 알아야 한다. 단지 문제를 푸는 방법만 아는 것은 수학 공부가 아니다. 풀이법을 외우는 공부로 문제를 풀 수는 있다. 중간고사나 기말고사를 잘 볼 수도 있다. 그러나 모의고사나 수능처럼 다양한 수학 개념이 적용되는 시험에서 좋은 성적을 받기는 어렵다. 함수 단원이 어려운 것은 이해하는 공부가 아니라 문제를 푸는 방법만 기억하기 때문일 것이다. 함수의 기본 개념을 제대로 이해하면 함수도 그렇게 어렵지만은 않다.

15

유리함수는
분모가 0이 아니다

분수로 표현이 가능한 모든 수를 유리수($\frac{b}{a}$꼴, 단 $a \neq 0$)라고 한다. 그리고 함수 $f(x)$의 분모에 문자 x가 있는 함수를 유리함수라 한다. 유리함수는 다항함수가 아니다. 다항함수는 $y=3$ 같은 상수함수, $y=x-2$ 같은 일차함수, $y=x^2-x+1$ 같은 이차함수, 삼차함수, … 등을 다항함수라고 한다.

유리함수는 분모에 일차식의 문자 x가 있는 식이다. 함수의 형태는 아래와 같다.

유리함수 : $y=\dfrac{1}{x}$, $y=\dfrac{2}{x}+3$, $y=\dfrac{2}{x+1}$, $y=\dfrac{2x+3}{x-1}$, …

$y=\dfrac{a}{x}$꼴 그래프는 중1에서 배웠다. 기억나는가? 이때 정비례, 반비례도 배웠다. 유리함수는 반비례 그래프를 말한다.

모든 함수 그래프는 함수식이 참이 되게 하는 순서쌍 (x, y)를 구한다. 그리고 그 점들을 좌표평면에 표시한 후 선으로 잇는다.

문제 : 중1

> 유리함수 $y=\dfrac{1}{x}$의 그래프를 그리시오.

풀이

$y=\dfrac{1}{x}$이 참이 되는 순서쌍 (x, y)를 구하자.

함수 위의 순서쌍을 구할 때는 계산하기 편한 숫자를 정하여 대입하는 것이 좋다.

$x=1$이면 $y=\dfrac{1}{1}=1$이다.

점은 $(1, 1)$이다.

$x=2$이면 $y=\dfrac{1}{2}$이다.

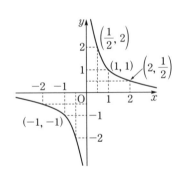

점은 $\left(2, \dfrac{1}{2}\right)$이다.

$x=\dfrac{1}{2}$이면 $y=\dfrac{1}{\frac{1}{2}}=2$이다.

점은 $\left(\dfrac{1}{2}, 2\right)$이다.

$x=\dfrac{1}{3}$이면 $y=\dfrac{1}{\frac{1}{3}}=3$이다. 점은 $\left(\dfrac{1}{3}, 3\right)$이다.

음수를 대입하면 $(-1, -1), \left(-2, -\dfrac{1}{2}\right), \left(-\dfrac{1}{2}, -2\right), \left(-\dfrac{1}{3}, -3\right)$ 이다. 위의 점으로 그래프가 그려진다.

함수 $y=\dfrac{1}{x}$은 x축과 y축을 기준으로 제1사분면과 제3사분면에 원점 대칭인 그래프가 된다. 만약 함수식이 $y=-\dfrac{1}{x}$이면 제2사분면과 제4사 분면에 위와 같은 형태의 곡선 그래프가 된다. 이 그래프 모양이 유리함수 의 기본 모양이다.

유리함수 $y=\dfrac{a}{x}$의 성질

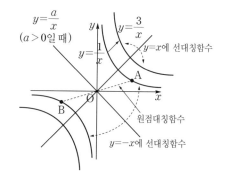

(1) $a>0$이면 그래프는 제1 사분면과 제3사분면에 그 려진다.

$a<0$이면 그래프는 제2 사분면과 제4사분면에 그 려진다.

(2) 원점에 대하여 대칭인 함 수이다.

(3) $y=x$, $y=-x$에 선대칭함수이다.

(4) $|a|$가 커질수록 원점에서 멀어진다.

(5) 점근선의 방정식은 직선 $y=0$(x축), 직선 $x=0$(y축)이다.

위의 유리함수의 성질을 외워야 한다. 물론 무조건 외우기보다는 그래 프를 보고 이해하면서 기억하는 것이 좋다. 위 그래프를 보면 x축과 y축 이 점근선이다. 그리고 유리함수는 점근선의 교점에 대하여 점대칭인 함 수이다. 위 그래프에서 점근선의 교점은 원점이다. 따라서 원점에 점대칭 인 함수다.

"점근선이 뭐죠?"

점근선에 대한 개념은 아래 문제로 이해하자. 우선 여기서는 가로선인 x축과 세로선인 y축이 점근선이라고 알면 된다. 위 그림에서 함수 $y=\dfrac{1}{x}$ 위의 점 A를 원점에 대칭하면 점 B가 된다. 그런데 점 B를 원점에 대칭하면 함수 $y=\dfrac{1}{x}$ 위의 점 A가 된다. 그래서 원점대칭인 함수라고 한다. 또한 위 그래프 $y=\dfrac{1}{x}$ 을 직선 $y=x$에 선대칭을 하면 함수 $y=\dfrac{1}{x}$ 인 자기 자신이 된다. 그래서 함수 $y=\dfrac{1}{x}$ 은 $y=x$에 선대칭인 함수라고 한다. 같은 원리로 이 함수는 $y=-x$에도 선대칭인 함수이다. 그런데 이 두 직선은 점근선의 교점을 지난다. 정리하면 유리함수는 점근선의 교점을 지나고 기울기가 1인 직선과 -1인 직선에 선대칭인 함수이다.

뒤에서 다시 설명을 이어가겠다. 함수에서 점근선은 정의역 혹은 치역의 특수성 때문에 생긴다. 함수에서 정의역이란 함수에 대입하는 x값들의 범위를 말한다. 치역은 그 함수가 갖는 y값들의 범위를 의미한다. 아래 문제를 보자.

문제 : 고1

> 함수식 $y=\dfrac{1}{x}$ 의 정의역과 치역을 구하시오.

점근선은 '점점 가까이 다가가는 선'이란 뜻이다.
어떤 함수의 값(y값)이 어떤 직선을 향하여 점점 다가갈 때,
그 직선을 점근선이라 한다.

함수 $y=\dfrac{1}{x}$ 에는 x에 대입할 수 없는 숫자가 있다. 바로 0이다.

$\dfrac{2}{0}$ 는 무엇인가? 0이라고 생각하는가? 아니다. 이런 숫자는 없다.

$\dfrac{0}{2}$, $\dfrac{0}{4}$ 처럼 분자가 0인 것은 숫자 0이 맞다.

하지만 수학에서 분모가 0인 숫자는 정의하지 않는다.

존재하지 않는 숫자이다.

따라서 위 함수 $y = \dfrac{1}{x}$ 에는 0을 대입할 수 없다.

따라서 $y = \dfrac{1}{x}$ 의 함숫값 y 도 0이 생기지 않는다.

그래서 $y = \dfrac{1}{x}$ 에 대입할 수 있는 x값의 범위인 정의역은

'$x \neq 0$인 모든 실수'이다. 그리고 함수 $y = \dfrac{1}{x}$ 이 갖는 함숫값(y값)의
범위인 치역은 '$y \neq 0$인 모든 실수'이다.

　

점근선을 그래프로 알아보자. 유
리함수 그래프를 그렸을 때, 그래
프가 어떤 선을 향하여 점점 다가
가는 모양이 그려진다. 이때 점점
다가가고 있는 선을 점근선이라 한
다.

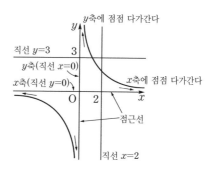

이 점근선을 식으로 쓰면 점근선 방정식이다.

　

$y = \dfrac{1}{x}$ 의 x에 0을 대입할 수 없다. 따라서 $(0, \text{어떤 } y\text{값})$이 없다. 이것
은 함수 $y = \dfrac{1}{x}$ 그래프가 y축을 지나는 점이 없다는 말이다. 다만 x에 0
에 가까운 $\dfrac{1}{2}$, $\dfrac{1}{10}$, $\dfrac{1}{100}$, … 같은 값을 대입하면 그래프 위의 점들이 점
점 y축에 가까워진다. 그래서 y축을 점근선이라고 한다. 이때 'y축'을 다
른 말로 '직선 $x = 0$'이라 한다.

$x = \dfrac{1}{2}$이면

$y = \dfrac{1}{\dfrac{1}{2}} = \dfrac{\dfrac{1}{1}}{\dfrac{1}{2}} = \dfrac{1 \times 2}{1 \times 1} = 2$이다.

점 $\left(\dfrac{1}{2},\ 2 \right)$이다.

$x = \dfrac{1}{10}$이면

$y = \dfrac{1}{\dfrac{1}{10}} = \dfrac{\dfrac{1}{1}}{\dfrac{1}{10}} = \dfrac{1 \times 10}{1 \times 1} = 10$이다.

점 $\left(\dfrac{1}{10},\ 10 \right)$이다.

$x = 2$이면 $y = \dfrac{1}{2}$이다. 점은 $\left(2,\ \dfrac{1}{2} \right)$이다.

$x = 10$이면 $y = \dfrac{1}{10}$이다. 점은 $\left(10,\ \dfrac{1}{10} \right)$이다.

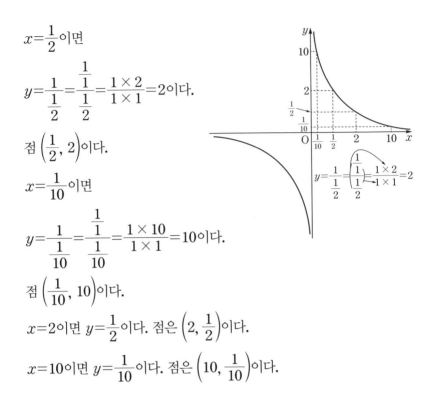

$\dfrac{1}{x}$은 y값이다. 그런데 x에 0은 대입할 수 없다. 즉 y값도 절대로 0이 되지 않는다. y값이 0이 없다는 말은 그래프가 x축과 만나지 않는다는 것을 뜻한다. 위 그래프에서 보듯 x의 값이 커질수록 그래프가 점점 x축으로 다가가는 형태이다. 이때 x축을 점근선이라 한다. 그리고 '직선 $y=0$'을 점근선 방정식이라 한다.

점근선이 왜 생기는지 알아챘는가? 아직 모르는 친구도 있을 것 같다. 그래서 다른 예로 한 번 더 설명하겠다.

(1) 점근선 $x=a$, $y=b$를 구한다.

(2) 좌표평면에 점근선을 긋고 k값에 따라 아래처럼 그린다.

　　(a) $k>0$이면 1, 3사분면 방향

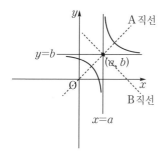

　　(b) $k<0$이면 2, 4사분면 방향

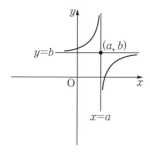

(3) 함수 $y=\dfrac{k}{x-a}+b$는 점 (a, b)에 점대칭인 함수이다.

　　점근선의 교점인 (a, b)를 지나고 기울기가 1 또는 -1인 직선에

　　선대칭인 함수이다.

　　　　　A 직선의 방정식 : $y-b=1(x-a)$

　　　　　B 직선의 방정식 : $y-b=-1(x-a)$

　　기울기가 m이고, 한 점 (x_1, y_1)을 지나는 직선의 방정식

　　$y-y_1=m(x-x_1)$이다.

"와우! 위에 것 외워야 해요?"

가장 기본적인 개념은 외우는 것이 좋다. 하지만 외웠어도 잊어 버릴 수 있으니 좀 더 간단하게 그리는 방법을 설명해 보겠다. 물론 점근선은 꼭 알아야 한다. 유리함수는 첫째, 점근선을 알아야 한다. 둘째, 그래프가 1, 3사분면 방향인지 아니면 2, 4사분면 방향인지를 알아야 한다. 다음 문제를 보자.

문제 : 고1

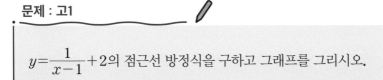

$y=\dfrac{1}{x-1}+2$의 점근선 방정식을 구하고 그래프를 그리시오.

풀이

함수 $y=\dfrac{1}{x-1}+2$에 $x=1$을 대입할 수 없다.

따라서 함수에 대입이 가능한 x의 범위, 즉 정의역은 '$x \neq 1$'인

모든 실수이다. 그리고 식 y는 $\dfrac{1}{x-1}+2$이다.

그런데 $\dfrac{1}{x-1}$은 절대로 0이 아닌 숫자이다.

결국 $y=\dfrac{1}{x-1}+2$에서 y값도 2가 될 수 없다.

따라서 이 함수가 갖는 y값의 범위인 치역은 '$y \neq 2$인 실수'이다.

결국 함수 $y=\dfrac{1}{x-1}+2$의 점근선 방정식은 $x=1$, $y=2$이다.

이제 그래프를 그려 보자. 점근선을 긋는다.

표준형 $y=\dfrac{k}{x-a}+b$와 $y=\dfrac{1}{x-1}+2$에서 k는 1이다.

즉 $k>0$이다.

•••• 꿀 빠는 수학

그래프는 제1, 3사분면 방향에 곡선으로 그려진다. 그런데 만약 어느 방향에 그려야 하는지 잊었다면 어떻게 할까? 간단하다. 함수 위에 존재하는 점을 하나 찾는다.

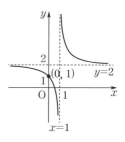

함수식 $y=\dfrac{1}{x-1}+2$에 $x=0$을 대입하면 $y=1$이다. 그래프는 $(0,1)$을 지난다. 이 점은 오른쪽 그림에서처럼 3사분면 방향이다. 이제 1사분면 방향도 그려준다.

위 문제에서 그래프 위에 존재하는 점을 한 개 찾아 그래프를 완성했다. 이 방법은 아주 유용한 방법이다. 무리함수, 지수함수, 로그함수에서도 그래프를 그릴 때 효과적으로 사용할 수 있다. 열심히 공부해 외운 것이 가끔씩 생각나지 않을 때가 있다. 이런 상황에서 쓸 수 있는 비상약 같은 것이다. 꼭 잘 기억하자.

"샘! 질문이요. $y=-\dfrac{1}{x}+3$은 점근선이 뭔가요?"

식이 $y=\dfrac{k}{x-a}+b$일 때, 점근선 $x=a$, $y=b$였다. 식의 모양이 달라져 답을 알 수 없다면 식의 모양만 보고 점근선 공식을 외워서다. 점근선은 정의역, 즉 사용 가능한 x값과 함숫값인 y값의 제약 때문에 생긴다고 했다. 식 $y=-\dfrac{1}{x}+3$에 $x=0$을 사용할 수 없다.

그래서 $y=-\dfrac{1}{0}+3$이라는 즉 $y=3$이라는 값은 생길 수 없다.

식 $-\dfrac{1}{x}$에서 x값이 클수록 $-\dfrac{1}{x}$값은 0에 가까워진다.

예를 들어 $x=10$이면 $-\dfrac{1}{10}+3=-0.1+3=2.9$이다.

$x=100$이면 $-\dfrac{1}{100}+3=-0.01+3=2.99$이다.

$x=1000$이면 $-\dfrac{1}{1000}+3=-0.001+3=2.999$이다.

함수 $y=-\dfrac{1}{x}+3$의 값은 x에 점점 큰 수를 대입할수록 y값이 점점 3에 다가간다. 이것을 우리는 함숫값이 '직선 $y=3$'에 점점 다가간다고 말한다. 그리고 이 '직선 $y=3$'을 점근선이라 한다. 유리함수 $y=-\dfrac{1}{x}+3$은 '직선 $x=0$'과 '직선 $y=3$'이라는 두 개의 점근선을 갖는다.

"OK요. 그럼 $y=\dfrac{3x+3}{2x-1}$에서 점근선이 뭐예요?"

이차함수에서 꼭짓점을 말하려면 이차함수식이 꼭짓점을 읽을 수 있는 형태로 써져 있어야 한다. 그것을 표준형이라 한다. 유리함수도 마찬가지다. 질문한 식의 점근선을 알기 위해서는 식을 표준형으로 고쳐야 한다.

표준형 : $y=a(x-p)^2+q$
일반형 : $y=ax^2+bx+c$

유리함수 표준형 $y=\dfrac{k}{x-a}+b$

(1) 분자에 x가 없도록 식의 모양을 바꾼다.
(2) 분모의 x계수가 1이 되도록 만든다.

$y=\dfrac{3x+3}{2x-1}$ 을 표준형으로 고치시오.

풀이 1

분자에 분모와 같은 식 $2x-1$을 무조건 쓴 후 등호가 성립하도록 한다.

$$y=\frac{3x+3}{2x-1}=\frac{\dfrac{3}{2}(2x-1)+\dfrac{3}{2}+3}{2x-1}$$

$$=\frac{\dfrac{3}{2}+3}{2x-1}+\frac{\dfrac{3}{2}(2x-1)}{2x-1}=\frac{\dfrac{9}{2}}{2x-1}+\frac{3}{2}$$

점근선 : $x=\dfrac{1}{2}$, $y=\dfrac{3}{2}$

풀이 2

$\dfrac{분자}{분모}$＝분자 ÷ 분모를 사용한다.

가분수를 대분수로 고치는 원리를 사용한다. 예 : $\dfrac{7}{2}=3+\dfrac{1}{2}$

$$y=\frac{3x+3}{2x-1}=\frac{3}{2}+\frac{\dfrac{9}{2}}{2x-1}$$

$$=\frac{\dfrac{9}{2}}{2x-1}+\frac{3}{2}$$

$$\begin{array}{r}\dfrac{3}{2}\\2x-1\overline{)3x+3}\\3x-\dfrac{3}{2}\\\hline\dfrac{9}{2}\end{array}$$

풀이 3

공식으로 알아 내기 : 분자에 x가 있을 때(없을 때는 $y=0$)

$y=\dfrac{cx+d}{ax+b}$ 일 때 점근선 : $x=-\dfrac{b}{a}$, $y=\dfrac{c}{a}$

$y=\dfrac{3x+3}{2x-1}$ 일 때 점근선 : $2x-1=0$, $x=\dfrac{1}{2}$, $y=\dfrac{c}{a}=\dfrac{3}{2}$

극한으로 이해하기

$y=\dfrac{3x+3}{2x-1}$ 의 점근선 중 하나는 정의역 제약 조건에서 생긴다.

즉 분모가 0이 될 수 없으므로 $2x-1=0$, $x=\dfrac{1}{2}$ 이 점근선이다.

다른 한 점근선은 치역의 특성에서 생긴다. 분수함수는 분모에

x가 있는 함수이다. 그리고 $\dfrac{분자}{분모}$ 꼴에서 분모 숫자가 무한히

커지면 $\dfrac{분자}{분모}$ 와 $-\dfrac{분자}{분모}$ 의 크기는 점점 0에 가까운 숫자가 된다.

즉 $y=\dfrac{k}{x-a}+b$ 에서 $\dfrac{k}{x-a}\fallingdotseq 0$ 이다. ($\fallingdotseq$ 는 '약'이란 뜻)

$\displaystyle\lim_{x\to\infty}\dfrac{3x+3}{2x-1}=\dfrac{3}{2}$ 즉 y값은 $\dfrac{3}{2}$ 에 다가간다. 점근선 $y=\dfrac{3}{2}$

"샘! 공식으로 점근선을 찾으면 그래프는 어떻게 그려요?"

좋은 질문이다. 표준형 고치기를 하지 않고 공식으로 점근선을 구하면 그래프는 어떻게 그릴까? 유리함수를 그릴 것이다. 점근선을 안다. 그런데 점근선 교점에 대각선 방향인 1, 3사분면 혹은 2, 4사분면 방향 중 어디에 그려야 할지를 모르겠다. 그렇다면 함수 그래프 위에 존재하는 한 개의 점을 찾아 그래프에 표시하라. 그래프가 완성될 것이다.

다음 함수 $y=\dfrac{3x+3}{2x-1}$ 의 그래프를 최단시간에 그리시오.

풀이

점근선을 구한다. $2x-1=0$,

직선 $x=\dfrac{1}{2}$ 이다.

$y=\dfrac{cx+d}{ax+b}$ 일 때, 점근선 공식

$y=\dfrac{\text{분자의 } x\text{의 계수}}{\text{분모의 } x\text{의 계수}}$ 이다.

따라서 $y=\dfrac{3x+3}{2x-1}$ 에서 점근선은

직선 $y=\dfrac{3}{2}$ 이다.

함수식에 $x=1$을 대입하면 $y=6$이다. 그래프는 점 $(1, 6)$을 지난다.

점근선의 교점이 $\left(\dfrac{1}{2}, \dfrac{3}{2}\right)$이다. 따라서 $x=1$은 점근선 $x=\dfrac{1}{2}$의

오른쪽에 있는 좌표이다.

또한 $y=6$은 점근선 $y=\dfrac{3}{2}$보다 윗쪽에 있다.

점 $(1, 6)$을 찍으면 이 점은 1사분면 방향에 있다.

이제 점근선 교점의 대각선 방향인 3사분면 방향에 곡선을 그린다.

유리함수 $y=\dfrac{k}{x}$ 위의 한 점 $(x,\ y)$에 대하여 두 좌푯값의 곱은 $|x \times y|=|k|$라는 일정한 값을 갖는다.

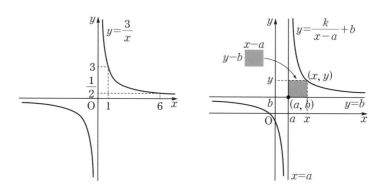

참고로 하나 더 설명하겠다. 위의 $y=\dfrac{3}{x}$ 그래프를 보자. $\left(6,\ \dfrac{1}{2}\right)$과 $(1,\ 3)$을 함수 $y=\dfrac{3}{x}$에 대입하면 식은 참이다. 즉 $y=\dfrac{3}{x}$ 위의 점이다. 이때 $6 \times \dfrac{1}{2}=3,\ 1 \times 3=3$으로 같은 값이다. 유리함수 위의 모든 점 $(x,\ y)$에서 두 좌푯값의 곱은 $|x \times y|=|k|$가 된다. $|k|$는 위 그래프에서 넓이를 의미하기도 한다.

$y=\dfrac{k}{x-a}+b$에서 b를 이항하면 $y-b=\dfrac{k}{x-a}$이다.

$x-a$를 좌변으로 이항하면 $(x-a) \times (y-b)=k$이다.

 고등수학에서 문제를 스쳐가듯 읽고 바로 계산에 돌입하는 습관은 좋지 않다. 우선 문제의 의미를 살피며 정확히 끝까지 읽는다. 그리고 문제에 제시된 내용으로 풀어가려면 어떤 과정들이 있을까를 생각해 본다. 그러고 나서 문제를 풀기 시작해야 한다. 문제 풀이를 빨리 시작한다고 하여 문제 풀이가 빨리 끝나는 것이 아니다. 문제를 읽는 바른 방법 하나만 고쳐도 점수는 오른다.

무리함수는 그래프의 출발점과 방향을 이해하라

'무리함수'라는 말에서 무리수가 생각날 것이다. 앞에서 무리수에 대해 설명한 적이 있다. 무리수는 루트를 가진 수다. 무리함수는 루트 안에 미지수 x가 있는 함수이다.

$$\text{무리함수} : y=\sqrt{x},\ y=\sqrt{-x+1},\ y=\sqrt{2x-3},\ \ldots$$

루트만 갖고 있으면 무조건 무리수인가? 물론 아니다. $\sqrt{4}$는 유리수다. $\sqrt{4}=2$로 루트를 쓰지 않아도 되어 유리수다. 루트를 갖고 있어 루트가 없어지지 않지만 무리수가 아닌 수도 있다. 루트 안의 값이 음수이면 허수라고 한다. 고1 1학기에서 배운다. 아직 고등학생이 아니라면 편한 마음으로 아래 설명을 읽자.

330

··· 꿀 빠는 수학

루트 안의 값이 음수이면 아래와 같이 허수, 즉 상상의 수라고 한다. 허수는 실수라는 말과 반대되는 개념이다. 실수는 실제로 존재하는 수이다. 즉 크기가 있는 숫자다. $\sqrt{3}$은 약 1.7이라는 크기의 숫자다. 하지만 루트 안에 음수인 숫자는 허수이며 크기가 없다.

한 수학자가 $\sqrt{-1}=i$라는 약속을 만들었다.

$\sqrt{-3}=\sqrt{3}\times\sqrt{-1}=\sqrt{3}\,i$라는 허수가 된다.

허수는 크기가 없어서 그래프의 좌표평면 위에 표시할 수 없다. 따라서 무리함수를 좌표평면 위에 그리려면 루트 안의 값은 0이상의 값이어야 한다.

앞에서 유리함수는 분모가 0이 되는 상황의 x값은 함수에 대입할 수 없다는 것을 알았다. 그리고 이것 때문에 이 숫자에서 점근선이 생기는 것도 알았다. 루트는 루트 안의 값이 음수이면 안 된다. 즉 0보다 크거나 같아야 한다. 이 말은 무리함수에서 아주 중요하다.

'$\sqrt{어떤\ 식}$'이 허수가 되지 않을 조건 : 어떤 식≥ 0

예를 들어 $y=\sqrt{x}$가 무리함수가 되려면 $x\geq 0$가 되어야 한다. 즉 이 함수식 x에 0이상의 숫자만 대입이 가능하다. $y=\sqrt{-x+4}+1$이 무리함수가 되기 위한 조건은 $x\leq 4$이다. x에 4이하의 숫자만 대입이 가능하다. 그래서 $y=\sqrt{-x+4}+1$의 그래프는 $x\leq 4$인 영역에 그려진다. 만약 x에 6을 대입하면 $y=\sqrt{-6+4}+1$이고 $y=\sqrt{-2}+1$, $y=\sqrt{2}\,i+1$이다. 이 숫자는 허수다. 허수는 좌표평면에 표시할 수 없다. 우리가 사용하는 좌표평면은 실수로 이루어진 좌표평면이기 때문이다.

다음 함수의 그래프를 그리고 정의역과 치역을 구하시오.

(1) $y=\sqrt{x}$　　　(2) $y=\sqrt{-x}$　　　(3) $y=-\sqrt{x}$

풀이

(1) $y=\sqrt{x}$

함수에 대입이 가능한 x값의 범위인
정의역은 $x \geq 0$이다. 그래프는 $x \geq 0$에
그려진다. 모든 함수 그래프는 함수식을
만족시키는 점들을 이어서 그린다.
함수 $y=\sqrt{x}$ 위의 점은 $(0, 0)$, $(1, 1)$,
$(2, \sqrt{2})$, $(3, \sqrt{3})$, $(4, 2)$이다. 그래프는
오른쪽과 같다. 그래프가 그려지는 y값의 범위를 치역이라 한다.
치역은 $y \geq 0$이다.

(2) $y=\sqrt{-x}$

정의역은 $-x \geq 0$이어야 하므로
$x \leq 0$이다. 그래프는 $x \leq 0$에 그려진다.
x가 음수이면 $-x$값이 양수가 된다.
예를 들어 $x=-2$이면 $y=\sqrt{-(-2)}$,
$y=\sqrt{2}$이므로 그래프 위의 점은
$(-2, \sqrt{2})$이다.
함수 $y=\sqrt{-x}$ 위의 점은
$(0, 0)$, $(-1, 1)$, $(-2, \sqrt{2})$, $(-3, \sqrt{3})$, $(-4, 2)$이다.
그래프는 오른쪽과 같다. 그래프가 그려지는 y값의 범위를 치역이라 한
다. 치역은 $y \geq 0$이다.

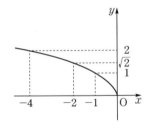

(3) $y=-\sqrt{x}$

x에 0이상의 양수를 대입할 수 있다.

정의역은 $x \geq 0$이다. 이 함수는

y좌푯값이 모두 음수이다.

점이 (양수, 음수)이므로 4사분면에 점이

표시된다. $(0,\,0)$, $(1,\,-1)$, $(2,\,-\sqrt{2})$,

$(3,\,-\sqrt{3})$, $(4,\,-2)$이다.

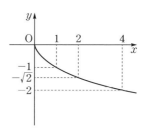

그래프는 오른쪽과 같다. 그래프가 그려지는 y값의 범위가 치역이다.

치역은 $y \leq 0$이다.

위 문제에 $y=-\sqrt{-x}$ 그래프가 없다. 이 그래프는 어떻게 그려질까? 이 그래프는 위의 문제 (3)번인 함수 그래프 $y=-\sqrt{x}$을 y축에 대칭시킨 그래프이다. 함수 $y=-\sqrt{-x}$의 x에 음수를 대입하면 루트 안의 값 $-x$ 가 양수가 된다. 따라서 그래프는 $x \leq 0$에 그려진다. 그리고 함숫값 즉 y 는 $(-\sqrt{\text{양수}})$ 꼴이다. 즉 y좌표가 음수이다. 그러므로 모든 좌표가 (음수, 음수)이다. 따라서 $y=-\sqrt{-x}$ 그래프는 x축 아래 부분인 제3사분면에 그려진다.

"샘! $y=-\sqrt{-x+3}+1$은 어떻게 그려요?"

모든 함수는 함수식 위의 점 $(x,\,y)$를 구하여 표시하면 된다.

$y=-\sqrt{-x+3}+1$의 x에 $x=3$을 대입하면 $y=-\sqrt{-3+3}+1$로 $y=1$이다. 따라서 점은 $(3,\,1)$이다. 이제 함수식 x에 3보다 큰 수를 넣어 야 할까, 작은 수를 넣어야 할까? 3보다 작은 수를 대입해야 $-x+3>0$ 가 된다. 예를 들어 3보다 큰 5를 대입하면 루트 안의 값이 허수가 된다. $y=-\sqrt{-5+3}+1$, $y=-\sqrt{2}\,i+1$이다. 이것은 좌표에 표시할 수 없다. 3보다 작은 2를 대입하면 $y=-\sqrt{-2+3}+1$, $y=0$이다. 점은 $(2,\,0)$이

다. 이제 이 두 점 (3, 1)과 (2, 0)을 좌표평면에 찍고 연결하면 된다. 아래 문제로 다시 설명하겠다.

문제 : 고1

함수 $y=-\sqrt{-x+3}+1$의 그래프를 그리시오.

풀이

무리함수를 그릴 때는 루트 안의 값이 0이 되는 x값을 가장 먼저 구한다. 루트 안의 식 $-x+3=0$이 되는 x는 3이다. $x=3$을 함수에 대입하면 $y=-\sqrt{-3+3}+1$, $y=1$이다. 점은 (3, 1)이다. 이 점이 무리함수를 그리기 시작하는 출발점이다.

그래프는 $x=3$에서 오른쪽 방향으로 그려야 할까? 왼쪽 방향으로 그려야 할까?

그것은 정의역으로 알 수 있다.

루트 안의 값이 0 이상 ($-x+3 \geq 0$)이다.

정의역은 $x \leq 3$이다. 그래프는 왼쪽 방향으로 그려진다.

이제 x에 숫자를 대입하여 y값의 변화를 살펴보자.

함수 $y=-\sqrt{-x+3}+1$에서 '$-\sqrt{어떤\ 양수}$'는 음수이다.

여기에 $+1$이 붙으면 y값인 $y=-\sqrt{어떤\ 양수}+1$은 1보다 작거나 같다.

즉 $y \leq 1$이다. 이 범위를 이 함수의 치역이라고 한다.

그리고 y값 1은 이 함수의 최댓값이라 한다.

무리함수의 표준형

(1) $y=\sqrt{a(x-p)}+q$

  가) $a>0$일 때 :

  정의역은 $x\geq p$이다.

  치역은 $y\geq q$이다.

  나) $a<0$일 때 :

  정의역은 $x\leq p$이다.

  치역은 $y\geq q$이다.

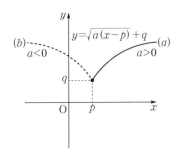

(2) $y=-\sqrt{a(x-p)}+q$

  가) $a>0$일 때 :

  정의역은 $x\geq p$이다.

  치역은 $y\leq q$이다.

  나) $a<0$일 때 :

  정의역은 $x\leq p$이다.

  치역은 $y\leq q$이다.

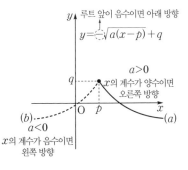

간단히 정리해 보자. 무리함수는 첫째, 함수를 그리기 시작하는 출발점을 찾는다. 출발점은 루트 안의 값이 0이 되는 x좌표와 이 수를 식에 대입하여 구한 y좌표가 된다. 예를 들어 $y=\sqrt{-x+3}+1$일 때, 루트 안의 값이 0이 되는 x는 3이다. 3을 식에 대입하면 $y=1$이다. 그래프는 (3, 1)에서 출발한다.

둘째는 그래프의 방향이다. 함숫값은 $\sqrt{-x+3}+1\geq 1$이다. 루트 앞의 계수가 양수이면 위로 그린다. 그리고 $y=\sqrt{-x+3}+1$에서 x의 계수가 음수($-x$)이므로 왼쪽 방향으로 그린다. 위의 표준형 설명 (1)번의 (나)와 같은 형태가 된다.

x의 계수가 양수이면 그래프는 오른쪽 방향이고 음수이면 왼쪽 방향이다. $y=+\sqrt{\ }$ 형태이면 그래프는 출발점에서 윗쪽 방향이고, $y=-\sqrt{\ }$ 형태이면 그래프는 출발점에서 아랫쪽 방향이다.

앞에서 설명한 그래프를 그리는 원리와 위의 요약 내용을 잘 연결하여 이해하기 바란다. 그래도 그리기가 쉽지 않다면 이것을 기억하자. 첫째, 출발점을 구한다. 둘째, 다른 한 점을 더 구한다. 그리고 그 두 개의 점을 잇자. 그럼 위의 4가지 방향 중 하나가 그려질 것이다.

여기까지 읽고도 아직 개념 이해가 부족하다고 느껴지는가? 집중하지 않으면 그럴 수 있다. 그럼 다시 읽으라. 처음 읽을 때보다 확실히 이해될 것이다.

17

함수의
평행이동과 대칭이동

　지금까지 주어진 함수식을 만족시키는 점을 이용하여 함수 그래프를 그리는 방법에 대해 설명했다. 그런데 교과 과정에서는 함수 그래프 그리기를 평행이동과 대칭이동을 사용하여 설명한다. 그럼 지금까지 왜 이 방법으로 설명하지 않았을까? 평행이동이나 대칭이동으로 그래프를 그리는 것이 쉽지 않아서다.

　그러나 평행이동이나 대칭이동을 사용하여 함수식을 구하는 문제가 있다. 또한 문제에 주어진 함수식 모양을 통해 평행이동이나 대칭이동 개념을 찾아내서 문제를 풀어야 하는 경우도 있다. 따라서 평행이동이나 대칭이동은 꼭 알아야 한다. 이제 이것의 원리를 설명하겠다.

(1) 점의 평행이동

점 (x, y)를 x축으로 a만큼, y축으로 b만큼 평행이동시킨 점은 $(x+a, y+b)$이다.

(2) 식의 평행이동

$y=f(x)$를 x축으로 a만큼, y축으로 b만큼 평행이동시켰을 때의 식은 주어진 함수식의 x를 $x-a$로, y를 $y-b$로 바꾼 $y-b=f(x-a)$가 된다.

점을 평행이동하는 것과 식을 평행이동하는 것에는 한 가지 차이가 있다. 위의 점의 평행이동에서는 '점을 x축으로 a만큼 평행이동'하면 '$x+a$'가 옮긴 값이다. 그런데 함수식을 'x축으로 a만큼' 평행이동하면 'x를 $x-a$로 고친다'라고 되어 있다. 왜 점은 $x+a$이고, 식은 $x-a$인지를 구별할 수 있다면 평행이동을 정확하게 아는 것이다.

문제 : 고1

> 점 $(2, 1)$을 x축으로 $+2$만큼, y축으로 -3만큼 평행이동시킨 점을 구하시오.

풀이

그래프에서 점 A $(2, 1)$을 x축으로 $+2$만큼, y축으로 -3만큼 평행이동한 점은 점 B이다. 점 B는 $(2+2, 1-3)$으로 $(4, -2)$이다. 점 (x, y)를 x축으로 a만큼, y축으로 b만큼 평행이동한 점은 $(x+a, y+b)$이다. 즉 평행이동시킨 만큼의 값을 각 좌표에 더한다.

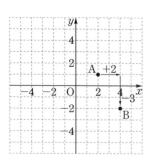

함수를 평행이동시켰을 때 평행이동된 함수의 식은 어떻게 달라질까? 먼저 아래의 예를 살펴보기 바란다.

(1) $y=3x^2$을 x축으로 1만큼 평행이동시킨 함수의 식은 식 $y=3x^2$ 에 있는 문자 x를 $x-1$로 쓴 $y=3(x-1)^2$이다.

(2) $y=3x^2$을 x축으로 -1만큼, y축으로 2만큼 평행이동시킨 함수의 식은 식 $y=3x^2$에 있는 문자 x를 $x+1$, y를 $y-2$로 바꾸어 쓴 $y-2=3(x+1)^2$이다.

-2를 이항하면 평행이동시킨 함수식은 $y=3(x+1)^2+2$이다.

"평행이동에서 x축으로 2만큼 이동하면 x를 $x-2$로, y축으로 -3만큼 이동하면 y를 $y+3$으로 바꾸면 되나요? 그런데 왜 그렇게 하는 건가요?"

맞다. 예를 들어 앞에서 배운 무리함수 $y=\sqrt{x+3}$을 x축으로 -2 만큼, y축으로 3만큼 평행이동시켰을 경우, 함수 $y=\sqrt{x+3}$의 x를 $x+2$로, y를 $y-3$으로 바꾸어 쓰면 평행이동시킨 함수식이 된다. 즉 $y-3=\sqrt{(x+2)+3}$, $y=\sqrt{x+5}+3$이 된다. 공식은 아주 간단하다. 그러나 이유를 모르면 공부가 되지 않는다. 부호가 바뀌는 이유를 아래 문제로 꼭 이해하자.

$y=x^2$을 x축으로 $+2$만큼, y축으로 -3만큼 평행이동할 때, 이동된 함수의 식을 구하시오.

풀이

오른쪽 그래프를 보자.

평행이동을 시키려는 식은 실선으로

그려진 $y=x^2$이다. 이 함수 위의 모든

점 $(x,\ y)$를 평행이동시키면 $(x',\ y')$가

된다.

$(x,\ y) \xrightarrow[y축으로 -3만큼]{x축으로 +2만큼} (x+2,\ y-3)$

위의 $(x+2,\ y-3)$이 평행이동된 함수

위의 점이다. 그런데 평행이동된 함수 위의 점을 $(x',\ y')$라고 했다.

따라서 $(x+2,\ y-3)$과 $(x',\ y')$는 같은 점이므로 $x'=x+2$, $y'=y-3$

이다.

평행이동된 함수는 $y'=f(x')$로 문자 x'와 y'로 써진 식이다.

$\begin{cases} x'=x+2 \\ y'=y-3 \end{cases}$을 이항하면 $\begin{cases} x=x'-2 \\ y=y'+3 \end{cases}$이다.

함수 $y=x^2$에 $x=x'-2$와 $y=y'+3$을 대입하면 $y'+3=(x'-2)^2$이

다. 구하려는 평행이동된 함수는 $y'+3=(x'-2)^2$이다. 정답을 구했다. 그

런데 이 식의 x'와 y'에서

기호($'$)을 제거하여 최종 정답은 $y+3=(x-2)^2$이라고 한다.

위 풀이 과정의 $y'+3=(x'-2)^2$에서 x'와 y'에 있는 기호($'$)를 제거

하여 식 $y+3=(x-2)^2$이 평행이동된 함수식이라고 했다. 뭔가 이상한

가? 최종 정답인 식 $y+3=(x-2)^2$에 있는 x와 y는 문제에 제시된 함

수 $y=x^2$의 x나 y와는 차이가 없나? 두 문자는 뜻에서 완전히 다른 문

자이다. x'와 y'에서 기호($'$)를 제거한 식의 의미는 무엇일까? 그것은

어떤 함수 $f(t)=3t$를 $f(x)=3x$로 바꿀 수 있다는 것과 같은 원리이다.

위의 문제 "$y=x^2$을 x축으로 $+2$만큼, y축으로 -3만큼 평행이동을 한 함수의 식"은 x를 $x-2$로, y를 $y+3$으로 함수 $y=x^2$에 대입하여 정답은 $y+3=(x-2)^2$이 된다. 여기서 "x축으로 $+2$만큼"이란 문장에서 "x를 $x-2$로"라고 썼다. 이때 "x축으로 $+2$만큼"이라는 문장의 $+2$가 -2로 바뀌는 이유가 무엇인가? 그것은 위의 $x'=x+2$에서 2가 이항되어 $x'-2=x$가 되기 때문이다.

좀 더 정리하자. $y=f(x)$를 x축으로 a만큼, y축으로 b만큼 평행이동시킨다. 이때 평행이동된 함수 위의 점을 (x', y')라고 하면 $x'=x+a$, $y'=y+b$이다. 이때 알려준 함수 $y=f(x)$를 이용하여 $y'=f(x')$라는 평행이동된 함수를 만든다. $x'-a=x$, $y'-b=y$를 $y=f(x)$에 대입하면 $y'-b=f(x'-a)$이다. 이 함수가 평행이동된 함수이다.
다만 $y'-b=f(x'-a)$에서 기호($'$)을 제거한 함수 $y-b=f(x-a)$가 된다.

점과 식의 대칭이동

점 (x, y)나 식 $y=f(x)$를 대칭이동한 점이나 식은 아래와 같이 쓴다.
(1) 점과 식을 x축에 대하여 대칭이동하면 y를 $-y$로 고친다.
    (x, y)는 $(x, -y)$가 된다. $y=f(x)$는 $-y=f(x)$가 된다.
(2) 점과 식을 y축에 대하여 대칭이동하면 x를 $-x$로 고친다.
    (x, y)는 $(-x, y)$가 된다. $y=f(x)$는 $y=f(-x)$가 된다.
(3) 점과 식을 원점에 대하여 대칭이동하면 x를 $-x$로, y를 $-y$로 고친다.
    (x, y)는 $(-x, -y)$가 된다. $y=f(x)$는 $-y=f(-x)$가 된다.

(4) 직선 $y=x$에 대하여 대칭이동하면 x를 y로, y를 x로 고친다. (x, y)는 (y, x)가 된다. $y=f(x)$는 $x=f(y)$가 된다.

예를 들어 $y=x^2$을 x축에 대하여 대칭이동한 함수는 y를 $-y$로 고친 $-y=x^2$ 즉 $y=-x^2$이다. 또 이 식을 y축에 대하여 대칭이동하면 x의 부호를 바꾸어 쓴다. 즉 $y=(-x)^2$이고 계산하면 $y=x^2$이다. 원점에 대하여 대칭이동하면 x와 y의 부호를 둘 다 바꾸어 $-y=(-x)^2$이다. 즉 $y=-x^2$이다. 마지막으로 이 함수를 $y=x$에 대하여 대칭이동하면 x는 y로, y는 x로 바꾸어 식 $y=x^2$은 $x=y^2$이 된다. 공식은 간단하다. 대칭이동을 하면 문자의 부호를 왜 바꾸는지 그 이유를 알아보자.

문제 : 고1

함수 $y=x^2-4x+8$을 x축에 대하여 대칭이동시킨 함수의 식을 구하시오.

풀이

문제에 주어진 함수식의 문자를 다음과 같은 원리로 바꾸면 대칭이동한 함수식이 구해진다. 다시 말하면
x축에 대칭이동은 y를 $-y$라고, y축에 대칭이동은 x를 $-x$라고, 원점에 대칭이동은 x와 y를 $-x$와 $-y$라고, 직선 $y=x$에 대칭이동은 x를 y로, y를 x라고 각각 함수식의 문자를 바꾸면 대칭이동한 함수가 된다.
오른쪽 그래프에서 점 $A(1, 5)$를 x축에 대칭이동하면 점 $A'(1, -5)$가 된다. y좌표 숫자의 크기는 같지만 부호가 바뀐다.
이동되기 전의 점 (x, y)가 $(x, -y)$가 된다.
이때 이동된 점을 (x', y')라고 하면, 이동된 함수식은 x'와 y'라는 문자로 쓰여진 식이다.

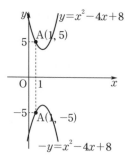

$(x,\ -y)$와 $(x',\ y')$는 같은 점이므로

$x=x'$이고 $-y=y'$라는 관계식이 된다. 이동시키려는

함수는 $y=x^2-4x+8$이다. 관계식에서 $-y=y'$를

$y=-y'$로 고쳐 대입한다.

대칭이동된 함수는 $-y'=x'^2-4x'+8$이다. 식을 정리하면

$y'=-x'^2+4x'-8$이다. 기호 $(\,')$ 표시를 제거하여

정답은 $y=-x^2+4x-8$이다.

위의 대칭이동에서 부호가 바뀐 이유를 아는가? 평행이동에서는 이동시키려는 점과 이동된 점의 관계식에서 숫자인 항을 이항하기 때문에 숫자의 부호가 바뀌었다. 하지만 대칭이동에서는 주어진 함수식의 문자의 부호만 바꾸면 된다는 것을 알 수 있다.

모든 함수 단원에서 함수를 배울 때는 함수의 기본형을 배운다. 기본형 함수식이 아닌 것은 기본형 함수를 평행이동이나 대칭이동시킨 함수이기 때문이다. 함수 그래프는 기본형 그래프를 평행이동이나 대칭이동시켜서 그린다. 하지만 이렇게 그리는 것은 쉽지가 않다. 그래서 이전까지의 글에서는 평행이동이나 대칭이동을 사용하지 않는 방법으로 그래프를 그렸다. 하지만 교과 과정 이해를 위해 평행이동과 대칭이동 원리를 적용하여 함수 그래프를 그리는 방법에 대해 설명하겠다.

함수 $y=-2(x-1)^2-3$을 평행이동과 대칭이동 원리로 그려라.

풀이

기본 식이 아닌 것을 그릴 때는 그 그래프가 갖는 기본식을 생각한다. 문제의 식 $y=-2(x-1)^2-3$은 이차함수이다. 이 식은 $y=ax^2$이 기본틀이다. 따라서 $y=2x^2$에서 위의 함수가 되도록 평행이동과 대칭이동을 시킨다. 우선 $y=-2(x-1)^2-3$에서 상수를 이항하여 $y+3=-2(x-1)^2$으로 바꾸면 $y+3$은 Y, $x-1$은 X로 바꾸어 $Y=-2X^2$이다. 마이너스를 이동시키면 $-Y=2X^2$이다.

$$Y=2X^2 \xrightarrow{\ x\text{축 대칭}\ } \begin{array}{c} -Y=2X^2 \\ Y=-2X^2 \end{array} \xrightarrow[y\text{축으로}-3\text{만큼 평행이동}]{x\text{축으로}1\text{만큼 평행이동}} y+3=-2(x-1)^2$$

오른쪽 그래프는 위의 대칭이동과 평행이동 단계를 이용하여 함수 그래프를 그린 것이다. 평행이동과 대칭이동에 따라 식이 변하는 과정을 꼭 이해해야 한다. 그러나 실제로 문제를 풀 때에는 앞에서 배운 그래프 그리기 원리를 사용하는 것이 더 편하다.

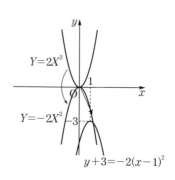

참고로 하나 더 설명하겠다. $f(x)=f(2a-x)$ 혹은 $f(a+x)=f(a-x)$라는 표현은 어떤 함수 $f(x)$가 $x=a$에 선대칭을 이루는 함수라는 뜻이다. 만약 이 함수가 이차함수라면 이때 $x=a$는 이 함수의 꼭짓점의 x좌표가 된다. 그리고 오른쪽 함수와 같은 특징을 갖는다.

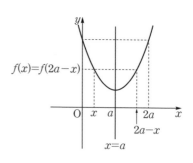

344

선대칭 원리는 고1이나 고2 문제에서 난이도가 가장 높은 문제로 출제된다. 어렵다고 느낄 것이다. 하지만 위의 내용과 설명으로도 충분히 이해할 수 있을 것이다. 기초를 튼튼히 하면 고난도 문제에 대한 해결력도 기를 수 있다.

18

지수함수의 점근선은 치역 때문에 생긴다

유리함수는 점근선을 두 개 갖고 있다. 무리함수 그래프는 네 가지 방향을 갖고 있다. 지수함수와 로그함수는 하나의 점근선을 갖는다. 그래프의 방향은 네 가지 방향 중 하나로 그려진다. 지수함수란 지수 부분에 미지수 x가 있는 함수이다. 아직 이 함수를 배우지 않았어도 이해할 수 있다.

$$y=2^x \text{ (2는 밑이고 } x \text{는 지수이다.)}$$

모든 함수 그래프는 함수식이 참이 되는 점을 사용하여 그린다. $y=2^x$ 그래프 위의 점을 구해 보자. x에 0, 1, 2, … 등을 대입하여 y값을 구한다. $y=2^x$ 위의 점들은 (0, 1), (1, 2), (2, 4), (3, 8), (4, 16), (5, 32), (6, 64), … 등이 된다. y좌푯값이 급격하게 커지는 것을 알 수 있다.

a^x에서 지수 x가 0이면 밑 a에 관계없이 모든 값은 $a^0=1$이다. 따라서 $2^0=1$, $\left(\dfrac{1}{3}\right)^0=1$, …이다. 이것은 지수로 이루어진 식을 계산할 때, 곱셈이나 나눗셈의 규칙이 성립하도록 지수계산법을 만들기 위해 수학자가 정한 규칙이다. 이제 지수가 음수일 때 숫자가 어떻게 변하는가 알아보자.

중2에서 배우지 않은 지수법칙이 하나 있다. 물론 중2 때 배운 학생도 있을 것이다.

$$a^{-n}=\frac{1}{a^n} \quad \boxed{\text{예}}\ 2^{-1}=\frac{1}{2},\ 2^{-2}=\frac{1}{2^2}=\left(\frac{1}{2}\right)^2=\frac{1}{4},\ 2^{-3}=\frac{1}{2^3}=\frac{1}{8}$$

수학 공식은 거꾸로 쓰고 거꾸로 적용할 수도 있다고 2장에서 설명한 적 있다. 위 공식의 위치를 좌우로 바꾸어 써 보자. 수학에서 배우는 모든 공식의 좌변과 우변에 있는 내용의 위치를 바꾸어 써서 외운다면 더 잘 이해될 것이다. 공식을 거꾸로 써 보겠다.

$$\text{지수법칙} : \frac{1}{a^n}=a^{-n} \qquad \text{틀} : \frac{1}{\Box^{\circ}}=\Box^{-\circ}$$

그럼 $\dfrac{1}{2^{-2}}$이나 $\dfrac{3}{2^{-2}}$은 어떻게 될까? 수학 공식에서 문자는 하나의 틀이다.

$$\frac{1}{2^{-2}}=2^{-(-2)}=2^2,\ \frac{3}{2^{-2}}=3\times\frac{1}{2^{-2}}=3\times2^{-(-2)}=3\times4=12$$

중등이든 고등이든, 이전 학년 과정에서 배운 수학 원리는 다른 모든 수학에서도 적용할 수 있다. 처음 보는 식의 모양이라고 두려워할 필요 없다.

이제 앞의 함수식의 x에 음수를 대입해 보자.

$$y=2^x \text{에 } x=-1\text{을 대입하면 } y=2^{-1}=\frac{1}{2^1}=\frac{1}{2}$$

$$y=2^x \text{에 } x=-2\text{을 대입하면 } y=2^{-2}=\frac{1}{2^2}=\frac{1}{4}$$

$$y=2^x \text{에 } x=-3\text{을 대입하면 } y=2^{-3}=\frac{1}{2^3}=\frac{1}{8}$$

$\frac{1}{2} > \frac{1}{4} > \frac{1}{8}$로 크기가 작아지고 있다.

2^x의 x에 음수를 대입했다. 하지만 이것의 계산값은 양수($2^x > 0$)가 된다.

$$2^{-100}=\frac{1}{2^{100}}=\left(\frac{1}{2}\right)^{100},\ 2^{-100000}=\frac{1}{2^{100000}}=\left(\frac{1}{2}\right)^{100000},\ \cdots$$

즉 2^x의 x에 마이너스 숫자인 어떤 값을 대입해도 $2^{-a}=\left(\frac{1}{2}\right)^{a}>0$ (단 $a>0$)이다. 다만 그 크기가 무한히 작아진다. 이것을 점으로 쓰면 $\left(-1, \frac{1}{2}\right)$, $\left(-2, \frac{1}{4}\right)$, $\left(-3, \frac{1}{8}\right)$, …이 된다. 지금까지 지수가 있는 식의 기본 계산법을 알아보았다. 이제 그래프를 그려 보자.

앞에서 $y=2^x$ 위의 좌표 점을 구했다. 이 함수 위의 점들은 $(0, 1)$, $(1, 2)$, $(2, 4)$, $(3, 8)$, $(4, 16)$, $(5, 32)$, $(6, 64)$, … 등과 $\left(-1, \frac{1}{2}\right)$, $\left(-2, \frac{1}{4}\right)$, $\left(-3, \frac{1}{8}\right)$, …들이다. 이것을 이용하여 그래프를 그리면 오른쪽 그래프와 같다.

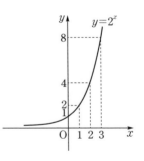

위 그래프를 보라. x에 음수를 $-2, -3, -4, \cdots$ 등으로 대입하면 $\frac{1}{2}$,

··· 꿀 빠는 수학

$\dfrac{1}{4}$, $\dfrac{1}{8}$, … 등으로 값이 작아져 그래프의 선이 왼쪽 아래 방향으로 움직이면서 x축에 가까워지고 있다. 따라서 x축을 점근선이라 할 수 있다. 가로선은 직선의 방정식으로 '$y=b$' 모양이다. 그리고 b는 가로선이 y축과 만나는 점의 값이다. 그리고 가로선 x축은 '직선의 방정식 $y=0$'이다.

문제 : 고2 🖊

> 함수 $y=\left(\dfrac{1}{2}\right)^x$ 을 그리시오.

풀이

지수함수 $y=a^x$에서 밑이 $0<a<1$일 때의 그래프를 그려 보자.

a^x에서 지수 x가 0이면 밑 a에 관계없이 모든 값은 $a^0=1$이다.

즉 $y=\left(\dfrac{1}{2}\right)^0=1$이다.

즉 $y=\left(\dfrac{1}{2}\right)^x$은 $(0,\ 1)$을 지나는 함수이다.

$y=\left(\dfrac{1}{2}\right)^x$ 식의 x에 크기가 커지는 양수를 대입하면 $\left(\dfrac{1}{2}\right)^x$의

숫자값은 점점 작아진다. 즉 숫자의 크기가 점점 0이 되어 간다.

참고 $\displaystyle\lim_{x \to \infty}\left(\dfrac{1}{2}\right)^x=0$

그래프 모양은 오른쪽 아래로 감소하는 형태로 그려진다.

$\left(\dfrac{1}{2}\right)^0=1,\ \left(\dfrac{1}{2}\right)^1=\dfrac{1}{2},\ \left(\dfrac{1}{2}\right)^2=\dfrac{1}{4},\ \left(\dfrac{1}{2}\right)^3=\dfrac{1}{8}, \cdots$

x에 점점 작은 음수를 대입하면 y값은 점점 큰 수가 되어 간다.

$\dfrac{1}{a^n}=a^{-n}$이라 했다. $\dfrac{1}{2}$은 $\dfrac{1}{2^1}$이다. 따라서 $\dfrac{1}{2}=2^{-1}$이라 쓴다.

$\left(\dfrac{1}{2}\right)^{-1}=(2^{-1})^{-1}=2^1,\ \left(\dfrac{1}{2}\right)^{-2}=(2^{-1})^{-2}=2^2=4,$

$$\left(\frac{1}{2}\right)^{-3}=(2^{-1})^{-3}=2^3=8, \dots$$

점으로 쓰면 ..., $(-3, 8)$, $(-2, 4)$, $(-1, 2)$, $(0, 1)$, $\left(1, \frac{1}{2}\right)$, $\left(2, \frac{1}{4}\right)$, ...
이다.

$y=\left(\frac{1}{2}\right)^x$ 그래프 위의 점들인 ..., $(-3, 8)$, $(-2, 4)$, $(0, 1)$,

$\left(1, \frac{1}{2}\right)$, $\left(2, \frac{1}{4}\right)$, ... 등으로 그래프를 그리면 오른쪽과 같다.

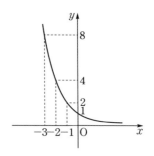

x에 음수를 대입하면 y값은 양수이며 숫자의 크기는 점점 커진다. 그런데 x에 양수를 대입하면 1보다 작은 분수이며 숫자의 크기는 점점 작아진다. x에 무한히 큰 양수를 대입해도 y값이 0은 아니며 0에 가까워지는 아주 작은 수가 된다. 즉 그래프가 x축에 가까워진다. 따라서 x축이 점근선이고, 점근선 방정식은 '$y=0$'이다.

모든 함수는 점을 이용하여 그래프를 그린다. 따라서 지수함수 위에 있는 점들의 x좌푯값과 y좌푯값의 변화를 이해해야 한다. 이것을 알면 지수함수의 그래프 개념이 완성되는 것이다. 아래 내용은 요점 정리이다. 함수 그래프 개념을 요점 정리만 외워서 기억하지 말자. 조금의 시간이 지나면 모두 잊어 버릴 것이다. 지루하더라도 개념을 이해하는 수학 공부를 하여 응용문제 해결능력을 키우기 바란다.

지수함수 $y=a^x$의 성질

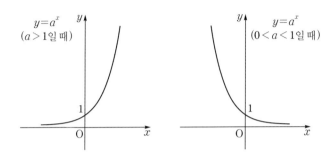

$y=a^x$
($a>1$일 때)

$y=a^x$
($0<a<1$일 때)

(1) 밑 $a>1$일 때 : 오른쪽 위로 증가하는 모양이며 $(0, 1)$을 지난다.
(x값이 증가하면 y값도 증가한다.)

(2) 밑 $0<a<1$일 때 : 오른쪽 아래로 감소하는 모양이며 $(0, 1)$을
지난다. (x값이 증가하면 y값은 감소한다.)

"질문이요. 위에 $a=1$일 때는 왜 빠져 있나요?"

$a=1$이면 $y=1^x$이라서 함숫값이 변하지 않고 1이다. 직선 $y=1$
은 가로선이며 상수함수라 한다. 지수함수는 지수의 변화에 따라 y값
이 변하는 함수라고 정의한다. 그래서 지수함수의 밑의 조건은 $a>1$와
$0<a<1$로 나누어진다.

유리함수, 지수함수, 로그함수는 점근선을 갖는다. 이 함수들은 점근선
에 대한 이해가 중요하다. 지수함수 점근선은 왜 생기는가? 지수함수의
점근선은 y값의 범위, 즉 치역과 관계 있다.

다음 식의 정의역과 치역을 구하고 그래프를 그려 보자.

(1) $y=2^x+3$ (2) $y=-2^x+3$

풀이

(1) $y=2^x+3$

정의역이란 함수식에 대입이 가능한 x값을 말한다.

함수 $y=2^x+3$의 x에 대입이 불가능한 x값이 없다.

따라서 정의역은 'x는 모든 실수'이다.

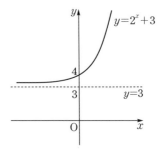

지수함수의 점근선은 함수가 갖는

y값의 범위 즉 치역 때문에 생긴다.

2^x은 항상 $2^x>0$인 숫자들이다.

따라서 $y=2^x+3$의 y값인 2^x+3은

값이 3보다 크다. 즉 그래프처럼

이 함수의 치역은 $y>3$이다.

x에 음수를 대입하면 $2^{-1}+3$은 $\dfrac{1}{2}+3$이고 $2^{-2}+3$은 $\dfrac{1}{4}+3$이다.

여기서 -2보다 더 작은 음수를 대입하면 3에 더 가까워진다.

따라서 점근선은 '직선 $y=3$'이다.

(2) $y=-2^x+3$

앞에서 배운 평행이동을 생각해 보자.

$y=-2^x+3$은 $y-3=-2^x$이다. $y-3$을 Y라고 하면 $Y=-2^x$이다.

마이너스를 좌변으로 이동하면 $-Y=2^x$이다.

$$Y=2^x \xrightarrow{\ x축\ 대칭\ } \begin{array}{c} -Y=2^x \\ Y=-2^x \end{array} \xrightarrow{\ y축으로\ 3만큼\ 평행이동\ } y-3=-2^x$$

위와 같이 평행이동으로 그래프를 그려도 된다. 하지만 여기서는 다르게

그리겠다. 우선 함수식 $y=-2^x+3$ 위의 점을 구한다.

$x=0$이면 $y=-2^0+3=-1+3=2$이다. 점 $(0, 2)$를 지난다.

$x=2$이면 $y=-2^2+3=-4+3=-1$이다.

점 $(2, -1)$을 지난다.

$x=-2$이면 $y=-2^{-2}+3=-\dfrac{1}{4}+3=2\dfrac{3}{4}$이다.

점 $\left(-2, 2\dfrac{3}{4}\right)$을 지난다.

함수 $y=-2^x+3$을 $y=3-2^x$으로 고치면 y값은 $3-2^x$이다.

식은 3에서 2^x을 뺄셈한다. 즉 y값인 $3-2^x$의 값은 3보다

작은 값이 된다.

따라서 이 함수의 치역은 $y<3$가 된다.

앞에서 구한 함수 $y=-2^x+3$ 위의

점인 $(0, 2)$, $(1, 1)$, $(2, -1)$,

$\left(-2, 2\dfrac{3}{4}\right)$을 이용하여 그래프를

그려 보자. 이 함수는 치역이 $y<3$였다.

그래프는 점근선 $y=3$ 아래 부분에

그려진다.

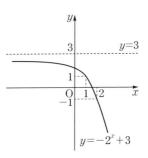

지수함수 그래프 정리

지수함수는 가로선 모양의 점근선을 갖는다.

물론 점근선은 치역 때문에 생긴다. 그리고

지수함수는 아래처럼 4개의 방향이 있다.

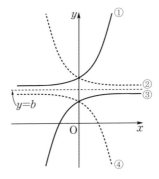

점근선의 윗쪽에 그려지는 지수함수 : 함수식에 $+a^x$이 있음

①번 그래프 : $y=a^x+b$ (혹은 $y=a^x-b$) 꼴

                $a>1$이며 점근선은 $y=b$ (혹은 $y=-b$)이다.

②번 그래프 : $y=a^x+b$ (혹은 $y=a^x-b$) 꼴

                $0<a<1$이며 점근선은 $y=b$ (혹은 $y=-b$)이다.

점근선의 아랫쪽에 그려지는 지수함수 : 함수식에 $-a^x$이 있음

③번 그래프 : $y=-a^x+b$ (혹은 $y=-a^x-b$) 꼴

                $0<a<1$이며 점근선은 $y=b$ (혹은 $y=-b$)이다.

④번 그래프 : $y=-a^x+b$ (혹은 $y=-a^x-b$) 꼴

                $a>1$이며 점근선은 $y=b$ (혹은 $y=-b$)이다.

"샘! 위 내용을 모두 외워야 하나요? 어렵군요. ㅠㅠ"

위의 내용을 외워서 그래프를 그리는 것은 쉽지 않다. 왜 그럴까? 열심히 외웠어도 시간이 지나면 잊게 마련이다. 또한 평행이동이나 대칭이동의 원리를 적용하여 그리는 것도 쉽지는 않다. 그러다 보니 지수함수 식이 조금만 복잡해 보여도 대부분의 학생들이 그래프 그리기를 포기한다. 하지만 포기하지 마라. 지수함수 그래프의 기본 개형만 알아도 그래프를 쉽게 그릴 수 있다. 위의 개형에서 아래 세 가지만 기억하라.

지수함수 쉽게 그리기

(1) 점근선을 찾는다.

(2) 점근선의 위쪽에 그리는지 아래쪽에 그리는지를 구분한다.

(3) y축 위의 점을 구하고 다른 한 점을 구하여 방향을 결정한다.

다음 $y=-2^{-2x}+1$의 그래프를 그리시오.

풀이

지수함수를 밑의 크기로 구분하여 그리기가 어렵다면 다음을 잘 읽어 보자.

2^{-2x}은 x에 어떤 숫자를 대입해도 $2^{-2x}>0$인 숫자이다.

그리고 $y=-2^{-2x}+1$에서 y는 $1-2^{-2x}$이므로 1보다

작은 값이다. 즉 이 그래프의 치역은 $y<1$이고 점근선은 $y=1$이다.

그래프는 점근선의 아랫쪽 방향으로 그려진다.

이 함수 $y=-2^{-2x}+1$에 $x=0$을

대입하면 $y=-2^0+1$은 $y=-1+1$

이다. 즉 함수는 $(0, 0)$을 지난다.

모든 함수 그래프는 y축 위의 점과

개형을 알면 어느 사분면을

지나는가를 정확하게 알 수 있다.

오른쪽 그래프를 보자. 그래프는 A

아니면 B일 것이다.

함수식 $y=-2^{-2x}+1$에 계산하기 편한 $x=-1$을 대입하면

$y=-2^2+1$이다. 그래프는 점 $(-1, -3)$을 지난다.

따라서 정답은 B 그래프이다.

참고로 함수 $y=-2^{-2x}+1$에서 2^{-2x}의 2는 이 함수의 밑이 아니다. 지수에

있는 x의 계수가 1이 되도록 변형해야 한다.

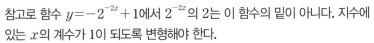

$$2^{-2x}=(2^{-2})^x=\left(\frac{1}{2^2}\right)^x=\left(\frac{1}{4}\right)^x$$

따라서 위 함수는 $y=-\left(\frac{1}{4}\right)^x+1$로 밑은 $\frac{1}{4}$이 된다.

지금까지 지수함수를 설명했다. 보통은 지수함수 그래프를 그릴 때, 밑이 0과 1 사이의 숫자인가 혹은 1보다 큰 숫자인가를 기준으로 그래프 모양을 외우는 학생이 많다. 하지만 이것은 아주 나쁜 방법이다. 개념을 모른 채 내용을 암기하면 약간의 시간만 지나도 모두 잊혀질 수 있다. 암기가 아닌 이해하는 수학 공부를 하자.

19

로그함수의 점근선은 정의역 때문에 생긴다

로그는 분수, 소수, 무리수와 같은 숫자이다. 213^{32}은 숫자가 얼마일까? 213을 32번 곱하면 몇 자리 숫자가 될까? 이 질문을 해결한 사람은 영국의 수학자 존 네이피어이다. 그는 1614년 로그(log)라는 기호를 사용하여 이 궁금증을 해결했다. 그는 지수 표현 숫자인 $a^x = b$를 $x = \log_a b$로 고칠 수 있다고 정의했다. $\log_a b$에서 a는 밑, b는 진수라 한다.

아래 예를 보자.

예 지수 표현 식인 $2^3 = 8$은 $3 = \log_2 8$이라 표현했다. 반대로 로그 표현인 $\log_2 16 = 4$는 $2^4 = 16$이라 정했다. 따라서 $\log_2 x = 3$은 $2^3 = x$가 된다.

$2^{3}=8$을 로그로 $3=\log_{2}8$이라 했다. 같은 원리를 사용하면 $3^{4}=91$은 $4=\log_{3}91$이다. 그리고 $3=\log_{2}8$과 $4=\log_{3}91$의 좌변과 우변의 위치를 바꾸어도 등호는 성립해야 한다. 따라서 식 $\log_{2}8=3$, $\log_{3}91=4$도 참이 되어야 한다. 앞의 식이 참이 되도록 하기 위해 네이피어는 아래의 계산법을 생각했다. 그리고 이 계산이 성립하도록 로그 기호가 갖는 약속을 정했다.

$\log_{2}8=3$은 $\log_{2}8=\log_{2}2^{3}=3\log_{2}2$, $\log_{2}2=1$이라 하면 $\log_{2}8=3$이 참이 된다.

$\log_{3}91=4$는 $\log_{3}91=\log_{3}3^{4}=4\log_{3}3=4$, $\log_{3}3=1$이라 하면 $\log_{3}91=4$가 된다.

로그의 성질

(1) $\log_{a}1=0$: 진수가 1이면 로그 값은 0이다.

(예 : $\log_{2}1=0$, $\log_{\frac{1}{3}}1=0$, $\log_{100}1=0$, ...)

(2) $\log_{a}a=1$: 밑과 진수의 숫자가 같으면 그 값은 1이다.

(예 : $\log_{2}2=1$, $\log_{\frac{1}{3}}\frac{1}{3}=1$, $\log_{10}10=1$, ...)

(3) $\log a$: 밑이 10인 상용로그이다.

(예 : $\log 2$는 $\log_{10}2$에서 10을 생략한 것이다.)

(4) $\log_{a}b^{n}=n\log_{a}b$, $\log_{a}b^{n}=n\times\log_{a}b$이다.

(예 : $\log_{5}9=\log_{5}3^{2}=2\times\log_{5}3=2\log_{5}3$)

위의 성질은 로그 기호로 이루어진 숫자들끼리 계산이 가능한 규칙들이다. 이 규칙을 사용해야만 로그 계산이 가능하다. 위의 간단한 규칙만 알아도 로그함수를 그릴 수 있다.

로그 $\log_a b$의 a는 로그의 밑이라 한다. b는 진수라 한다.
밑은 반드시 $a > 0$, $a \neq 1$이고 진수 $b > 0$여야만 한다.
진수가 음수인 $\log_2(-3)$, $\log_{\frac{1}{2}}(-5)$, ...라는 로그는 존재하지 않는다.

무리수가 되려면 루트 안의 값이 0보다 크거나 같아야 했다. 왜? 그래야 허수가 되지 않기 때문이다. 무리수처럼 로그도 조건이 있다. $\log_a b$라고 할 때, 밑 $a > 0$, $a \neq 1$이고, 진수 $b > 0$라는 조건이 지켜져야 한다. 그럼 질문해 보자. 로그는 왜 밑과 진수에 조건이 붙었을까?

"글쎄요. 이유를 알아야 할까요? 하하하"

당연히 이유를 알아야 한다. 수학 공식을 오래 기억하여 더 잘 활용할 수 있는 능력이 생기기 때문이다. 로그는 지수 표현을 로그라는 기호로 전환한 것이다. 따라서 지수가 갖는 조건이 곧 로그가 갖는 조건이 된다.

지수 표현 $a^y = x$를 로그로 바꾸면 $y = \log_a x$이다.
(a는 지수 표현에서도 밑이고 로그 표현에서도 밑이다.)

지수 표현 $a^y = x$에서 밑은 $0 < a < 1$와 $a > 1$인 두 가지 경우로 나누어졌다. a가 1이면 1^y은 y값에 따라 1^y값이 변하지 않는다. 그래서 $a \neq 1$이다. 그리고 $a^y = x$에서 모든 실수 y에 대해 $a^y > 0$이다. 즉 a^y은 x이므로 x값이 항상 양수($x > 0$)가 되는 것이다. 지수 표현 $a^y = x$에서 a와 x가 갖는 조건을 $y = \log_a x$도 함께 공유하는 것이다. 따라서 로그 표현에서도 밑은 $0 < a < 1$와 $a > 1$이다. 그리고 $a \neq 1$이다. 또한 진수

x는 $x>0$라는 조건을 갖는다.

이제 로그함수를 이해하여 보자.

로그함수는 $y=\log_2 x$, $y=\log_{\frac{1}{3}}(2x-1)+3$처럼 진수 부분에 x가 있는 함수이다. $y=\log_2 x$는 밑이 2이고 $y=\log_{\frac{1}{3}}(2x-1)+3$은 밑이 $\frac{1}{3}$이다. 로그함수는 지수함수와 마찬가지로 밑이 $0<a<1$인 경우와 $a>1$인 경우로 구분되어 그래프가 그려진다. 또한 로그함수도 지수함수처럼 점근선이 생긴다. 두 함수가 점근선에서 다른 점은 지수함수의 점근선은 함수의 치역과 관련하여 생기지만, 로그함수의 점근선은 정의역의 제한 때문에 생긴다는 것이다.

문제 : 고2

로그함수 $y=\log_2 x$의 정의역, 치역, 점근선을 구하고 그래프를 그리시오.

풀이

함수를 어렵게 생각하지 마라. 로그라는 숫자의 몇 가지 성질만 알아도 로그함수 그래프를 그릴 수 있다.

앞서 설명한 '로그의 성질'에서 $\log_a b^n = n\log_a b$이다.

그리고 $\log_a a = 1$이다.

$y=\log_2 x$의 x에 대입이 가능한 x값의 범위를 정의역이라 한다.

로그함수에 숫자를 대입할 때는 진수 조건을 통해 정의역을 구한다.

로그의 진수는 양수여야 한다고 했다.

$y=\log_2 x$에서 x가 진수이다.

따라서 이 함수에 대입이 가능한 숫자들의 범위인 정의역은 $x>0$이다. 이제 양수 x를 정한다.

그리고 이 숫자를 함수식에 대입하여 그래프 위의 점들을 구한다.

로그함수 위의 점을 쉽게 구하려면 밑 a일 때, 진수 x에 a^n 모양인 숫자를 대입하면 좌푯값을 구할 수 있다. $y=\log_2 x$의 x에 2, 2^2, 2^3, ... 등을 대입한다.

$\log_2 2=1$, $\log_2 4=\log_2 2^2=2$
$\log_2 8=\log_2 2^3=3$이므로 $(2,\ 1)$,
$(2^2,\ 2)$, $(2^3,\ 3)$은 함수 $y=\log_2 x$
위의 점들이다.

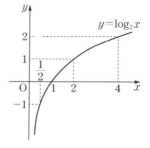

이제 x에 $\left(\dfrac{1}{2}\right)^n$ 모양의 숫자를 대입해 보자.

$\log_2 \dfrac{1}{2}$은 $\log_2 2^{-1}=-1$이다.

점은 $\left(\dfrac{1}{2},\ -1\right)$이다.

$\log_2 \left(\dfrac{1}{2}\right)^2=\log_2 (2^{-1})^2=-2$로 점은 $\left(\dfrac{1}{4},\ -2\right)$이다.

위의 점들로 $y=\log_2 x$를 그린 그래프는 오른쪽과 같다. 점근선은 y축이다. $x=1$이면 $\log_2 1=0$이다. 따라서 x축 위의 점 $(1,\ 0)$을 지난다. 그래프를 보면 y값의 범위인 치역은 '모든 실수'이다.

위 문제에서 로그함수 $y=\log_2 x$는 밑이 2이다. $y=\log_a x$ 꼴에서 밑 $a>1$인 로그함수 그래프는 모두 위의 문제에서 그린 $y=\log_2 x$와 동일한 모양의 그래프가 된다. 그리고 위 그래프는 $x>0$인 영역에 그려져 있다. 이 범위가 이 함수의 정의역이다.

위 그래프를 보라. 함수 $y=\log_2 x$의 x에 $x=\dfrac{1}{2}$, $x=\dfrac{1}{4}$과 같은 0에 가까워지는 숫자를 대입하면 그래프가 점점 y축에 다가간다. 따라서 점근선 방정식은 '직선 $x=0$' 혹은 'y축'이다. 로그함수의 점근선은 세로선으로 그려진다.

로그함수 $y=\log_밑$ 진수라는 표현에서 x에 어떤 숫자를 대입했을 때, 진수 값은 반드시 양수이어야 한다. 예를 들어 $y=\log_3(x-2)$라는 로그함수에는 x에 2보다 큰 숫자만 대입이 가능하다. 왜 그럴까? '진수 > 0'가 지켜져야 한다. $y=\log_3(x-2)$에서 진수는 $x-2$이다. 즉 $x-2>0$이므로 $x>2$인 숫자만 대입이 가능하다. 이때 $x>2$를 이 함수의 정의역이라 한다. 그리고 그래프는 $x>2$인 방향에서 그려진다.

문제 : 고2 ✏

함수 $y=\log_{\frac{1}{2}}x$의 그래프를 그리시오.

 진수 조건은 $x>0$이다. 대입하는 x값은 양수만 가능하다.
따라서 그래프도 $x>0$인 방향에서 그려진다.

$y=\log_{\frac{1}{2}}x$의 밑이 $\frac{1}{2}$이다. 따라서 x에 2^n 모양이나 $\left(\frac{1}{2}\right)^n$ 모양을 대입하면 로그 계산이 쉬워진다.

$x=\frac{1}{2}$이면 $y=\log_{\frac{1}{2}}\frac{1}{2}=1$로 그래프 위의 점은 $\left(\frac{1}{2},1\right)$이다.

밑 $\frac{1}{2}$보다 작은 수인 $x=\frac{1}{4}$을 대입하면

$y=\log_{\frac{1}{2}}\left(\frac{1}{2}\right)^2=2\log_{\frac{1}{2}}\frac{1}{2}=2$이다.

좌푯값은 $\left(\frac{1}{4},\,2\right)$이다. $\frac{1}{8}=\left(\frac{1}{2}\right)^3$이다.

따라서 $\left(\frac{1}{8},\,3\right)$도 함수 위의 점이다.

밑 $\frac{1}{2}$보다 큰 수를 대입해 보겠다.

$x=2$이면 $y=\log_{\frac{1}{2}}2$, $y=\log_{\frac{1}{2}}(2^{-1})^{-1}=\log_{\frac{1}{2}}\left(\frac{1}{2}\right)^{-1}=-1$이다.

$x=4$이면 $y=\log_{\frac{1}{2}}4=\log_{\frac{1}{2}}\left(\frac{1}{2}\right)^{-2}=-2$이다.

그래프 위의 점은 $(2, -1)$, $(4, -2)$가 된다.

함수 $y=\log_{\frac{1}{2}} x$에 $x=1$을 대입하면 $y=\log_{\frac{1}{2}} 1=0$이다.

그래프는 $(1, 0)$을 지난다.

정의역이 $x>0$였다. 이 함수의 x에 0에

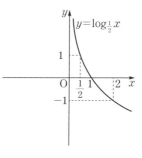

가까워지는 숫자를 대입하면 곡선은

오른쪽 그림처럼 점점 y축에 다가간다.

점근선 방정식은 '직선 $x=0$'이다.

참고로 로그 공식 $\log_{a^x} b^y = \dfrac{y}{x}\log_a b$가

있다.

이 식을 사용하면 $\log_{\frac{1}{2}} 2=\log_{2^{-1}} 2=\dfrac{1}{-1}\log_2 2=-1$이다.

로그 계산을 할 줄 알면 로그함수 위의 점을 구할 수 있다. 따라서 로그 계산 규칙을 사용하여 로그함수 위의 점을 구하는 방법을 아는 것이 중요하다. 보통은 로그함수 밑의 크기에 따라 그래프의 방향을 외운다. 그러나 이유를 모르고 외우는 것은 모래 위에 집을 짓는 것과 같다.

조금 더 복잡한 로그함수 모양을 보자. 함수 $y=-\log_2(-2x+1)+3$ 은 어떻게 그릴까? 여기서 평행이동과 대칭이동 원리로 그래프를 그릴 때 는 주어진 함수식을 기본형으로 변형해야 한다.

$y=-\log_2(-2x+1)+3$을 $-(y-3)=\log_2\left\{-2\left(x-\dfrac{1}{2}\right)\right\}$로 변형했다. $y-3$을 Y, $x-\dfrac{1}{2}$을 X라고 치환하면 $-Y=\log_2(-2X)$이다. 이 식은 $Y=\log_2 2X$를 원점에 대하여 대칭이동한 함수이다.

$y=-\log_2(-2x+1)+3$ **함수 그리기**

(1) $Y=\log_2 2X$를 그린다.

(2) $Y=\log_2 2X$를 원점에 대하여 대칭이동한 $-Y=\log_2(-2X)$를 그린다.

(3) $-Y=\log_2(-2X)$를 x축으로 $\dfrac{1}{2}$만큼, y축으로 3만큼 평행이동 한 함수 $-(y-3)=\log_2\left\{-2\left(x-\dfrac{1}{2}\right)\right\}$을 그린다.

앞의 식을 정리하면 그리려고 한 함수 $y=-\log_2(-2x+1)+3$ 이 된다.

위의 단계를 보면 복잡하다. 이처럼 평행이동과 대칭이동을 이용하여 함수를 그리는 것은 너무 많은 시간이 걸린다. 또한 복잡하다. 아주 기본 적인 방법으로 위 함수를 그려보자.

문제 : 고2

함수 $y=-\log_2(-2x+1)+3$의 그래프를 그리시오.

풀이

로그함수의 x가 있는 자리를 진수라 한다.

그리고 진수는 반드시 0보다 커야 한다.

즉 함수 $y=-\log_2(-2x+1)+3$에서 진수는 $-2x+1$이다.

그리고 이 값인 $-2x+1>0$가 성립해야 한다.

$-2x+1>0$는 $-2x>-1$이며 $x<\dfrac{1}{2}$이다.

$x<\dfrac{1}{2}$가 함수가 그려지는 정의역이다.

그리고 점근선의 방정식은 $x=\dfrac{1}{2}$이다.

따라서 위의 함수는 정의역 $x < \dfrac{1}{2}$에 해당하는 점근선 $x = \dfrac{1}{2}$의 왼쪽 영역에 그려진다.

오른쪽 그래프를 보면 점근선의 왼쪽에 실선과 점선으로 그려진 두 개의 그래프가 있다. 어느 그래프가 그리고자 하는 함수 그래프일까?

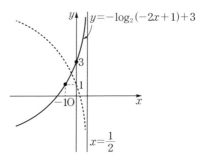

모든 그래프는 점으로 그린다. 함수 위의 점을 구하자.

$x = 0$이면 $y = -\log_2 1 + 3 = 0 + 3 = 3$이다.

그래프는 $(0, 3)$을 지난다.

$x = -1$이면 $y = -\log_2 3 + 3$이다. 이 값은 약 1이다. 이 두 점을 이용하면 오른쪽과 같이 그려진다.

로그함수는 점근선을 기준으로 정의역 부분에 그래프가 그려진다. 그리고 점근선에 다가가는 두 개의 그래프 모양 중 어느 것으로 그려지는가는 함수 위의 좌표를 구해 보면 알 수 있다. 물론 평행이동이나 대칭이동 원리도 알아야 한다. 그러나 그것을 모른다고 하여 함수를 포기할 필요는 없다. 함수에 대한 기초지식이 탄탄하면 어떤 함수도 그릴 수 있다. 이제부터 함수 단원에 대해 자신감을 갖기 바란다.

나만의 수학 공부법 찾기

이 장을 읽고 필요한 정리를 해 보자.

꿀빠는 수학
중고등 수학 고득점의 비밀

초판 1쇄 인쇄 2023년 7월 26일
초판 1쇄 발행 2023년 7월 31일

지은이 이병우
펴낸곳 굿모닝미디어
펴낸이 이병우

출판등록 2023년 3월 29일 등록번호 제2023-000045호
주소 수원시 팔달구 덕영대로697번길 17, 205-1호(그린프라자)
전화 02) 3141-8609
팩스 02) 6442-6185
전자우편 goodmanpb@naver.com

ISBN 979-11-981417-1-2 43410